U0801451

南华大学资助出版

细菌浸铀理论与实践

王清良　等　著

中国原子能出版社

图书在版编目（CIP）数据

细菌浸铀理论与实践 / 王清良著. —北京：中国原子能出版社，2019.10
ISBN 978-7-5221-0164-4

Ⅰ. ①细… Ⅱ. ①王… Ⅲ. ①铀–金属提取–研究 Ⅳ. ①TL212

中国版本图书馆 CIP 数据核字（2019）第 257492 号

内 容 简 介

本书从细菌浸铀的微生物学基础、细菌浸铀技术原理等基础理论介绍入手，通过试验手段，结合浸铀具体环境特点，进行了环境因素对细菌活性影响、细菌浸铀机理验证、细菌快速氧化亚铁生物反应器的设计与优化等试验研究；针对我国地浸和堆浸采铀的不同工艺特征，开展了细菌堆浸采铀和细菌地浸采铀的室内和现场试验；介绍了低品位铀矿石微生物柱浸体系中浸出动力学分析与微生物群落演替研究成果；最后，总结了高效生物反应器快速氧化地浸尾液中 Fe^{2+}的研究与应用的最新成果。细菌浸铀工业化应用过程中遇到的难题一直困扰工程技术人员，作者愿借此书与同行探讨。本书集中讨论了 9 个方面的问题，适用于从事溶浸采铀、微生物湿法冶金研究与生产的科研与工程技术人员阅读，也可作为大专院校与溶浸采矿、微生物湿法冶金有关专业的本科生和研究生的参考书。

细菌浸铀理论与实践

出版发行 中国原子能出版社（北京市海淀区阜成路 43 号 100048）
责任编辑 付 凯
装帧设计 崔 彤
责任校对 冯莲凤
责任印制 潘玉玲
印　　刷 北京九州迅驰传媒文化有限公司
经　　销 全国新华书店
开　　本 787 mm×1092 mm 1/16
印　　张 12.25
字　　数 306 千字
版　　次 2019 年 10 月第 1 版 2019 年 10 月第 1 次印刷
书　　号 ISBN 978-7-5221-0164-4 **定 价** **50.00** 元

网址：**http://www.aep.com.cn** E-mail：**atomep123@126.com**
发行电话：**010-68452845**

前　言

细菌浸铀是利用细菌的氧化作用从铀矿石中提取金属铀的方法。细菌可以通过直接氧化黄铁矿、砷黄铁矿等硫化矿物，使被包裹的目标金属铀暴露出来，在后续加工过程中被浸出，而非目标金属仍然保留在矿石中；或者通过间接氧化溶液中 Fe^{2+}为 Fe^{3+}，用 Fe^{3+}作氧化剂浸出矿石中的铀。国外细菌浸铀研究始于 20 世纪 50 年代初，工业规模实例较多，主要分布在加拿大、美国、印度、伊朗、葡萄牙、法国、西班牙和澳大利亚等国，采用的主要工艺为细菌堆浸和搅拌浸出。20 世纪 60 年代我国细菌浸铀研究重点集中于细菌堆浸采铀，20 世纪 90 年代拓展到细菌地浸采铀。目前，我国堆浸采铀主要为酸法浸出，地浸采铀主要为酸法和中性浸出两种，酸法浸出占有一定比重，酸法浸出的 pH 环境与细菌生存环境非常相似。细菌具有氧化黄铁矿和酸性环境中 Fe^{2+}的特性，可作为铀矿浸出中的氧化剂，细菌浸铀可节省部分硫酸、加快铀的浸出速率，最终降低生产成本，开展细菌浸铀研究具有非常重要的理论与实际意义。细菌浸铀理论与技术经过我国学者长期的研究，已从室内试验、扩大试验，进入到了现场工业试验，取得了阶段性成果，特别是细菌堆浸采铀工艺已在江西、广东等地完成了现场扩大试验和工业试验；细菌地浸采铀工艺也先后在云南、新疆开展了现场试验。试验结果表明，细菌可以代替溶浸采铀的氧化剂，从而节省氧化剂；还可降低硫酸消耗，加快铀的浸出，缩短浸出周期，降低铀的生产成本。但细菌浸铀工艺至今尚未实现工业推广应用，究其原因，作者认为，生物浸铀技术在工业应用过程中存在低温快速氧化 Fe^{2+}菌株选育难、生物反应器氧化 Fe^{2+}效率低、氧化 Fe^{2+}速率慢、细菌对某些离子耐受性难以满足浸出工艺要求，以及浸出环境对细菌活性的影响等难题是主要的限制因素。然而，随着研究的不断深入，不断创新，难题正被逐一有效解决和突破，离工业化应用的距离越来越近。

本书撰写立足细菌浸铀室内和现场试验，在分析、论证的基础上得出细菌浸铀的相关结论和成果，便于读者借鉴。编写过程中得到新疆中核天山铀业有限公司、常规与非常规铀资源绿色高效开发技术一流学科、湖南省核燃料循环技术与装备协同创新中心等的大力支持，胡鄂明、李乾、陈鹏等参加了本书部分内容的撰写，丁德馨教授、王红强副教授参与了本书的审阅，在此表示衷心感谢！

由于作者水平有限，书中错误和疏漏之处敬请广大读者批评指正！

作　者

2019 年 2 月

目　录

第1章

细菌浸矿微生物学基础

1.1 浸矿细菌的种类和特性

细菌直接或间接参与金属硫化矿物的氧化和溶解过程称为细菌浸出，在细菌湿法冶金过程中参与浸出的主要细菌有以下几种：

（1）中温细菌：硫杆菌属及钩端螺菌属；

（2）中等嗜热细菌：硫化杆菌属；

（3）极端嗜热细菌：嗜酸嗜热古生菌纲中的硫化叶菌属、酸菌属、生金球菌属及硫球菌属；

（4）耐冷嗜酸菌：氧化亚铁菌属、氧化硫杆菌属。

1.1.1 硫杆菌属（Thiobacillus）

小杆状细胞，以单根极生鞭毛运动，无休眠阶段，属革兰氏阴性菌种。能量来自一种或多种还原态或部分还原的含硫化合物，包括各种硫化物、元素硫、硫代硫酸盐、连多硫酸盐和亚硫酸盐。该菌属属无机化能营养类型，专性好氧。最适温度约28～30 ℃，pH 范围较宽。发现于海水、海泥、土壤、淡水、各种酸性矿水、污水、含硫矿泉水中和硫沉积物内或附近，所测定菌属的 DNA 的 G+C 含量范围是 50%～60%（摩尔）。

硫杆菌属包括至少 14 种，其中生物浸铀中应用最广泛的是氧化亚铁硫杆菌、氧化硫硫杆菌、排硫硫杆菌及蚀阴沟硫杆菌四种。

（1）氧化亚铁硫杆菌（T. ferrooxidans，简称 T. f）

短杆菌，0.5×1.0 μm，具有圆钝的末端，单生或对生，成短链者较少，显微镜下的照片见图 1－1。其能源为 Fe^{2+}和还原态硫，能将 Fe^{2+}氧化成 Fe^{3+}，将硫代硫酸盐氧化成硫酸。在 pH 为 1.5～3.5 范围内生长良好，生长最佳 pH 为 2.0；在 16～40 ℃能存活，最佳生长温度为 30～35 ℃。

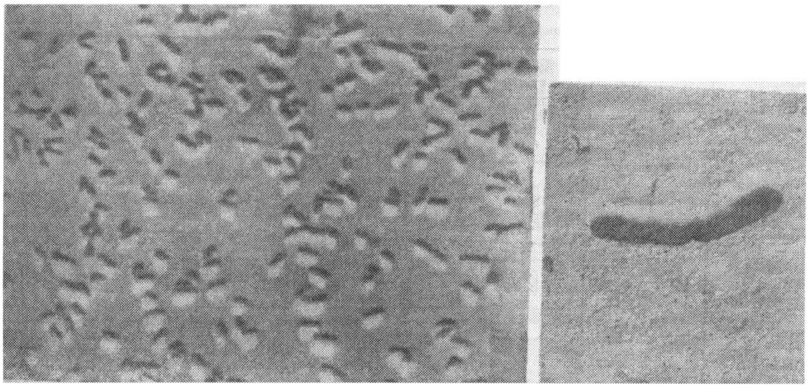

A　　　　　B

图 1－1　氧化亚铁硫杆菌 C－3 菌株的细胞形态

A：菌体为赤藓红染色，25° 投影，×1 800；B：电镜观察照片，×10 000

由于该菌在含亚铁的液体培养基中能将亚铁氧化成高铁，而使培养基由浅绿色变为红棕色，最后由于 Fe^{3+} 水解生成氢氧化物或铁矾而生成沉淀。在硫酸亚铁固体培养基上，借助显微镜可以见到微小菌落，直径约为 1.0 mm，颜色由红变褐，并在菌落周围可见褐色沉淀。在硫代硫酸盐固体培养基上形成圆形的微小菌落（直径 0.5～1.0 mm），有时会形成不规则的边缘，菌落也会因为有硫磺的沉淀而呈白色。

（2）氧化硫硫杆菌（T. thiooxidans）

短杆菌，0.5×1.0～2.0 μm，单生对生或成短链，显微镜下的照片见图 1－2，其能源为硫及其化合物。该菌在 pH 1.4～6.0 的范围内能生长，更低的范围可延至 1.4 以下，最适 pH 在 2.5～5.8，最适温度为 25～30 ℃。该菌的亚铁液体培养基保持清澈，由于三价铁的产生，迅速由琥珀色转为红褐色。如果 pH 上升至 1.9 以上，会产生高铁沉淀的水合物，并形成一层由三价铁的水合物和细胞组成的膜。在硫代硫酸盐的固体培养基上生长的微小菌落呈透明状或随着培养时间的延长而变成黄白色，菌落边缘整齐。

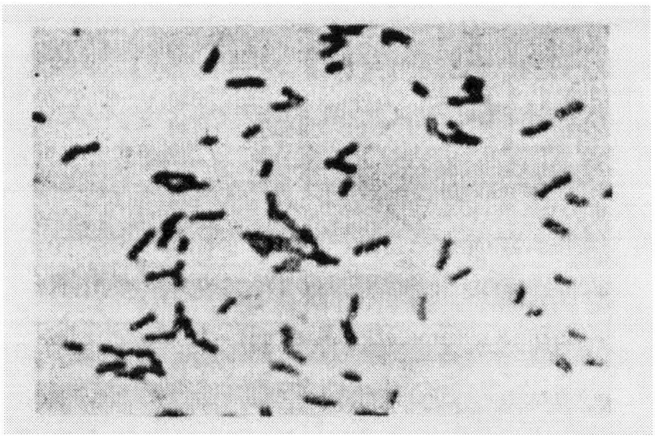

图 1－2　氧化硫硫杆菌在显微镜下的形态，×4 500

（3）排硫硫杆菌（T. thioparus）

细短杆菌，0.5×（1.0～3.0）μm，平均 0.5×1.7 μm。靠氧化硫代硫酸盐成硫酸盐获取能量。最适 pH 在 6.6～7.2，在 pH 4.5～7.8 生长，有一些菌株 pH 达到 10 也能生长，最适温度为 28 ℃。在硫代硫酸盐洋菜（琼脂）上的菌落较小，直径 1～2 mm，圆形，由于硫的沉淀而呈白黄色。

1.1.2　钩端螺菌属（Leptospirillum）

该菌属属于螺菌科（Spirillaceae），其中包括一个中度嗜热铁氧化钩端螺菌（L.ferooxidans）。铁氧化钩端螺菌（L.ferrooxidans）的最适生长温度为 30 ℃左右，严格好氧，专一性地通过氧化溶液中的 Fe^{2+}或矿物中的 Fe^{2+}来获取能量，在浸矿系统中通常和氧化亚铁硫杆菌协同作用。

1.1.3　硫化杆菌属（Sulfobacillus）

该菌属能量来源于 Fe^{2+}、硫磺及其他矿物，如硫铁矿、黄铜矿、砷黄铁矿、闪锌矿、亚锑硫酸盐、蓝铜矿、辉铜矿等。绝大多数需要酵母提取液或某种有机物以及空气中 CO_2 浓度较高时才能旺盛生长。该菌属严格好氧且极度嗜酸，广泛分布于自然界，主要集中在硫化矿物床及火山地带。

1.1.4　嗜酸嗜热古生菌纲（Thermoacidophili archaebacteria）

该类菌群中一共有四个属的菌种可以氧化硫化物作为浸矿菌，它们分别是硫化叶菌属（Sulfolobus）、酸菌属（Acidanus）、生金球菌属（MetallospHaera）及硫球菌属（Sulfurococcus）。该四个属的菌种均为兼性无机化能自养菌，可以在自养、兼性营养及异养条件下生长。在自养条件下，细菌可以通过氧化元素硫、Fe^{2+}或硫化物获取能量。在兼性营养条件下，添加酵母膏或其他一些有机物可以促进它们的生长。它们均为好氧菌，极度嗜热嗜酸，外形均为球形，细胞不具运动性，不具有鞭毛，主要分布在高温硫磺泉中。

这类细菌可潜在地用于顽固硫化矿物的快速、高温氧化浸出，但易破碎的细胞壁（因缺少肽聚糖）限制了它们在工业浸矿中的应用。同时，该类细菌是耐高温酶的重要来源，对它们的研究和应用无疑将开拓酶工业的新邻域。

可见，浸矿细菌多为化能自养菌，嗜酸好氧，其最主要的特性是能氧化 Fe^{2+}或 S 等还原态物质为 Fe^{3+}及 SO_4^{2-}。人们也正是利用了它们这一生理特性进行细菌浸矿，常见的浸矿细菌的主要特性见表 1－1。

表 1－1　几种重要浸矿细菌的特性

特性＼菌名	氧化亚铁硫杆菌 Thiobacillus ferrooxidans	氧化硫硫杆菌 Thiobacillus thiooxidans	嗜热硫氧化菌 Sulfobacillus thermosulfidooxidans	氧化铁铁杆菌 Ferrobacillus ferrooxidans	氧化铁钩端螺旋 Leptospirillum ferrooxidans
大小/μm	0.5×1.0	0.5×1.0		0.6～1.0×1.0～1.6	0.2～0.4×0.9
运动性	+	+		+	+
鞭毛	极生鞭毛	单鞭毛			+

续表

菌名 特性	氧化亚铁硫杆菌 Thiobacillus ferrooxidans	氧化硫硫杆菌 Thiobacillus thiooxidans	嗜热硫氧化菌 Sulfobacillus thermosulfidooxidans	氧化铁铁杆菌 Ferrobacillus ferrooxidans	氧化铁钩端螺旋 Leptospirillum ferrooxidans
革兰氏染色	–	–	–	–	–
生长 pH	1.5～3.0（2.0）	1.4～6.0 （2.5～5.8）	1.2～5.0（1.9～2.4）	3.5	1.5～4.0（2.5～3.0）
生长温度/℃	16～40（30～35）	25～30	20～60（50～55）	15～20	25～30
需氧情况	+	+	+	+	+
碳源	+	–	+	+	+
氨态氮	+	+	+	+	+
S^0	+	+	+	–	–
硫化物	+	–	+	–	+
硫氧化物	–	+	–		–
Fe^{2+}	+	–	+	+	+
有机物	–	–	+	–	–
G+C	55～65	51～53	46～49		51～56

注：表中“+”表示细菌能运动、需要或利用；表中“–”表示革兰氏染色为阴性或不能利用；表中“()”中数据为最适条件。

浸矿细菌一般具有以下几个共同的生理特征：① 营养类型一般属于化能无机自养型；② 有利用亚铁离子或还原性无机硫（或二者都能利用）作为电子供体的能力；③ 大多数细菌在极酸性环境中（pH 1.5～2.0）能够很好地生长，硫的氧化过程产生大量的硫酸副产物对其没有毒害作用；④ 尽管有些浸矿细菌能够使用 Fe^{3+}（并不是氧气）作为电子受体，但大多数浸矿细菌在氧气充足的条件下生长得更好；⑤ 很多种类的浸矿细菌都能以二氧化碳作为唯一碳源，但它们对二氧化碳的固定效率存在着差异，较高浓度的二氧化碳或少量的酵母提取物能够刺激对二氧化碳固定效率较低的菌种迅速生长；⑥ 它们通常对各种金属离子浓度有一定的耐受能力，但是不同种或同种内不同株系之间对金属的抗性存在着显著差异。

1.1.5 耐冷嗜酸菌（Acidithiobacillus ferrooxidans）

该类菌可在 5～30 ℃生长，可从氧化二价铁与无机硫化合物中获得能量，并从二氧化碳中获得有机碳。

1.2 细菌培养基

培养基指用人工方法配制的专供细菌生长繁殖的营养混合物，用于培养浸矿细菌的主要培养基见表 1–2。

表 1–2　浸矿细菌主要培养基

培养基名称	组成/（$g\cdot L^{-1}$）		培养对象
Leathen	$(NH_4)_2SO_4$ 0.15	K_2HPO_4 0.05	铁氧化沟端螺菌 氧化铁铁杆菌 氧化亚铁硫杆菌
	KCl 0.05	$Ca(NO_3)_2$ 0.01	
	$MgSO_4\cdot 7H_2O$　0.05	蒸馏水　1 000 mL	
	$FeSO_4\cdot 7H_2O$ 10%（W/V）溶液　10 mL　pH　2.00		
9K	$(NH_4)_2SO_4$ 3.0	KCl　0.1	氧化铁铁杆菌 氧化亚铁硫杆菌
	$MgSO_4\cdot 7H_2O$　0.5	K_2HPO_4　0.5	
	$Ca(NO_3)_2$ 0.01	蒸馏水　700 mL	
	$FeSO_4\cdot 7H_2O$ 14.7%（W/V）溶液　300 mL　pH　2.00		
Waksman	$FeSO_4\cdot 7H_2O$　0.01	$(NH_4)_2SO_4$ 0.2	氧化硫硫杆菌
	硫磺粉　10	蒸馏水 1 000 mL	
	$MgSO_4\cdot 7H_2O$　0.5	$CaCl_2\cdot 2H_2O$　0.25	
	pH 2.00～3.50		
ONM	$(NH_4)_2SO_4$ 2	硫磺粉　10	氧化硫硫杆菌
	K_2HPO_4　4	$MgSO_4\cdot 7H_2O$　0.3	
	$FeSO_4\cdot 7H_2O$　0.01	$CaCl_2\cdot 2H_2O$　0.25	
Colmer	蒸馏水 1 000 mL	pH　2.00～3.50	氧化亚铁硫杆菌
Colmer	$(NH_4)_2SO_4$ 0.2	$CaCl_2$　0.2	氧化亚铁硫杆菌
	K_2HPO_4　3	$Na_2S_2O_3\cdot 5H_2O$　5	
	$MgSO_4\cdot 7H_2O$　0.1	蒸馏水 1 000 mL	
叶硫球菌	pH　1.50～2.00		硫化裂叶菌 （Sulfolobus）
叶硫球菌	酵母浸出液 1 g/L，及 A 溶液：		硫化裂叶菌 （Sulfolobus）
	$(NH_4)_2SO_4$ 1.3 g	$ZnSO_4$　0.22 mg	
	K_2HPO_4　0.28 g	S　10 g	
	$FeCl_3\cdot 7H_2O$　0.02 g	$CoSO_4$　0.01 mg	
	$MnCl_2\cdot 4H_2O$　1.8 mg	$Na_2B_4O_7\cdot 10H_2O$　4.5 mg	
	$CuCl_2\cdot 2H_2O$　0.05 mg	$MgSO_4\cdot 7H_2O$　0.25 g	
	$Na_2MoO_4\cdot 2H_2O$　0.03 mg	$VoSO_4\cdot H_2O$　0.03 mg	
	$CaCl_2\cdot 2H_2O$　0.07 g	蒸馏水 1 000 mL	
	pH　2.00		
嗜热 硫氧化菌	$(NH_4)_2SO_4$ 0.5	K_2HPO_4　0.2	嗜热硫氧化菌
	NaCl 0.2	黄铁矿粉　2%	
	$Ca(NO_3)_2\cdot 4H_2O$ 0.07	$MgSO_4\cdot 7H_2O$　0.3	
	酵母浸出粉 2	蒸馏水 1 000 mL	
	pH　2.50		

培养基按外观物理状态可分为以下几种：

1.2.1 液体培养基（Liquid medium）

在液体培养基中营养物质以溶质状态溶解其中，使细菌能更充分地接触和利用营养物质，因而也能更好地积累代谢产物。因此，在实验室中，液体培养基主要用于生理、代谢研究及获得大量菌体；在生产中，则用于大规模生产、发酵。

9K、Leathen 培养基由于有易被氧化的 $FeSO_4·7H_2O$，一旦温度超过 50 ℃，其中的 Fe^{2+} 就会自发地快速氧化，并生成硫酸高铁、水合硫酸铁及黄钾铁钒沉淀。解决的办法有：

（1）调节培养基 pH 至 1.5，在配制上述两种培养基时，pH 是一个非常重要的考虑因素。pH 高则培养基经高温灭菌后，会在瓶底生成沉淀，而使溶液变浑浊；实验表明，在 pH 低的溶液中，培养基的各成分溶解度增大。

（2）减少铁盐及磷酸盐的用量并补充少量酵母膏。调整后的低磷酸盐培养基组成如下（$g·L^{-1}$）：K_2HPO_4 0.4、$MgSO_4·7H_2O$ 0.4、$(NH_4)_2SO_4$ 0.4、$FeSO_4·7H_2O$ 27.8、酵母膏 0.2（也可用谷胱苷肽 0.1 或半胱氨酸 0.1）；pH 1.5。

（3）将 $MgSO_4·7H_2O$ 溶液单独过滤灭菌，再与高温灭菌的培养基中的其他无机盐溶液混合。这种方法得到的培养基 Fe^{2+}被氧化成 Fe^{3+}的量较少，培养基为浅绿色澄清溶液。

1.2.2 半固体培养基（Semi－solid medium）

液体培养基中加入 0.2%～0.5%的琼脂作凝固剂，就可得到半固体培养基。半固体培养基呈现出在容器倒放时不致流下、但在剧烈振荡后能破散的状态。半固体培养基在细菌实验中有许多独特的用途，如细菌的动力观察（在半固体直立柱中央进行细菌的穿刺接种，观察细菌的运动能力），各种厌氧菌的培养及菌种保藏等。绝大多数的浸矿细菌是能运动的，可以通过这种方法来鉴定菌种。

1.2.3 固体培养基（Solid medium）

在液体培养基中加入 1%～2%琼脂或 5%～12%明胶作凝固剂，就可制成遇热可融化、冷却后则凝固的固体培养基。固体培养基主要用于菌种的分离、菌种保藏、鉴定等。T.f 菌种在琼脂培养基上生长很弱，难以形成菌落，给菌种分离及遗传操作带来了很大困难。出现这种情况的主要原因是琼脂在酸性条件下生成的水解产物对菌体有毒害作用。针对这个问题可采用以下多种方法克服：

（1）适当地降低琼脂浓度，小于 2%；

（2）控制 pH 在 3.0 左右，pH 太低，琼脂粉因水解而不凝固；pH 太高，细菌的生长缓慢；

（3）适当降低 $FeSO_4·7H_2O$ 和磷酸盐的浓度，分别不宜超过 22.2 $g·L^{-1}$ 和 0.05 $g·L^{-1}$；

（4）选用质量较好的琼脂，如琼脂糖等；

（5）其他替代培养基：经过多年探索，彭基斌、颜望明等[1]研究设计出一种新的适用于氧化亚铁硫杆菌遗传操作的固体培养基，称之为 2∶2 培养基。组成为：$FeSO_4·7H_2O$ 2‰、$Na_2S_2O_3·5H_2O$ 2‰、$(NH_4)_2SO_4$ 4.5‰、KCl 0.15‰、$MgSO_4·7H_2O$ 0.75‰、琼脂粉 6‰，

pH 4.6～4.8。这种培养基含两种能源：亚铁和硫代硫酸钠，pH 在 4.6～4.8 范围内，卡那霉素（300 μg·mL^{-1}）和链霉素（200～300 μg·mL^{-1}）可以在该培养基上使用。尽管氧化亚铁硫杆菌形成菌落需要两周时间，但菌落形成率相对较高。在 2∶2 培养基上生长，形态特征明显、稳定，氧化亚铁硫杆菌、抗卡那霉素和抗链霉素的自发突变率均低于 10^{-8}，为利用这两种抗生素作为遗传标记、选择转移接合子奠定了基础。

除此之外还可采用 ISP 固体培养基。ISP 固体培养基的配制[2]：（1）溶液 A：300 mL 蒸馏水中加入 $FeSO_4·7H_2O$，配成质量浓度为 33.4%的溶液；用 6 mol/L H_2SO_4 调节溶液 pH 至 2.50，搅拌至几乎无色，用细菌滤膜灭菌后，置于室温中。（2）溶液 B：550 mL 蒸馏水中加入$(NH_4)_2SO_4$ 6.0 g、KCl 0.2 g、$MgSO_4·7H_2O$ 1.0 g、$Ca(NO_3)_2$ 0.02 g，调节溶液 pH 至 3.0，温度 121 ℃，压力 1.21 atm，灭菌 15 min。（3）溶液 C：纯化的琼脂 7.0 g 加到 150 mL 水中，浸泡 15 min，在 1 L 锥形瓶中升温至 121 ℃，1.21 atm 灭菌 5 min。B 和 C 从高压釜中取出，在空气中冷却 5 min，然后将 B、C 混合，将 A 加入上述混合物，搅匀。三者混合物倒于平板上，深度约为培养皿高度的一半。

1.3　细菌的采集、分离纯化和保藏

1.3.1　细菌的采集

从自然界中采集菌种及在实验室中培养获取菌种是矿冶生物技术取得成就的第一步，对于研究与使用者而言，工作细菌可从菌种保藏机构直接购得。但多数情况，仍需从自然界中采集。

浸矿细菌可能存在的地点有：

（1）矿山、矿堆或尾矿中流淌的酸性水；

（2）矿石本身；

（3）热泉水样或矿浆。

在选择采集地点时，应结合将来工作目的选择合适的地方，例如，研究细菌浸出铀矿的影响因素，则最好到铀矿山采集菌种。

现以浸矿细菌中最常见的氧化亚铁硫杆菌为例，介绍浸矿细菌的采集、分离的基本方法。

氧化亚铁硫杆菌广泛存在于金属硫化矿山、煤矿的酸性（pH＜4）矿坑水中，因此可到这些矿山采集菌种，采集的步骤如下：

取 50～250 mL 细口瓶，洗净并配好胶塞，用牛皮纸包扎好瓶口，置于 120 ℃烘箱灭菌 20 min，待冷却后即可作为细菌取样瓶，到矿山取酸性矿坑水。如矿坑水的 pH 为 1.5～3.5 并呈红棕色（说明有 Fe^{3+}存在），则很可能存在氧化亚铁硫杆菌，可对此水样进行分离培养。取样时将牛皮纸取下，用一只手拔去瓶塞，另一只手持瓶接取或舀取水样，其量不宜超过瓶容量的 2/3。（若所取样不是水样而是已被氧化成棕褐色的潮湿矿块，则应在灭菌的取样瓶中，加入约占瓶容积 1/3 的液体培养基）取样后，立即盖好胶塞，并用牛皮纸包好，在瓶上贴上标签，标明取样地点及时间。

为了便于将来可用矿物培养基来培养和保存细菌，可采取采样矿山的矿样少许，这样的矿样为该菌所适应，十分适合于该菌的培养。

为了分离、培养所需细菌，还需配制好专供这种菌生长的 Leathen 或 9 K 培养基，配好的培养基用蒸气灭菌 15 min，然后在无菌操作下分装于数个事先洗净并灭菌的 100 mL 三角瓶中。塞好棉塞置于 20～30 ℃的恒温条件下静置培养（或振荡培养）7～10 天。随着三角瓶中细菌生长繁殖，三角瓶中培养基的颜色由浅绿色变为红棕色，最后在瓶底出现高铁沉淀（与空白对照）。选择变化最快，颜色最深的三角瓶，在瓶中取 1 mL 培养液，接种到装有新培养基的三角瓶中，用同样方法培养。培养液比头一次更快地变成红棕色，以后按同样方法反复转移培养，至少十次以上。每转移一次，接种量逐渐减少，最后只需 1～2 滴即可。随着所培养的细菌越来越活跃，只需培养 3～5 天就可把培养基中的 Fe^{2+}氧化成 Fe^{3+}。在转移培养中，借助培养基的高酸度及高浓度亚铁和高铁离子，可杀死和淘汰一些杂菌，氧化亚铁硫杆菌可得到充分繁殖，活性越来越好。

可用如下方法对培养的氧化亚铁硫杆菌进行初步检查和鉴定：

（1）肉眼观察

如有该菌生长，则培养基中的亚铁将被氧化变成高铁，培养基的颜色由浅绿色变成红棕色，最后产生高铁沉淀。（需作空白对照，因为空气也能缓慢地将 Fe^{2+}氧化成 Fe^{3+}，培养基的颜色由浅绿色变成黄色，并会产生沉淀附于瓶底。）

（2）重铬酸钾滴定法测定

用重铬酸钾滴定法测定培养液中 Fe^{2+}氧化成 Fe^{3+}的氧化率。用 $K_2Cr_2O_7-HgCl_2$ 法或 $K_2Cr_2O_7-SnCl_2$ 的方法测定培养基中的全铁量，再用 $K_2Cr_2O_7$ 或 $KMnO_4$ 滴定 Fe^{2+}（酸性环境），以此计算得到 Fe^{2+}的氧化率，Fe^{2+}氧化率越高，说明细菌生长越旺盛。

（3）显微镜观察

用简单染色或革兰氏染色法对所培养的细菌进行染色，在显微镜下观察是否有 T.f 存在。

1.3.2 细菌的纯化

用上述方法获得的菌种往往不纯，其中会有杂菌。要想得到纯菌种，则需要进行平板分离。浸矿细菌的分离纯化一般采用稀释涂布平板法[3]、平板划线分离法[4]和终点稀释法。

（1）稀释涂布平板法

稀释涂布平板法是一种有效而常用的细菌纯种分离方法。它是将一定浓度、一定量的待分离菌液转移到已凝固的培养基平板上，再用涂布棒迅速地将其均匀涂布，使长出单菌落而达到分离的目的，见图 1-3。

稀释涂布平板法的基本步骤如下：

1）制备固体培养基

2）编号

取 6 支无菌空试管，依次编号为 10^{-1}、10^{-2}、10^{-3}、10^{-4}、10^{-5}、10^{-6}，将固体培养基平板分别编号为 10^{-4}、10^{-5}、10^{-6}，每个稀释度各制作三个平板。

3）稀释

取上述已繁殖好的细菌培养液 1 mL，用 pH 2.5 的稀硫酸溶液按每次稀释 10 倍，依次稀释成 10^{-1}、10^{-2}、10^{-3}、10^{-4}、10^{-5}、10^{-6} 浓度的稀释液。

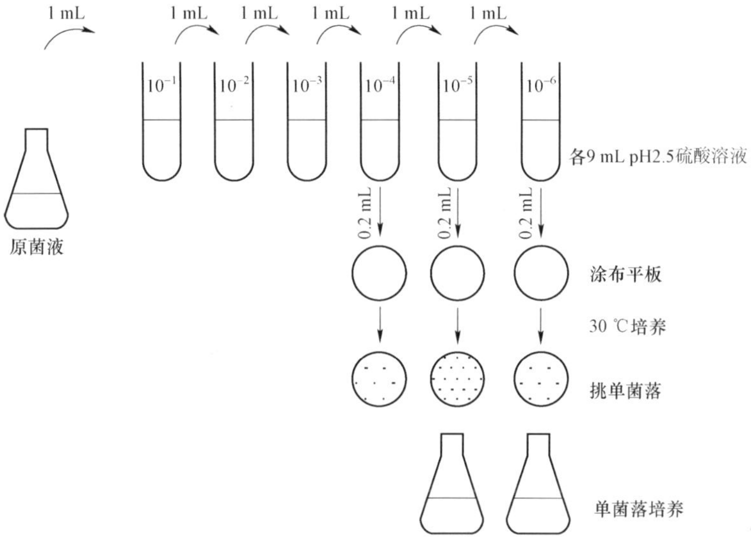

图 1–3　稀释涂布平板分离示意图

4）取样

吸取稀释度 10^{-4}、10^{-5}、10^{-6} 的稀释液各 0.2 mL，然后分别接种到编好号的平板上，涂布均匀。

5）培养

将涂布后的平板倒置于 30 ℃的恒温培养箱中培养，直至平板表面出现铁锈色圆点状小菌落。

6）选取单菌落

将单独小菌落挑起，分别接种于液体培养基中培养，这样培养出的细菌即为单一菌的纯培养。

（2）平板划线分离法

平板划线分离法是用接种环在平板培养基表面通过分区划线而达到分离细菌的一种方法。其原理是将细菌样品在固体培养基表面多次作“由点到线”稀释而达到分离的目的。

其基本步骤如下：

1）制备固体培养基

2）划线

将烧红的接种环冷却后，挑取原菌液划线，划线时动作要轻巧，线条要平行且密集，要充分利用平板培养基的表面积。平板划分时划为四个作用不同的 A、B、C、D 区（见图 1–4），D 区是单菌落的主要分布区。

3）培养

将培养皿置于 30 ℃恒温箱中培养，直至培养基上出现小的铁锈色圆状小菌落。

4）挑选单菌落

将 D 区或 C 区出现的典型单菌落移接至液体培养基中培养。

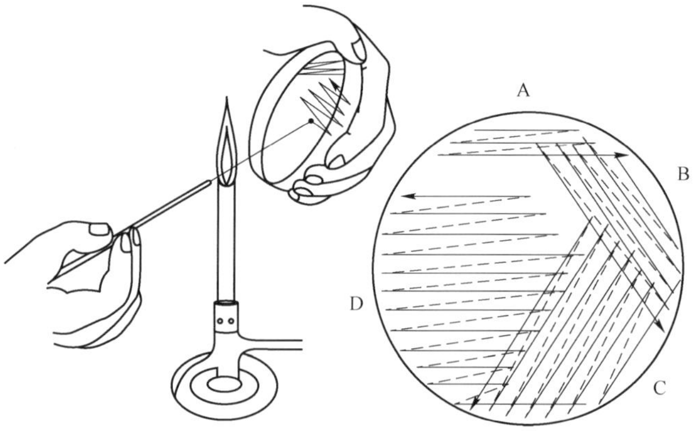

图 1－4　操作示意及平板分区图

（3）终点稀释法

取繁殖好的菌样 1 mL，注入盛有液体培养基 9 mL 的试管中，混合均匀，然后再从此试管中吸取 1 mL 注入另一盛有培养基 9 mL 的试管中，依次类推制成 10^{-1}、10^{-2}、10^{-3}、…、10^{-10} 不同稀释度的培养液。将 10 支试管均放入恒温培养箱中培养 7～8 d 后取出。由于各管中原始菌浓度不同，培养基颜色变化不一，颜色深浅与原始菌浓度成正比。若第 7 支试管变色而第 8 支不变色，则认为第 7 支试管极有可能含单一菌的纯培养。

这种方法简便，但有可能分离出的纯培养并不是所希望的菌种。

1.3.3　纯培养的检验

为检验所获菌种的纯度，可将上述获得的纯培养菌株接种到适合于杂菌生长的固体培养基上，如牛肉汤培养基、Waksman 培养基等。观察是否有菌生长，如无，表明所获菌株是纯的；如有，则表明所获菌株是不纯的，需再次分离。

1.3.4　细菌保藏

优良的活性菌种应及时进行保藏。菌种的保藏要达到不死亡和不变异两个要求。因此，必须使细菌的代谢作用相对地处于最不活跃的状态。若为短期保存，则可将充分生长的 T.f 菌停止培养，在菌液中加入少许 $FeSO_4·7H_2O$ 后，移入 4 ℃的冰箱中保存，每月尚需转种一次。长期菌种保藏方法很多，如：斜面低湿保藏法、液体石蜡保藏法、砂土—黄铁矿保藏法及冰冻干燥法。但对于浸矿菌种而言，后两种方法较为有效。

（1）砂土—黄铁矿保藏法

将 T.f 培养液转移到无菌试管或安瓿管中。瓶中预先装有砂土与黄铁矿 1∶3 的混合物。砂土、黄铁矿均经过筛砂、清洗、干燥、灭菌。取每 1～2 mL 菌浓度为 10^9 个/mL 的细菌培养液混入砂土—黄铁矿混合物 2～3 g，将试管塞紧蜡封或将安瓿管熔封，室温保藏。此法可保藏菌种 2.5～3 年。

（2）冰冻干燥法

将菌体培养物离心，制得菌种悬浮液。用蒸馏水快速漂洗，直至 pH 达到 7 左右，然后转移到安瓿管中，并加入细胞保护剂，将安瓿管置于 –70 ℃的低温冰箱中冰冻 24 h，再冰冻干燥 24 h 后封口。制备好的安瓿管放置在低温避光处保藏。

1.4　细菌计数及细菌生长曲线

细菌的生长繁殖是其在内外各种环境因素相互作用下的综合反映。因此生长繁殖情况可作为研究各种生理、生化和遗传等问题的重要指标，所以有必要对细菌的生长繁殖及其控制规律进行介绍[5]。

1.4.1　测生长量

生长意味着原生质量的增加，所以测定生长的方法也都直接或间接地以此为根据，而测定繁殖则都要建立在计数这一基础上。

（1）直接法

1）测体积

这是一种很粗放的方法，用于初步比较。将一定体积的待测培养液放在刻度离心管中自然沉降或进行定时间的离心，然后观察其体积。

2）称干重

可用离心法或过滤法测定，一般干重为湿重的 10%～20%。在离心法中，将待测培养液放入离心管中，用清水离心洗涤 1～5 次后，进行干燥。干燥温度可采用 105 ℃、100 ℃或红外线烘干，也可在较低的温度（40 ℃或 80 ℃）下进行真空干燥，然后称干重。以细菌为例，一个细胞一般重约 10^{-12}～10^{-13} g。

（2）间接法

1）比浊法

细菌培养物在其生长过程中，由于原生质含量的增加，会引起培养物浑浊度的增高，用光电比色计测菌液的透光度，或自行制作的比浊管进行测定。

2）测含氮量

蛋白质是细胞的重要物质，含量一般比较稳定，而氮又是蛋白质的重要组分。细菌的含氮量约为原生质干重的 12.5%。根据其含量再乘以 6.25，即可测得其粗蛋白的含量。测定含氮量的方法很多，如用硫酸、过氯酸、碘酸或磷酸等消化法和 Dumas 测氮气法。

3）测定 DNA 含量

DNA 与 20%的 3,5 – 二氨基苯甲酸 – 盐酸溶液能显示特殊的荧光。根据这一原理测出 DNA 的含量，即可推算出细菌的总量，每个细菌平均含 DNA 8.4×10^{-14} g。

1.4.2　测细胞数

（1）直接法

指在显微镜下直接观察细胞并进行计数的方法，所测结果是包括死细胞在内的总细菌数。

（a）比例计数法

这是一种很粗略的计数方法。将已知颗粒浓度的液体与待测细胞浓度的菌液按一定比例均匀混合，在显微镜视野中数出各自的数目，然后求出未知菌液中的细胞浓度。

（b）血球计数板法

应用血细胞计数板在显微镜下直接计数是一种常用的细菌计数方法。该计数板是一块特制的载玻片，其上由四条槽构成三个平台；中间较宽的平台又被一短横槽隔成两半，每一边的平台上各刻有一个方格网，每个方格网共分为九个大方格，中间的大方格即为计数室。计数室的刻度一般有两种规格，一种是一个大方格分成 25 个中方格，而每个中方格又分成 16 个小方格；另一种是一个大方格分成 16 个中方格，而每个中方格又分成 25 个小方格，但无论是哪一种规格的计数板，每一个大方格中的小方格都是 400 个。每一个大方格边长为 1 mm，则每一个大方格的面积为 1 mm^2，盖上盖玻片后，盖玻片与载玻片之间的高度为 0.1 mm，所以计数室的容积为 0.1 mm^3（万分之一毫升），如图 1－5 所示。

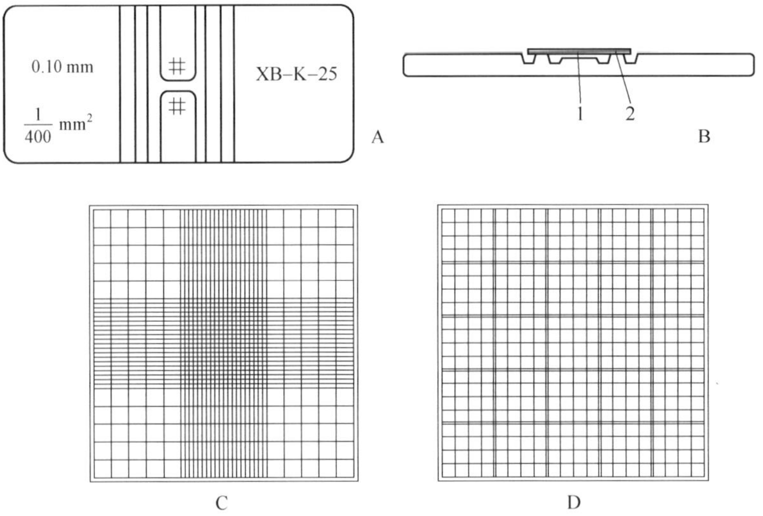

图 1－5　血球计数板的结构

A：顶面观；B：侧面观；C：九大格；D：一大格（25 中格）；

1：中央平台；2：盖玻片

计数时，通常数五个中方格的总菌数，然后求得每个中方格的平均值，再乘上 25 或 16，就得出一个大方格中的总菌数，然后再换算成 1 mL 菌液中的总菌数。

设五个中方格中的总菌数为 A，菌液稀释倍数为 B，如果是 25 个中方格的计数板，则：

$$1\,\text{mL菌液中的总菌数}=\frac{A}{5}\times 25\times 10^4\times B=50\,000A\cdot B\text{（个）}$$

同理，如果是 16 个中方格的计数板，

$$1\,\text{mL菌液中的总菌数}=\frac{A}{5}\times 16\times 10^4\times B=32\,000A\cdot B\text{（个）}$$

在测定细菌数目之前应将血球计数板擦洗干净，再将盖玻片安放在计数室上面，然后用接种环取一环均匀的菌体悬液，使它沿着盖玻片与计数板的缝隙渗入计数室，连续二至三次，直至注满计数室为止，后置于显微镜载物台的中央计数。由于浸矿细菌小、无色透明，且 9 K、leathen 培养基在培养过程中产生氢氧化铁或黄钾铁矾沉淀，干扰测定。为解决上述问题可在计数之前先将待测细菌用草酸铵结晶紫染色[6]。

（2）间接法

间接法是一种活细菌计数法，是根据活细胞通过生长繁殖会使液体培养基浑浊或在平板培养表面形成菌落的原理而设计的方法。

（a）液体释稀法

将待测菌样作连续的 10 倍系列释稀。根据估计数，从最适宜的 3 个连续的 10 倍释稀液中各取 5 mL 试样，接种到 3 组共 15 支装有培养液的试管中，每管接入 1 mL。经培养后，记录每个稀释度出现生长的试管，然后查最大可能数量表，再根据样品的稀释倍数计算出其中的活菌含量。

（b）平板菌落计数法

这是一种最常见的活菌计数法。取一定体积的释稀菌液与合适的固体培养基在其凝固前均匀混合，或涂布于已凝固的固体培养基平板上。经保温培养后，以平板上（内）出现的菌落数乘上菌液的稀释度，即可计算出原菌液的含菌数。在一个 9 cm 直径的培养皿平板上，一般以出现 50～500 个菌落为宜。

以上介绍了若干测定细菌生长量和细胞数目的方法。不管什么方法，都有其缺点和使用范围，所以在使用前，一定要根据研究对象和研究目的选择最合适的方法。

1.4.3　细菌生长曲线

当把少量纯种细菌接种到恒容积的液体培养基中后，在适宜的温度、通气等条件下，它们的群体就会有规律地生长起来。如以细胞数目对数值作纵坐标，以培养时间作横坐标，就可以画出一条有规律的曲线，这就是细菌的生长曲线（growth curve，见图 1－6）。

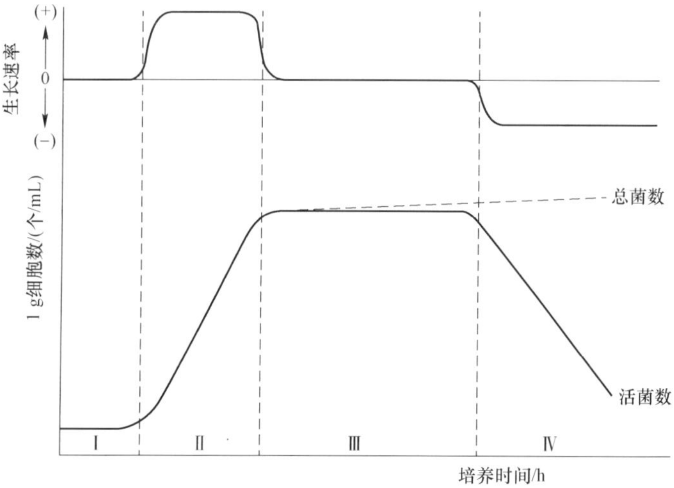

图 1－6　细菌生长曲线

Ⅰ：延滞期；Ⅱ：指数期；Ⅲ：稳定期；Ⅳ：衰亡期

根据细菌的生长速度常数（growth rate constant），即每小时的分裂代数（R）的不同，一般可把生长曲线分为延滞期、指数期、稳定期和衰亡期四个时期。细菌的生长曲线对掌握细菌生长规律很重要。通过生长曲线可以知道细菌在哪个时期年轻且代谢活跃，哪个时期衰老而濒于死亡，这样可根据需要在不同时期收集菌种。如需快速氧化 Fe^{2+}，则应收集对数期的浸矿细菌，若保存菌种，则最好取稳定期的菌种。

（1）延滞期（lag phase）

又称停滞期、调整期或适应期。指少量细菌接种到新培养液中后，在开始培养的一般时间内细胞数目不增加的时期。该时期的细胞有以下几个特点：

（a）生长速度常数等于零；

（b）细胞形态变大或增大；

（c）细胞 RNA 尤其是 rRNA 含量增高，原生质呈嗜碱性；

（d）合成代谢活跃、核糖体、酶类和 ATP 的合成加快，易产生诱导酶；

（e）对外界不良条件反应敏感。

影响延滞期长短的因素除细胞本身的生理特性外，还有接种龄、接种量、培养基成分等。延滞期太长不利于工业生产，因此应尽量设法缩短延滞期。常用的措施有增加接种量，采用最适菌龄（即处于对数期的细菌）等。

（2）指数期（exponential phase）

又称为对数期，是指在生长曲线中，紧接着延滞期的一个细胞以几何级数速度分裂的一段时期，见图 1－7。

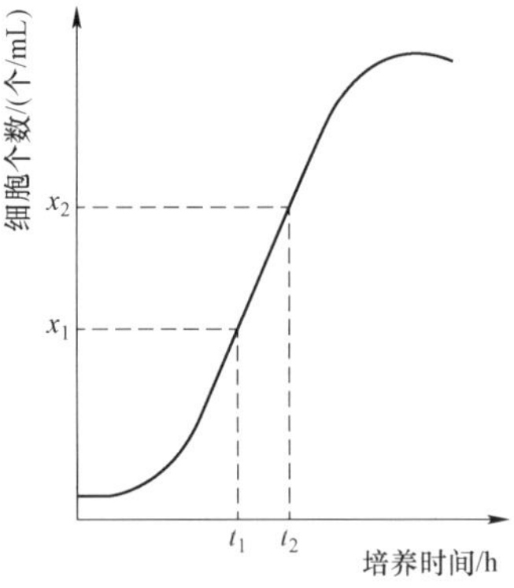

图 1－7　指数期生长曲线

指数期的细菌有以下几个特点：

（a）生长速度常数 R 最大；

（b）细胞进行平衡生长，菌体内各种成分最为均匀；

（c）酶系活跃，代谢旺盛。

在指数期中，有三个参数最为重要。

（a）繁殖代数（n），从图 1－7 可以看出，

$$x_2 = x_1 \cdot 2^n$$

以对数表示为：

$$\lg x_2 = \lg x_1 + n \lg_2$$

$$n = \frac{\lg x_2 - \lg x_1}{\lg_2} = 3.322(\lg x_2 - \lg x_1)$$

（b）生长速率常数（R）

$$R = \frac{n}{t_2 - t_1} = \frac{3.322(\lg x_2 - \lg x_1)}{t_2 - t_1}$$

（c）代时（G）

$$G = \frac{1}{R} = \frac{t_2 - t_1}{3.322(\lg x_2 - \lg x_1)}$$

指数期的细菌因其整个群体的生理特性较一致，细胞成分平衡发展和生长速度恒定，

故可作为代谢、生理等研究的良好材料。

（3）稳定期（stationary phase）

又称恒定期或最高生长期。其特点是生长速度常数 R 等于 0，即处于新繁殖的细胞数与衰亡的细胞数相等或正生长与负生长相等的动态平衡之中。

稳定期到来的主要原因是：

（a）营养物尤其是生长限制因子的耗尽；

（b）营养物的比例失调，例如 C/N 比例不合适等；

（c）酸、醇、毒素等有害代谢产物的积累；

（d）pH、氧化还原势等物化条件越来越不适宜等。

（4）衰亡期（decline phase）

衰亡期细菌个体死亡速度超过新增速度。因此，整个群体呈现出负生长（R 为负值）。产生衰亡期的原因主要是外界环境对继续生长越来越不利，从而引起细胞内的分解代谢大大超过合成代谢，继而导致菌体死亡。

（5）细菌实际生长曲线（growth curve）的绘制

浸矿细菌生长曲线的绘制关键是细菌数量。只需在细菌培养或浸出过程中每隔一定时间，按前面介绍的方法测得细胞个数，后以时间为横坐标，以菌数为纵坐标画曲线即可。

曾用五株浸矿细菌（Acidithiobacillus ferrooxidans ATCC 23270，Leptospirillum ferriphilum YSK，Sulfobacillus thermosulfidooxidans ST，Acidithiobacills thiooxidans A01，Acidithiobacills caldus S1）分别来自于美国标准菌种保藏中心（The American Type Culture Collection）、江西德兴铜矿酸性矿坑水、云南腾冲酸性热泉、江西萍乡煤堆废水、湖南长沙煤堆废水。培养条件于表 1–3，摇床的转速均为 175 $r \cdot min^{-1}$。五株菌的接种量分别为：*Acidithiobacillus ferrooxidans* ATCC 23270，5.6×10^5 cells/mL；Leptospirillum ferriphilum YSK，1.32×10^6 cells/mL；Sulfobacillus thermosulfidooxidans ST，8.0×10^5 cells/mL；Acidithiobacills thiooxidans A01，1.14×10^6 cells/mL；Acidithiobacills caldus S1，9.6×10^5 cells/mL，绘制五株菌的生长曲线见图 1–8。

表 1–3　实验所用菌株的来源和培养条件

菌株	来源	培养基	温度/℃	pH
Acidithiobacillus ferrooxidans ATCC 23270	美国标准菌种保藏中心	9 K + $FeSO_4 \cdot 7H_2O$（44.7 $g \cdot L^{-1}$）	30	2.0
Leptospirillum ferriphilum YSK	江西德兴铜矿酸性矿坑水	9 K + $FeSO_4 \cdot 7H_2O$（44.7 $g \cdot L^{-1}$）	40	1.5
Sulfobacillus thermosulfidooxidans ST	云南腾冲酸性热泉	9 K + 酵母粉（0.2 $g \cdot L^{-1}$）+ $FeSO_4 \cdot 7H_2O$（44.7 $g \cdot L^{-1}$）	45	1.5
Acidithiobacills thiooxidans A01	江西萍乡煤堆废水	9 K + S（10 $g \cdot L^{-1}$）	30	2.0
Acidithiobacills caldus S1	湖南长沙煤堆废水	9 K + S（10 $g \cdot L^{-1}$）	45	2.0

注：9 K 培养基基本成分：$(NH_4)_2SO_4$ 3 $g \cdot L^{-1}$，KCl 0.1 $g \cdot L^{-1}$，K_2HPO_4 0.5 $g \cdot L^{-1}$，$MgSO_4 \cdot 7H_2O$ 0.5 $g \cdot L^{-1}$，$Ca(NO_3)_2$ 0.01 $g \cdot L^{-1}$

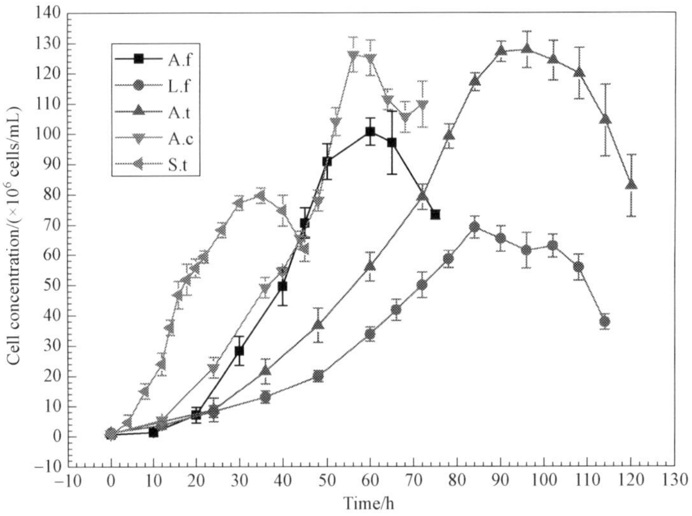

图 1－8　细菌生长曲线

1.5　细菌活性测定

细菌的活性是细菌浸矿的重要参数。在硫化矿浸出中，它表示细菌在单位时间内氧化目的矿物的量，在细菌培养中，它表示细菌生长的活跃程度。目前，测定细菌活性的方法有很多，主要有：Fe^{2+}氧化速率、CO_2的固定速率（即吸收速率）、氧的消耗速率、基因芯片技术以及目的矿物氧化速率等。

1.5.1　亚铁离子氧化速率法

氧化Fe^{2+}为Fe^{3+}是 T. f 菌的主要特征，Fe^{2+}氧化速度快，表明细菌代谢旺盛，活性高。实验室或工业生产上常用图 1－9 所示的装置来测定细菌活性。其他具有良好充气与搅拌功能的装置也可。

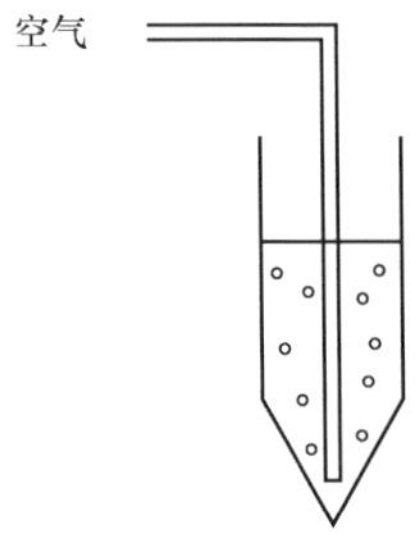

图 1－9　细菌活性测定装置

测定方法如下：抽取 25 mL 待测菌液（或矿浆）于装置中，测定其中 Fe^{2+}浓度，然后根据测得的 Fe^{2+}浓度值，补加 $FeSO_4·7H_2O$ 至 Fe^{2+}浓度为 10～15 $g·L^{-1}$，再准确测定 Fe^{2+}浓度，这时的 Fe^{2+}浓度即为起始浓度 C_0。

将装置置于恒温箱内充气培养 2 h，温度保持在 30 ℃，再测菌液中 Fe^{2+}浓度，即最终 Fe^{2+}浓度 C_f。

细菌活性可用下式计算：

$$A=(C_0-C_f)/2$$

式中，A——测得的细菌活性（$g·L^{-1}·h^{-1}$）；

C_0——起始 Fe^{2+}浓度（$g·L^{-1}$）；

C_f——最终 Fe^{2+}浓度（$g·L^{-1}$）。

除此之外，还可在细菌培养或浸矿过程中，每隔一定时间取待测菌液（或矿浆）5～10 mL，用重铬酸钾滴定法测得其中全铁、Fe^{2+}的量（全铁量测一次即可），计算不同时间段 Fe^{2+}的氧化率也能表征细菌的活性。

1.5.2　细菌耗氧速率法

浸矿细菌大多数是好氧菌，其代谢过程中要消耗氧气，氧的消耗速率越快，说明细菌代谢越旺盛，活性越高，故氧的消耗速率也可表征细菌的活性。细菌对氧的消耗速率，可用瓦勃氏（Warbury）呼吸器测定，其构造如图 1－10 所示。

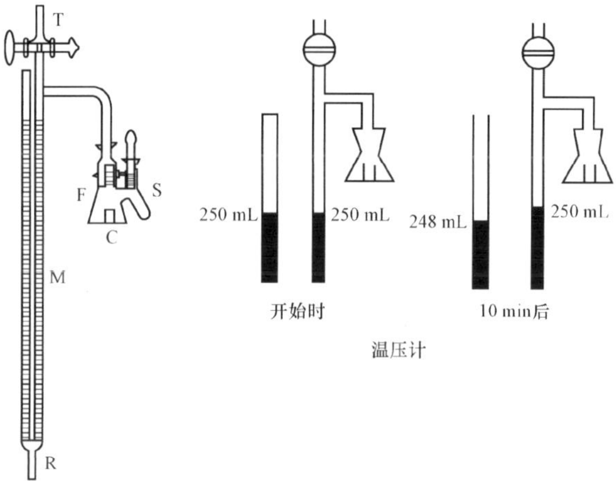

图 1－10　瓦勃氏呼吸器及测量操作示意图

T：开关；F：反应器；M：U 形压力计；S：瓶侧臂；C：CO_2吸收器；R：温度计

测定时，将 1.5～2.5 mL 矿浆放进瓦勃氏呼吸器的反应瓶中。反应瓶中央小瓶盛 0.5 mL 20% KOH 溶液以吸收 CO_2。然后，将反应瓶接上测压计。整个呼吸器应置于恒温环境（如恒温水浴），开动搅拌器。当测压计与环境温度相同时，反应开始，调节测压计 U 形管液面，使达到零点，并关闭三通。反应一定时间后，细菌吸入氧气的体积 ΔV 可由 U 形测压计液柱差的读数换算得出。细菌活性单位可用 O_2 $g \cdot L^{-1} \cdot h^{-1}$ 或者 $mol \cdot min^{-1}$ 表示。

1.5.3　基因芯片技术

传统方法是通过浸矿试验来检测细菌活性，工作量大，周期长，需要几个月甚至更长时间。矿物类型多样，浸矿条件多样，因而浸矿性状多样，难以建立一种统一的检测标准。

基因芯片技术为检测浸矿细菌活性的一种新兴技术。由于生物浸矿主要涉及硫氧化和铁氧化两个生物化学过程，而这些过程都是由不同的功能基因所控制。基因芯片从基因水平反应浸矿细菌的性能，可全面检测控制各种性状的相关基因，从而对其浸矿性能进行综合评判。结果更加准确，耗时短，只需 3～5 天。应用基因芯片全面检测浸矿细菌的功能基因，从而综合评判其浸矿性能，容易建立一种统一的检测标准。中南大学建立了首个浸矿细菌的基因芯片检测标准—《嗜酸氧化亚铁硫杆菌及其活性的基因芯片检测方法》湖南省地方标准和国家标准。

1.6 细菌育种

选育高效浸矿菌种是生物浸矿技术实现工业化的前提条件，对浸矿细菌进行性状改良，主要从以下几个方面考虑：

（1）细菌生长速度（生物量增加速度）；

（2）硫化矿的氧化速度（活性）；

（3）对重金属的耐受能力；

（4）细菌在矿物颗粒上的黏附速度及细菌在矿物颗粒和溶液中的分布情况；

（5）菌种保藏的稳定性。

选育高效菌种的方法除了从自然界筛选高品质的浸矿细菌外，更主要的是传统的驯化、诱变育种、杂交育种和现代的原生质体融合技术以及基因工程育种。

1.6.1 驯化培养

驯化是用某一特定因素长期处理某细菌群体，同时不断地对它们进行接种传代，以达到累积并选择相应的自发突变株的目的。

现以驯化细菌对某种金属的耐受能力为例，说明其过程。首先在装有一定体积培养基的三角瓶中加入较低浓度的该金属离子，然后接入要驯化的细菌进行恒温培养。开始细菌不能马上适应，要较长时间才能生长，待细菌适应并能正常生长后，将它再转移到含有更高浓度金属离子的培养基中继续培养。依次类推，每转移一次均提高金属浓度，如此进行下去，就可以获得对该金属离子具有较强耐性的菌株。表 1–4 表明了驯化氧化亚铁硫杆菌对铀耐受能力的过程及成果，T.f 耐受铀离子的能力从未驯化前的 600 $mg \cdot L^{-1}$ 到驯化后的 1 000 $mg \cdot L^{-1}$，提高了 66.7%[7]。

表 1–4 氧化亚铁硫杆菌对铀适应性的驯化

铀浓度/（$mg \cdot L^{-1}$）	氧化培养基中全部 Fe^{2+}所需时间/d				
	驯化前细菌	第一次转移	第二次转移	第三次转移	第四次转移
0	4	4	4	4	4
100	4	4	4	4	4
200	4	4	4	4	4
300	7	4	4	4	4
400	7	4	4	4	4
500	7	4	4	4	4
600	7	10	4	4	4
700	不生长	10	7	7	4
800		不生长	10	7	7
900			10	7	7
1 000			不生长	10	10

氧化亚铁硫杆菌活性的测定方法之一是测定其氧化 Fe^{2+} 为 Fe^{3+} 的速度。野生菌经过驯化，活性极大提高。表 1－5 是野生菌与驯化菌氧化 Fe^{2+} 的对比情况。驯化菌 2 天可使溶液中的亚铁氧化达 99.5%，而野生菌要 8 天才使溶液中的亚铁氧化达 97.6%[8]。

表 1－5 氧化亚铁硫杆菌氧化 Fe^{2+} 对比试验

氧化时间/h	驯化菌		野生菌	
	Fe^{3+}/Fe^{2+}	亚铁氧化率/%	Fe^{3+}/Fe^{2+}	亚铁氧化率/%
0	0.224	0.000	0.297	0.000
24	0.658	6.527	0.480	1.149
48	256.600	99.524	0.272	0.148
72	485.615	99.758	0.441	1.186
96	—	—	0.546	20.082
120	—	—	0.673	23.842
144	—	—	0.923	24.231
168	—	—	7.958	79.659
192	—	—	84.171	97.610

1.6.2 诱变育种

诱变育种是指利用物理或化学诱变剂处理均匀而分散的细菌细胞群，促进其突变率显著提高，然后采用简便、快速和高效的筛选方法，从中挑选少数符合育种目的的突变株，以供生产实践或科学实验之用。一般育种程序包括菌种的选择、菌悬液的制备、诱变处理和变异株的筛选。

（1）菌种的选择

具有以下性状的菌株可作为育种菌株：

（a）具有很高的氧化亚铁或元素硫的活性；

（b）具有再生生长的能力；

（c）已有相当程度的变异。

挑选优良菌株的方法是采用平板分离法，找出符合上述性状的菌株。

（2）菌悬液的制备

吸取 10 mL 菌液，于 4 000 $r\cdot min^{-1}$ 下离心 20 min，去上层清液得到菌体沉淀。用预先配好并灭菌的稀硫酸（pH 2.0 左右）对沉淀洗涤，再次离心，去上层清液，重复三次。用稀硫酸调节细胞浓度为 10^8 个/mL 的悬液，即为细胞悬液。

（3）诱变处理

诱变剂分为两大类，物理诱变剂和化学诱变剂。物理诱变剂，如紫外线、电离辐射、He－Ne 激光等；化学诱变剂，如亚硝基胍（MNNG）、亚硝基等。T.f 菌生长于酸性（最佳 pH 2.0～3.5）环境，而且以自养方式生存，有机物对其有强烈的抑制作用，而且大多数化学诱变剂只能在近中性环境下发挥最佳诱变作用，在稍酸性的环境下会分解成各种各样的有毒害的有机物，而且诱变效果大大降低。故在选择诱变剂时，首选物理诱变剂，其次才考虑结合化学诱变[9]。表 1－6、表 1－7 表明了利用紫外线、微波诱变菌种的情况[10]。

表 1－6　紫外线辐射不同时间对细菌氧化活性的影响

紫外线辐射时间/s	0	40	80	120	160	200	250
氧化 Fe^{2+}速率/（$g\cdot L^{-1}\cdot h^{-1}$）	0.07	0.27	0.58	1.08	1.12	1.28	1.54
提高率/%	–	586	728	1 443	1 500	1 728	2 100

表 1－7　微波诱变不同时间对菌种生长速度及氧化活性的影响

微波处理时间/s	50	100	150	250
致死率/%	80	90	96	99
第一代繁殖耗时/h	184	184	206	386
第二代繁殖耗时/h	96	78	72	40
第三代繁殖耗时/h	71	57	48	30
第四代繁殖耗时/h	47	40	30	24
氧化 Fe^{2+}速率/（$g/L\cdot h^{-1}$）	0.37	1.09	1.35	1.92

（4）变异株的筛选

T.f 已有的育种研究表明，诱变其亚铁氧化活性时，最有效的突变可以通过以下四种指标确定，四种指标要结合使用。

（a）相邻比较，如果杀伤率大的比杀伤率小的氧化快，那么前者正突变大；

（b）测稳定期（约 65%～75%的氧化率时）氧化速度，氧化越快，正突变较大；

（c）测对数期（约 15%～45%的氧化率时）细菌生长速度，确定传代时间，对数期以见到较多的二连体细菌为标志；

（d）颜色观察法，颜色越红，表明氧化越快。

平板分离的筛选指标有：

（a）相对位置，如果中央位置的菌落比边缘的大，那么中央菌落为氧化活性高的菌株；

（b）同一半径位置上菌落大的则氧化活性高；

（c）先出现的菌落的氧化活性高，特别是中央位置；

（d）中央为红色，边缘为白色，丝状扩展型菌落比菌落黄色混浊的氧化活性高。

平板分离筛选仍需多次摇瓶比较方可确定。

1.6.3　杂交育种

杂交育种是指将两个基因型不同的菌株经接合使遗传质重新组合，从中分离和筛选出具有新性状的菌株。所谓细菌接合，是指通过供体菌和受体菌的细胞间直接传递大段 DNA 的过程，可将不同菌株的优良性状集中于重组体，从而获得优良菌株。细菌接合过程可用图 1－11[11]表示。

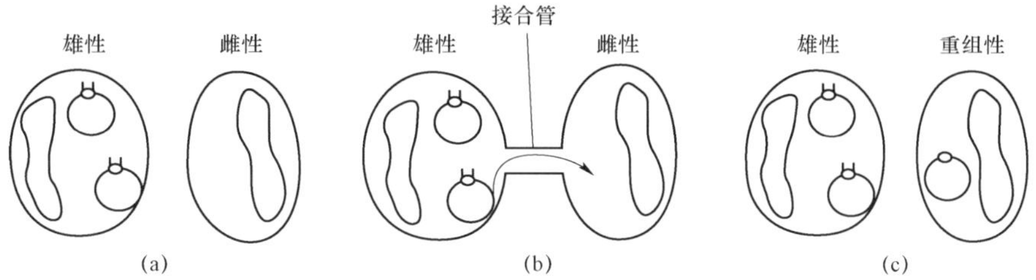

图 1－11　浸矿细菌接合过程示意图

（a）两个亲本菌株；（b）接合管形成；（c）质粒转移完成（重组体形成）

（雄性体中质粒 DNA 向雌性体中转移）

亲本雄性菌株形成接合管，与亲本雌性菌株联接。接着，雄性体中的一段 DNA 通过接合管进入雌性体中，这样雌性菌株中便含有雄性菌株的一段 DNA 片段，并在自身细胞分裂时稳定地遗传给子代。如果吸入的雄性 DNA 片段中，基因型不同于雌性，那么重组菌株便形成，可能表现出人们感兴趣的某些优良性状。

1.6.4　基因工程育种

基因工程是一种体外 DNA 重组技术，用人为方法将所需要的某一供体菌的遗传物质—DNA 大分子提取出来，在离体条件下进行切割后，把它和作为载体的 DNA 分子连接起来，得到重组 DNA，导入某一受体细胞中，使该外来的遗传物质在其中进行正常的复制与表达。重组 DNA 上携带了人们感兴趣的性状，如抗砷等特性，流程见图 1－12。

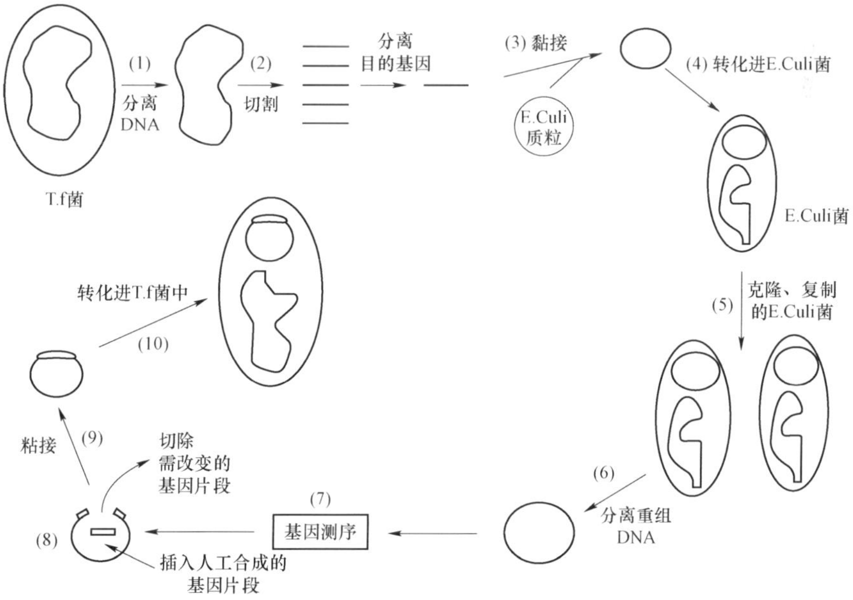

图 1－12　T. f 菌基因工程示意图

筛选含有所需酶的菌株→确定酶基因的位置（质粒或染色体上）→如果在基因组上，提取及纯化基因组染色体→将纯化好的基因组片段克隆到大肠杆菌的质粒上→检出被转化的大肠菌菌株→从转化菌株中将质粒提取出来，并将质粒上有关的酶基因片段切割下来→检测所获得的酶基因片段及有该基因表达出来的酶的氨基酸顺序→构建穿梭质粒，并将酶基因导入目的硫杆菌内→表达。

参考文献

［1］ Peng JB.Yan WM.Bao XZ. Solid medium for genetic manipulation of Thibacillus ferrooxidans［J］. J Gen Appl Microbiol. 1994，176，40（1）：243－253.

［2］ Manning H L. New Medium for Isolating Ironxidiaing and Heterotrophic Acidophilic Bacteria from Acid Mine Drainage［J］. Microbiology. 1975，30（6）：1010－1016.

［3］ 魏以和，王军，钟康年. 矿物生物技术的微生物学基本方法［R］. 1996：14－27.

［4］ 周德庆. 微生物学实验手册［M］. 上海科学技术出版社，1986.

［5］ 周德庆. 微生物学教程［M］. 高等教育出版社，1997.

［6］ 张冬艳. 氧化亚铁硫杆菌生长量的染色测定法［J］. 内蒙古医学院学报，1996，18（12）：100－102.

［7］ 童雄. 微生物浸矿的理论与实践［M］. 冶金工业出版社，1997.

［8］ 杨洪英，杨 立，魏绪钧，等. 耐热耐酸氧化亚铁硫杆菌（SH－T）的驯化和特性研究［J］. 有色金属，2000，52（3）：55－57.

［9］ 张在海，王淀佐，邱冠周，等. 氧化亚铁硫杆菌亚铁氧化活性诱变育种理论探讨［J］. 铜业工程，2001，1：12－15.

［10］ 雄英，胡建平，林滨兰，等. 氧化亚铁硫杆菌的驯化与诱变选育［J］. 矿产综合利用，2001，6：27－31.

［11］ 邱冠周，王军，钟康年，等. 浸矿细菌的育种与工业应用［J］. 国外金属矿选矿，1998，6：29－33.

第 2 章

细菌浸矿技术原理

2.1 细菌浸矿概述

细菌浸矿是指在矿石的浸出过程中，依靠细菌的氧化作用把所需提取的目标金属从矿石中浸出转移到溶液中。细菌氧化是通过细菌氧化黄铁矿、砷黄铁矿等硫化矿物，使被包裹的目标金属元素暴露出来，在后续加工过程中浸出，而非目标金属仍然保留在矿石中，或者通过细菌氧化溶液中 Fe^{2+}为 Fe^{3+}，用 Fe^{3+}作氧化剂进行浸出。细菌氧化与细菌浸出两者并无本质区别，都是硫化矿物（或 Fe^{2+}）的氧化过程，用的都是同样的细菌，可以统一称为“微生物浸出”或“细菌浸出”，也称“微生物冶金”。

2.1.1 细菌浸矿发展历史

1687 年在瑞典中部的 Falun 矿，人们已经用细菌浸出铜，直到 1947 年，Colmer 与 Hinkel[1]首次从酸性矿坑水中分离出嗜酸氧化亚铁硫杆菌（Acidithiobacillus ferrooxidans，简称 A.f)，可以将 Fe^{2+}氧化为 Fe^{3+}，葡萄牙的“镭公司”从 1953 年开始了细菌浸出铀矿的研究，为细菌浸铀的最早实例，标志着细菌浸矿技术进入研究和应用阶段。1954 年，L·C·Bryner 等研究发现细菌对硫化矿具有明显的氧化作用；1955 年，S·R·Zimmerley 等首次申请了生物堆浸的专利，在 Otoh 矿首先将细菌浸铜工艺成功应用于工业生产；1956 年“镭公司”发表了“铀的自然浸出”研究报告；从此，细菌浸出的研究和应用开始受到各国的重视。

20 世纪 80 年代中期，低品位铜矿的堆浸与低于边界品位的含铜废石堆浸开始大规模产业化，世界多个国家相继都有铜矿细菌堆浸厂投入商业运行。1986 年，全球第一座金矿石的微生物浸出厂在南非的 Fairview 建成投产，日处理金精矿 10 t，后来该技术推广应用，又有 8 个工厂投产。1999 年，第一座钴的微生物氧化提取工厂在乌干达的 Kasese 钴业公司建成投产，法国 BRGM 研究中心建成年产钴 1 000 t 的细菌冶金厂。2006 年，全球 1/4 的铜和 1/3 的黄金通过微生物冶金获得，主要产铀国都建有细菌堆浸法回收铀的工厂。后来，各国相继有 10 余个槽浸厂或堆浸厂投产，铜、金、铀的生物冶金产量分别占全球总产量的 15%、25%和 13%。

我国为有色金属矿产资源储量大国和消费大国，经过长期的生产消耗，易采、易选冶矿石资源越来越少，细菌浸出因具有其独特优点被广泛研究。

20 世纪 60 年代，我国开始进行微生物浸矿研究，中科院微生物所对铜官山铜矿进行了细菌浸出试验，后因种种原因一度停止。80～90 年代，中科院微生物研究所等研究了生物提取低品位铜、镍矿和高砷金矿的细菌预氧化理论与工艺。90 年代中后期，江西铜业公司德兴铜矿的低品位铜矿微生物提取工艺成功应用；1995 年，德兴铜矿采用细菌法从表外矿中回收铜；1997 年，采用细菌堆浸技术处理含铜 0.09%～0.25%的废石，建成生产能力 2 000 t/a 铜生产厂；2003 年，官房铜矿采用细菌浸出铜矿石，建成生产能力 2 000 t/a 电解铜生产厂；2004 年，紫金山铜矿设计建成生产能力 10 000 t/a 电解铜细菌堆浸厂；后来在广东大宝山建成了生物浸铜中试基地。中国烟台黄金生物冶金厂及山东莱州天承金业股份公司的细菌氧化预处理厂先后于 2000 年、2001 年进行工业化生产。

2.1.2 细菌浸铀研究进展

铀的生物浸出已有几十年的研究与应用历史，虽然该技术出现较早，但是鉴于铀的敏感性，其开采工艺与技术大多保密。近十年来，进行铀矿生物浸出研究的国家主要有：澳大利亚、中国、加拿大、印度、美国、韩国、伊朗、罗马尼亚等。鉴于生物浸铀技术能提高铀的浸出率，缩短生产周期，节省硫酸及氧化剂，降低生产成本，对环境友好等特点，现已发展成为世界上许多国家铀生产的支撑性技术[2-3]。

国外细菌浸铀的研究与应用已有很长历史，微生物浸铀的工业规模应用实例多达几十个，主要分布在加拿大、美国、印度、伊朗、葡萄牙、法国、西班牙、澳大利亚等国家，集中于细菌堆浸或搅拌浸出。1953 年，葡萄牙的“镭公司”最先公开报道细菌浸出铀矿；1956 年，“铀的自然浸出”研究报告在第二届国际和平利用原子能会议上发布；1965 年葡萄牙采用细菌浸出生产铀 45 t。印度在铀矿细菌浸出方面也开展了大量研究工作，Abhilash 等进行了嗜酸氧化亚铁硫杆菌溶解硅酸盐—磷灰石中铀的试验，pH 2.0，矿石粒度－200 目，矿浆浓度 20%（w/v），浸出时间 10 h，铀浸出率达到 84.7%，不加细菌时铀浸出率仅为 38.3%；调节 pH 1.7，矿浆浓度 20%（w/v），浸出 40 天，细菌浸出铀的浸出率达到 98%。1964 年加拿大 Elliot Lake 地区的斯坦洛克铀矿在采空区开始采用细菌浸出，平均每月回收 6 804 kg U_3O_8，占当时全矿总产量的 7%；1967 年，细菌浸出生产铀 87 t，最大细菌浸铀产量曾占铀生产总量的 10%～20%，年铀产量最高达 420 t。Pandey 等研究了低品位铀矿生物浸出 Fe^{3+}的作用，pH 1.7，温度 35 ℃，矿石粒度－76 μm，矿浆浓度 20%（w/v），浸出 40 天，铀的浸出率达到 98%，表明细菌促进了沥青铀矿中铀的溶解。1965 年法国采用细菌浸出工艺处理残留矿石或边界品位外的废矿石，生产铀 44 t。1975 年法国的埃卡尔勃耶尔铀矿用细菌浸出代替化学浸出处理贫铀矿，铀年产量由原来的 25 t 增至 35 t。1983 年美国用细菌浸出回收的铀产值达到 9 000 万美元；1998 年世界上规模最大的丹尼森铀矿井采用原地生物浸出，回收铀达 300 t。巴西进行了细菌浸铀实验室摇瓶试验、柱浸试验、3 t 矿石规模柱浸试验及 850 t 矿石规模堆浸工业试验[2]。南斯拉夫也开展了细菌浸出研究工作。西班牙的铀主要采用细菌浸出生产。伊朗 Abdollahy 等用细菌混合培养浸出低品位铀矿石，通过摇瓶试验，考察温度、起始亚铁浓度、矿浆浓度和矿石粒度等对浸出效果的影响。矿浆浓度 2.5%（w/v）、温度 35 ℃、[Fe^{2+}] 4 g·L^{-1}、矿石粒度 −106 μm 时得到铀的最大浸出率。Eisapour 等采用响应面优化进行铀的生物搅拌浸出，对浸出工艺参数进行优化。根据已优化的矿浆密度、搅拌速度、通气量等，进行了纯培养条件下嗜酸氧化亚铁硫杆菌的搅拌浸铀试验。试验结果表明，优化条件下铀浸出率为 95%，微生物的加入很大程度提高了铀的浸出率。2012 年，Eisapour 等又对铀品位为 0.065%的矿石进行了矿浆生物搅拌浸出试验，确定优化条件为矿浆浓度 5.8%（w/v），搅拌速度 510 r·min^{-1}，通气量 250 L·h^{-1} 时，铀浸出率达到 95%。

Mishra 等从印度 Jaduguda、Bhatinand 和 Nawapahar 等地的铀矿地区矿坑水中分离出了三种真菌 Cladosporium oxysporum UC2F1、A. flavus BM1 和 C. clavata UC1FMGY，并用于 Turamdih 低品位铀矿的原位浸出试验，铀浸出率分别达到了 71%、59%和 50%[4]。Abhilash 等研究了 At. ferrooxidans 菌对印度 Turamdih 低品位硅酸盐铀矿的浸出行为，当矿物粒度小于 76 μm 时，在 pH 2.0、温度 35 ℃下，40 天内铀生物浸出回收率可以达到 96%，在 pH 1.7，矿浆浓度 20%条件下，最终氧化还原电位从 595 mV 提高到 715 mV，40 天浸出试验铀回收率达到了 98%[5, 6]。在对 Jaduguda 低品位铀矿的细菌柱浸试验研究中，矿石中铀含量 0.030 8%，装柱量 80～100 kg，经 60 天细菌浸出，铀浸出可达 68%，为进行 100 t 规模的扩大试验奠定了良好基础[7]。

此外，澳大利亚、塔吉克斯坦、日本等国也对细菌浸铀进行了研究和应用，并取得了良好结果。

我国铀的提取工艺主要包括堆浸和原地浸出（地浸），堆浸工艺主要流程为：铀矿石开采→矿石运输→矿石破碎（破碎后矿石粒度一般为 −6 mm 或 −8 mm）→矿石筑堆→酸化→浸出→浸出液中铀的回收。地浸是在铀矿石原地埋藏条件下，从地表施工钻孔，将按一定浓度配制好的浸出剂从注液孔注入矿层，浸出剂在矿层中发生化学反应，生成可溶性化合物，随扩散和对流离开化学反应区，汇入矿层溶液液流中。溶液经过矿层从抽液孔提升至地表，抽出的浸出液输送至水冶车间，经过离子交换树脂吸附、淋洗、沉淀或溶剂萃取、固液分离等处理工艺，最后得到合格铀产品。

我国铀矿细菌浸出早期研究的重点在于细菌堆浸，后来拓展到细菌地浸。目前我国堆浸采铀绝大部分为酸法浸出，地浸采铀酸法浸出占有较大比重，酸法浸出的 pH 环境与细菌生存环境非常相似，细菌浸铀的研究具有非常重要的现实意义。（1）1965—1971 年，中科院微生物所和核工业北京化工冶金研究院（原核工业第五研究所）在湖南某铀矿用细菌浸出开展了表外铀矿石的堆浸研究。矿石粒度 −50 mm，进行了 32 t 贫铀矿石规模细菌堆浸半工业试验及 700 t 规模工业试验，铀浸出率达到 50%～60%。（2）1969—1972 年，中科院微生物所进行了细菌浸出铜、铀共生贫矿及综合回收扩大试验。20 世纪 90 年代初，核工业铀矿开采研究所（原核工业第六研究所）对该矿山铀矿石又进行了室内细菌浸出试验、低品位铀矿石原地破碎浸出试验和矿坑水留矿淋浸工业性试验[8]。（3）核工业北京化工冶金研究院进行了多个铀矿和金矿的细菌堆浸试验[9−11]。1993 年，以某中细粒石英变质岩型铀矿石为研究对象，成功进行了 25 t 规模细菌堆浸扩大试验[12]。1995 年、1997 年，先后在江西某铀矿现场进行了细菌柱浸试验和堆浸试验，1998—1999 年进行了 2 000 t 级细菌堆浸半工业试验，并取得成功[13]。（4）南华大学（包括原核工业第六研究所）1993 年开始细菌浸铀的前期试验，主要在室内进行了细菌选育驯化、快速培养以及生物反应器连续氧化亚铁等研究；1995 年，在云南 381 地浸试验矿山，设计、加工了 $\Phi800\times1\,200$ mm 生物反应器，进行了细菌浸出现场扩大试验，每小时可氧化地浸尾液 8～10 m^3；1996 年，在新疆某地浸采铀矿山进行了细菌浸出现场试验；1997 年，在江西某铀矿山进行了原地破碎细菌浸出现场试验，达到预期效果[14-22]。后来还开展了细菌浸铀相关的基础研究[23-26]。（5）东华理工大学后来也开始细菌浸铀的研究[27-28]，2005 年开始先后在广东、江西开展了细菌浸铀堆浸现场扩大试验，试验矿石量超过千吨；2008 年开始在新疆某地浸采铀矿山进行了地浸采铀细菌浸出现场试验。

邱冠周[29]等利用从几座铀矿酸性废水中分离得到的常温嗜酸混合菌群，研究了中国某花岗斑岩镶嵌的低品位铀氧化矿生物柱浸行为，经过 33 天酸化预浸和 64 天生物浸出，铀回收率达到了 96.82%。

李广悦等采用生物搅拌浸出对广东某低品位铀矿进行了硫酸搅拌浸出与细菌搅拌浸出的对比试验，研究结果表明，细菌搅拌浸出与硫酸搅拌浸出相比酸耗降低了 17.2%，浸出率提高了 3%[30]。

“十二五”期间，东华理工大学与北京有色金属研究总院共同承担完成了 863 课题《铀矿生物浸出关键技术》研究，在南方某高氟铀矿开展了万吨级的生物浸出工业试验。首先在菌种选育方面突破了耐氟极限，驯化得到了能在高氟环境中生长的优良菌种。在生物堆浸工艺上采取了微生物菌种间歇喷淋、多堆串联工艺等有效提高了铀的浸出效率，降低了酸耗、缩短了堆浸时间，生物堆浸工业试验取得了良好的效果：堆浸时间缩短了 18%～28%，酸耗分别降低了 10%～13%，渣计浸出率均达 90%以上。

经过长期的基础研究和现场试验，细菌浸铀已从室内试验、扩大试验，进入到了现场工业试验，取得了很大进展，试验结果表明，采用细菌堆浸，比常规堆浸节省硫酸 20%～30%，可缩短浸出周期，但仍没有得到广泛推广应用。

2.2 细菌浸出机理

细菌浸出机理至今还没有得到完全一致的认识，目前认为细菌浸矿的机理主要有直接作用、间接作用以及复合作用。

2.2.1 直接作用机理

直接作用指细菌不依赖于 Fe^{3+}的触媒作用，通过细菌吸附于金属硫化矿物颗粒表面，细菌的细胞和金属硫化矿固体颗粒表面之间直接紧密接触，细胞特有的铁氧化酶和硫氧化酶直接氧化金属硫化物使其溶解，同时为细菌生长繁殖提供能量。

浸矿细菌主要有氧化铁铁杆菌、氧化硫硫杆菌、钩端螺旋菌等，在细菌浸矿过程中，细菌首先吸附在矿物表面，然后利用矿物提供的无机成分为能源，通过自身的生长和生理代谢，将金属从矿石中溶解出来。以下是几种硫化矿的细菌直接浸出作用机理的化学反应式：

（1）黄铁矿

$$FeS_2+3.75O_2+0.5H_2O\xrightarrow{\text{细菌}}Fe^{3+}+2SO_4^{2-}+H^+ \tag{2-1}$$

（2）砷黄铁矿

$$2FeA_sS+7O_2+H_2SO_4+2H_2O \xrightarrow{\text{细菌}} 2H_3AsO_4+Fe_2(SO_4)_3 \tag{2-2}$$

（3）黄铜矿

$$CuFeS_2+4.25O_2+H^+ \xrightarrow{\text{细菌}} Cu^{2+}+2SO_4^{2-}+Fe^{3+}+0.5H_2O \tag{2-3}$$

（4）闪锌矿

$$ZnS+2O_2 \xrightarrow{\text{细菌}} ZnSO_4 \tag{2-4}$$

细菌浸矿过程中由于存在 $Fe_2(SO_4)_3$，通过 Fe^{3+}的氧化作用也能使上述许多反应发生，所以很难说明是细菌单一直接作用的结果。有人用细菌和 Fe^{3+}对比浸出辉铜矿（Cu_2S），发现二者反应产物不同，Fe^{3+}氧化产生元素硫，反应式如下：

$$Cu_2S+2Fe_2(SO_4)_3 \longrightarrow 2CuSO_4+4FeSO_4+S\downarrow \tag{2-5}$$

而细菌氧化不产生元素硫，反应式如下：

$$Cu_2S+H_2SO_4+5/2O_2 \xrightarrow{\text{细菌}} 2CuSO_4+H_2O \tag{2-6}$$

Corrans 等发现有菌和无菌条件下铜蓝的浸出速度相差很大，采用细菌浸出时铜蓝浸出效果很好，无菌时铜蓝浸出效果很差，基本上没有浸出。由于体系中没有 Fe^{3+}及其他氧化剂，浸出作用由细菌产生，矿物 CuS 和 S 被等速浸出，反应如下：

$$CuS+1/2O_2+2H^+ \xrightarrow{\text{细菌}} Cu^{2+}+H_2O+S \tag{2-7}$$

$$S+3/2O_2+H_2O \xrightarrow{\text{细菌}} 2H^++SO_4^{2-} \tag{2-8}$$

总反应：

$$CuS+2O_2 \xrightarrow{\text{细菌}} CuSO_4 \tag{2-9}$$

胡岳华[31]等对不同氧化机理的诱导菌、S^{2-}氧化缺陷型菌株和 Fe^{2+}氧化活性抑制菌进行了黄铜矿浸出研究，表明黄铜矿的细菌浸出以氧化 S^{2-}的直接作用为主。蒋磊[32]等研究了黄铁矿化学氧化和生物氧化过程中溶液中铁离子浓度的变化发现，Fe^{3+}氧化黄铁矿速率较低，细菌使得黄铁矿的氧化速率明显加快，生物氧化具有更高的氧化效率。细菌氧化 44 d 后，利用扫描电镜对氧化后的黄铁矿表面进行显微观察，发现细菌吸附到黄铁矿表面，存在直接作用。丁德馨[33]等研究有菌无铁浸出体系发现，矿样试块表面出现许多溶蚀坑，表明细菌对铀矿石具有直接氧化作用，细菌的存在可以提高铀浸出率和铀的浸出速率。综合分析认为，对于硫化矿物的细菌浸出，证据表明存在细菌直接作用机理，但因铀与硫难以形成硫化矿物，细菌与铀矿的直接作用机理还有待商榷。

2.2.2　间接作用机理

间接作用指细菌将硫化矿物中的黄铁矿、黄铜矿、闪锌矿和砷黄铁矿等氧化为硫酸亚铁和硫酸，硫酸亚铁又被细菌氧化为硫酸铁，硫酸铁作为金属硫化物等的有效浸出剂或者细菌将溶液中 Fe^{2+}氧化为 Fe^{3+}，此时 Fe^{3+}作氧化剂，把金属硫化物氧化成硫酸盐、单质硫或硫酸，完成硫化物的氧化后，Fe^{3+}变成 Fe^{2+}，Fe^{2+}又被细菌氧化为 Fe^{3+}，单质硫被细菌氧化为硫酸。

主要反应式如下：

Fe^{3+}氧化硫化物：

$$FeS_2 + 2Fe^{3+} \longrightarrow 3Fe^{2+} + 2S^0 \tag{2-10}$$

$$FeS_2 + 14Fe^{3+} + 8H_2O \longrightarrow 15Fe^{2+} + 16H^+ + 2SO_4^{2-} \tag{2-11}$$

$$CuFeS_2 + 4Fe^{3+} \longrightarrow Cu^{2+} + 2S^0 + 5Fe^{2+} \tag{2-12}$$

$$CuFeS_2 + 16Fe^{3+} + 8H_2O \longrightarrow Cu^{2+} + 17Fe^{2+} + 16H^+ + 2SO_4^{2-} \tag{2-13}$$

$$ZnS + 2Fe^{3+} \longrightarrow Zn^{2+} + S^0 + 2Fe^{2+} \tag{2-14}$$

$$ZnS + 8Fe^{3+} + 4H_2O \longrightarrow Zn^{2+} + 8Fe^{2+} + 8H^+ + SO_4^{2-} \tag{2-15}$$

$$FeAsS + 11Fe^{3+} + 7H_2O \longrightarrow 12Fe^{2+} + H_3AsO_3 + 11H^+ + SO_4^{2-} \tag{2-16}$$

细菌氧化 Fe^{2+}为 Fe^{3+}：

$$Fe^{2+} + 1/4\ O_2 + H^+ \xrightarrow{\text{细菌}} Fe^{3+} + 1/2\ H_2O \tag{2-17}$$

细菌氧化元素硫为 H_2SO_4：

$$S + 3/2\ O_2 + H_2O \xrightarrow{\text{细菌}} H_2SO_4 \tag{2-18}$$

细菌氧化 Fe^{2+}消耗 H^+使环境 pH 升高，变得越来越不利于细菌生长。因此，氧化作用进行到一定程度时，发生 Fe^{3+}的水解反应，释放出硫酸；黄钾铁矾的形成也会产生硫酸，维持细菌生长相对稳定的酸性环境。

$$3Fe_2(SO_4)_3 + 14H_2O \longrightarrow 2H_3OFe_3(SO_4)_2(OH)_6 + 5H_2SO_4 \tag{2-19}$$

$$K^+ + 3Fe^{3+} + 2SO_4{}^{2-} + 6H_2O \longrightarrow KFe_3[SO_4]_2(OH)_6 + 6H^+ \tag{2-20}$$

$$4FeS_2 + 15O_2 + 2H_2O \xrightarrow{\text{细菌、能量}} 2Fe_2(SO_4)_3 + 2H_2SO_4 \tag{2-21}$$

反应式（2－1）产生的硫酸铁是一种强氧化剂，可反过来氧化黄铁矿：

$$FeS_2 + 7Fe_2(SO_4)_3 + 8H_2O \longrightarrow 15FeSO_4 + 8H_2SO_4 \tag{2-22}$$

$$FeS_2 + Fe_2(SO_4)_3 \longrightarrow 3FeSO_4 + 2S \tag{2-23}$$

反应式（2－22）、式（2－23）产生的硫酸亚铁和硫又被细菌氧化成硫酸高铁和硫酸：

$$4FeSO_4 + O_2 + 2H_2SO_4 \xrightarrow{\text{细菌}} 2Fe_2(SO_4)_3 + 2H_2O \tag{2-24}$$

$$2S + 3O_2 + 2H_2O \xrightarrow{\text{细菌}} 2H_2SO_4 \tag{2-25}$$

反应式（2－24）产生的硫酸高铁按反应式（2－22）、式（2－23）又可氧化更多的黄铁矿。反应中生成的元素硫沉积在矿物表面，使矿物表面钝化，影响金属浸出，但细菌作用是连续的，元素硫一旦生成，就不断与细菌作用而生成硫酸。

杨洪英[34]等研究认为，细菌浸出黄铁矿以直接作用为主，细菌浸出毒砂以间接作用为主，细菌对黄铁矿的吸附作用大于毒砂。廖梦霞[35]指出，有关硫化矿的细菌浸出直接和间接作用说尚具争议。Fowler[36]等设计了可控氧化还原电位的电解电池，并用细菌浸出硫化锌矿物，结果未发现生物直接氧化的证据，表现为间接作用。Katrina[37]等采用高分辨率的扫描电镜对硫化物细菌作用机理进行研究，进行了黄铁矿、白铁矿和砷黄铁矿与不同细菌浸出试验，结果表明，硫化物的溶解可能主要是矿物表面与 Fe^{3+}的反应，即间接作用，而不是细胞与矿物界面的相互作用。Abhilash[38]等通对含 0.024% U_3O_8、10.6% Fe 和少量碱金属的低品位硅酸盐－磷灰石铀矿的生物浸出试验发现，当温度 35 ℃，pH 1.7，矿浆浓度 20%（w/v）时浸出 40 天，铀浸出率达到 98%，氧化还原电位从 595 mV 上升至 715 mV。结果表明，铀的生物溶解可能与矿石中生化反应产生的 Fe^{3+}有关，细菌参与铀的浸出主要为间接作用。Lilova[39]等研究了 A.f 的纯培养在有、无硫酸亚铁条件下，对斜方蓝辉铜矿的生物浸出效果进行对比研究发现，在不含铁的培养基中，细菌不能破坏斜方蓝辉铜矿物，补加 4 $g\cdot L^{-1}$ 七水硫酸亚铁后矿物被快速氧化，细菌浸出表现为间接作用。Zhang[40]等在不同矿浆浓度、接种量、补加 Fe^{2+}量、初始 pH 等条件下测定了 A.f 和钩端螺旋菌氧化黄铁矿的速率，结果表明，A.f 和钩端螺旋菌在生物浸出过程中作用相似，黄钾铁矾的产生不利于黄铁矿的继续浸出，通过 XRD、SEM 和能谱分析，结果显示生物浸出以间接作用为主。张珊珊[41]等设计了毒砂的生物氧化和化学氧化两组对比试验，反应 35 d 后，对溶液化学、固相产物成分和矿物表面元素化合态变化分析发现，在毒砂的生物氧化过程中，细菌能不断把 Fe^{2+}氧化为 Fe^{3+}，促进毒砂表面中间产物氧化，并间接氧化毒砂。丁德馨[42]等用氧化亚铁硫杆菌作为试验菌，通过沥青铀矿石的细菌摇瓶浸出试验发现，在有菌有 Fe^{2+}、无菌有 Fe^{3+}和有菌无铁浸出时，铀浸出率分别为 98.0%、97.6%和 20.33%，表明细菌浸出以间接作用为主，即细菌能把还原态的硫及 Fe^{2+}氧化成硫酸和 Fe^{3+}。由于 Fe^{3+}是一种强氧化剂，可将铀矿石中不溶的 U（Ⅳ）氧化为可溶解的 U（Ⅵ），从而使铀得以有效浸出。

2.2.3 复合作用机理

复合作用是指在硫化物的细菌浸出时，细菌既直接参与硫化物的氧化，又通过 Fe^{3+}产生间接氧化作用。细菌浸出实践过程中直接作用和间接作用往往是同时存在的，迄今为止得到了大多数学者的赞同。

在黄铁矿细菌浸出过程中同时存在两种机制。又如铜蓝可以被细菌直接氧化浸出，反应方程式如下：

$$CuS + 2O_2 \xrightarrow{\text{细菌}} CuSO_4 \tag{2-26}$$

另一方面因为多数硫化矿构成的复杂铜硫化矿中，一般都含有黄铁矿，黄铁矿在细菌作用下生产 H_2SO_4 和 $Fe_2(SO_4)_3$，从而构成铜蓝的间接反应如下：

$$CuS + Fe_2(SO_4)_3 \longrightarrow CuSO_4 + 2FeSO_4 + S \tag{2-27}$$

以上两个反应的区别是：直接作用不产生单质硫，间接作用产生单质硫，所生成的单质硫被细菌氧化为硫酸，减少了细菌浸矿过程中硫酸用量，降低了浸出成本。对其他许多矿物而言，一般只要这些矿物与黄铁矿共生，在进行细菌浸出时就会同时存在直接作用和间接作用。内斯托 D.[43]的研究结果也表明，硫化矿的细菌浸出是由细菌直接作用硫化矿物表面和细菌作用产生的 Fe^{3+}的间接作用共同作用的结果。

2.3 影响细菌活性的因素

2.3.1 矿石性质影响

（1）矿石渗透性的影响

矿石的透气性、矿石的物理化学性质等因素都将影响细菌与矿物的作用，影响细菌浸出效果。一般来说，矿石堆积愈高、矿堆中泥质成分愈多，则矿石堆积愈紧密，堆内孔隙率愈小，细菌存活所需的氧气就愈少，从而影响细菌的活性，对铀的浸出不利；另外，矿堆中如泥土成分过多，还会形成隔水层，影响含细菌的溶浸液向下渗透，影响细菌与矿物之间的接触，进而影响浸出率。因此，筑堆时矿堆的高度应在 10 m 以下，并尽可能将泥土成分分离出去。

（2）矿石粒度及矿浆浓度的影响

按常规理解，矿石粒度越细，接触面越大，越有利于细菌与矿石接触，对浸出有利。只要不影响空气流通和溶液的渗流速度，矿石粒度越小越好，小粒度矿石可获得较快浸出速度和较高浸出率。但矿石粒度越细，矿堆堆积得越紧密，矿堆内空气的流通和浸出液的渗透都会受到影响；对于含泥矿石来说，粒度过小，泥质成分更容易堵塞孔隙，降低矿堆的渗透性。有研究者发现，堆浸中矿块的细菌浸矿深度为 15 mm 左右，主要和矿石裂隙的毛细作用有关。对于细菌浸出，每种矿石均存在一个最佳粒度，一般通过试验确定。因此，选择最佳矿石粒度可以提高浸出率。

细菌堆浸当中发现大部分细菌吸附于矿石上，从矿石堆中流出溶液的细菌浓度并不高，说明细菌本身具有较好的表面活性，有吸附于固体物表面的倾向。在搅拌浸出中，也发现有类似现象，大部分细菌吸附于矿粒表面，固液分离之后，溶液中的细菌数量有限。实际上正是由于这些紧密吸附在矿物表面的细菌，才促进了矿物浸出。

研究发现，细菌搅拌浸出中矿浆含固量（矿浆浓度）对细菌生长及矿石浸出影响很大。当矿浆浓度为 10%～20%时，细菌生长和浸出效果不受影响；当矿浆浓度大于 20%时，金属浸出率明显下降；而浓度达到 30%以上时，发现细菌很难生存。说明矿浆中固体物含量高时，对细菌浸出不利。这可能是因为搅动中的矿粒之间产生摩擦作用，从矿粒上脱落，因而影响浸出效果，也可能摩擦会造成细菌损伤，使细菌数量减少、活性降低。另外，随着矿浆浓度增大，均摊于各个矿粒的细菌数目将会减少，恐怕这也是高浓度矿浆不利浸出的原因。

（3）矿石化学成分的影响

矿石的化学成分影响浸出速度。如，当黄铁矿与黄铜矿共生时，黄铁矿对黄铜矿的细菌浸出有促进作用，黄铜矿的细菌氧化速度将加快；而黄铜矿与方铅矿共存时，方铅矿的存在反而抑制黄铜矿的细菌浸出。矿石中的一些重金属元素如汞、砷、铅等的溶解都会影响细菌的生长、繁殖甚至存活。因此，有目的地将矿石混合或除去某些组分，将会提高细菌浸出的金属浸出率。

（4）黄铁矿的影响

虽然尚未明确铀矿石类型对细菌浸出的影响，但是有文献指出，矿石中的黄铁矿对细菌浸出具有重要意义。基于这个原因，生物浸出法只限于硫化物含量高的矿石，并未普遍用于从矿石中提取铀。加拿大东部的一些矿石系黄铁矿与铀伴生，特别适合于细菌浸出。但新墨西哥州、罗基山脉和美国南部得克萨斯州铀矿石的黄铁矿含量较低，甚至没有，因而不太适合于细菌浸出，有研究结果表明：在这类矿石中添加黄铁矿会产生促进作用。在葡萄牙和印度的矿石中通常加入 5 kg 黄铁矿/吨矿石，而在西班牙矿石中 3 kg/t 矿石的黄铁矿加入量比 5 kg/t 矿石更为有效。这说明，黄铁矿的最佳加入量取决于矿石的矿物组成和加入黄铁矿的性质。

2.3.2　U 的影响

细菌浸铀过程中铀是一个非常重要的影响因素，其浓度变化范围很大，从几 $mg \cdot L^{-1}$ 至几百 $mg \cdot L^{-1}$ 甚至几 $g \cdot L^{-1}$，研究铀对细菌活性影响对保障细菌浸铀效果非常重要。Wang[44]等进行了高浓度铀驯化细菌试验研究，结果表明，4 $g \cdot L^{-1}$ U 对细菌抑制作用明显，细菌经过驯化后能使抑制作用降低和弱化。夏良树[45]等在温度 30 ℃、pH 2.0 条件下，研究了 UO_2^{2+}对细菌生长活性的影响，结果表明，UO_2^{2+}对细菌的生长活性有较大影响，并随 UO_2^{2+}浓度增加而增大，具体表现为延长了细菌生长的停滞期和对数期，降低了细菌氧化 Fe^{2+}速率。但经过一定浓度 UO_2^{2+}驯化的细菌，能耐受 UO_2^{2+}浓度可达到 1 200 $mg \cdot L^{-1}$。Leduc[46]等进行了不同铀、钍、铜和镍浓度对氧化亚铁硫杆菌活性影响研究，结果表明，不同金属离子有不同影响，没有一种金属离子对细菌有刺激促进作用。铀和钍对氧化亚铁硫杆菌氧化亚铁的毒性相当于铜和镍的 20～40 倍。刘迎九[47]等的试验结果表明，氧化亚铁硫杆菌驯化后能在 2.0 $g \cdot L^{-1}$ U 的环境中生存并氧化 Fe^{2+}。

2.3.3　温度的影响

温度对细菌活性影响很大，具体表现为细菌氧化 Fe^{2+}速率发生变化。Daniel[48]等对低温细菌氧化 Fe^{2+}进行了研究，结果表明，耐寒嗜酸细菌在 5 ℃仍能生长，但不同温度条件下，细菌代谢后所产生的沉淀产物不同，5 ℃时培养得到的沉淀物进行 X 射线衍射分析，确定为 $Fe_8O_8(OH)_6SO_4$ 和 $KFe_3(SO_4)_2(OH)_6$ 的混合物，30 ℃时沉淀物主要为 $KFe_3(SO_4)_2(OH)_6$。王清良[49]等在新疆某铀矿地浸采铀工艺中采用细菌代替过氧化氢进行了现场试验，结果表明，随着生物反应器中溶液温度降低，细菌氧化 Fe^{2+}速率降低，当溶液温度降至 7～8 ℃时，溶液电位基本不变。Anna－Kaisa[50]等进行了混合硫化矿的细菌堆浸试验，现场试验进行了 3 年，试验期间浸出液温度 15～60 ℃，浸出液中发现了氧化亚铁钩端螺旋菌。Zepeda[51]等通过低品位铜矿低温浸出试验发现，浸矿细菌经过低温适应性培养后，温度低于 5 ℃时，细菌仍具有氧化活性。柱浸试验温度 10 ℃、浸出 91 天后，铜浸出率为 41.2%。

2.3.4　pH 的影响

pH 对细菌活性影响很大。Halinen[52]等进行了 pH 对低品位黑色页岩生物搅拌浸出影响试验，pH 1.5，浸出 140 天，59% Ni、59% Zn、13% Cu 和 16% Co 被浸出；pH 3.0，浸出 230 天，只有 15% Ni、10% Zn、5% Cu 和 0.5% Co 被浸出。Long[53]等对细菌耐受低 pH 及氧化 Fe^{2+}进行了研究，经过定向培养和连续培养筛选，氧化 Fe^{2+}的最适 pH 由原来 2.0～3.0 下降到 1.7～2.0，9 K 培养基起始 pH 调节为 1.7，培养 48 h 后，Fe^{2+}氧化率从 13.1%提高到 85%。刘亚洁[54]等采用紫外线诱变法、定向筛选获得一株可在 pH 0.9 和 0.6 条件下生长的突变株，经过多代培养后能保持稳定的氧化活性。李广悦[55]等以氧化亚铁硫杆菌作为出发菌，考察了不同诱变时间对其耐酸性能的影响。经 45～60 min 紫外线诱变处理，该菌株对酸的耐受性增强到 pH 1.2。郑志宏[56]等从某铀矿石中分离出一株耐 pH 1.6 的氧化亚铁硫杆菌，经多次驯化，可适应矿石酸化液，表明矿石酸化液可代替 9 K 培养基。王清良[49]等也进行了 pH 对氧化亚铁硫杆菌氧化 Fe^{2+}影响研究，确定细菌氧化 Fe^{2+}最适宜 pH 为 2.0～2.5。当 pH 为 0.42 时，细菌氧化 Fe^{2+}速率很慢，甚至不氧化 Fe^{2+}；当 pH＞0.82 时，细菌氧化 Fe^{2+}速率受 pH 影响较小。细菌对酸度有一定的适应性，经耐酸驯化后耐受硫酸浓度得到较大幅度上升，能够从 30 $g\cdot L^{-1}$ 提高到 80 $g\cdot L^{-1}$。

2.3.5 F^-的影响

F^-对细菌活性影响很大。铀常与氟化物共生，铀矿石浸出过程中，矿石中部分氟会进入溶液中，提高了溶液中 F^-离子浓度。刘亚洁[57]等研究了铀矿石生物浸出中 F^-对细菌活性影响，结果表明，铀矿石中 F^-浓度随着 pH 由高到低的变化而呈现出由低到高的线性变化特征。细菌对 F^-非常敏感，20 $mg\cdot L^{-1}$ F^-便会抑制细菌生长；但经过较高浓度 F^-驯化培养后，对 F^-的耐受浓度明显提高。如经耐 F^-驯化后的菌株 Z－1 可在 F^-1.48 $g\cdot L^{-1}$ 的溶浸液中，24 h 将 5 $g\cdot L^{-1}$ Fe^{2+}完全氧化。潘文俊[58]等通过接合转移将载体导入氧化亚铁硫杆菌中，获得了遗传稳定的抗 F^-基因工程菌，抗 F 基因工程菌的抗 F^-能力从 20 $mg\cdot L^{-1}$ 提高至 60 $mg\cdot L^{-1}$，提高幅度为 200%，但耐 F^-浓度仍然不高。李广悦[55]等采用紫外线诱变，使菌株对 F^-的耐受浓度达到 0.6 $g\cdot L^{-1}$。李乾[59]等通过对五种典型浸矿微生物的耐 F^-性状对比研究发现，对于铁氧化细菌及铁硫氧化细菌来说，铁硫氧化细菌的耐氟能力最高，当 F^-浓度达到 136.8 $mg\cdot L^{-1}$ 时，细菌浓度仍然有增加的趋势；当培养基中 F^-浓度低于 91.2 $mg\cdot L^{-1}$ 时，Fe^{2+}氧化速率并无明显减慢现象。Peng[60]等进行了生物浸铀中影响 A.f 活性的氟毒物活性形态研究，探究了浸矿细菌耐 F^-机制。在氟化物存在条件下，对浸铀细菌进行了驯化，研究了溶液中不同 F^-浓度、不同 pH 时细菌的活性变化，以及细菌在有无蛋白酶 K 处理时细胞内 F^-浓度的变化情况。结果表明，HF 是影响细菌活性的真正原因，提高 pH 以及改变溶液中与 F^-有较强络合能力的离子浓度，均会出现耐氟假象。李乾[61]等开展了细菌浸出低品位铀矿的多因素影响规律以及浸矿单一菌与混合菌耐氟机理等研究。

2.3.6 重金属离子的影响

De[62]等研究了 Ag^+等对氧化亚铁硫杆菌氧化 Fe^{2+}的影响，认为细菌对 Fe^{2+}的氧化受 pH、细菌数量和 Fe^{2+}浓度影响，Ag^+是细菌氧化 Fe^{2+}的不利因素。当 Ag^+浓度为 10 $mg\cdot L^{-1}$、温度为 5.5～25 ℃时，反应可能由化学作用控制，Ag^+存在时对细菌氧化 Fe^{2+}的抑制作用由 Ag^+结合铁氧化酶和亚铁氧化综合作用的结果。后续研究结果表明，Hg^{2+}、Ag^+、Pb^{2+}和 Cd^{2+}浓度大于 10 $mg\cdot L^{-1}$ 将对细菌氧化 Fe^{2+}产生抑制作用。10 $mg\cdot L^{-1}$ 的 As^{3+}、Mn^{2+}、Sn^{2+}、Co^{2+}、Cu^{2+}、Zn^{2+}和 Cl^-、NO_3^-对细菌氧化 Fe^{2+}无明显影响。David[63]等测定了 Hg^{2+}、Ag^+和 Pb^{2+}对细菌活性的影响，细菌耐受浓度分别为 Pb^{2+} 700 $mg\cdot L^{-1}$、Ag^+ 50 $mg\cdot L^{-1}$ 和 Hg^{2+} 0.1 $mg\cdot L^{-1}$，毒性大小顺序为：Hg^{2+}＞Ag^+＞Pb^{2+}。但王康林[64]等则认为在一定浓度 Ag^+存在下对硫化物的浸出具有促进作用，矿石粒度越小，金属浸出率越高，pH 1.5～2.0 时浸出率较高；Ag^+浓度为 10 $mg\cdot L^{-1}$ 时浸出效果最好。蒋金龙[65]等研究了 Ag^+、Hg^{2+}、Bi^{3+}对细菌浸出复杂金属硫化矿的影响发现，5 $mg\cdot L^{-1}$ Ag^+能极大提高金属浸出率，Cu、Co 浸出率

分别从 30.27%和 19.10%提高到 99.99%和 31.79%。Ag^{+}、Hg^{2+}、Bi^{3+}对 Cu 的细菌浸出影响大小顺序为 $Ag^{+}>Hg^{2+}>Bi^{3+}$，对 Co 的细菌浸出影响大小顺序为 $Ag^{+}>Bi^{3+}>Hg^{2+}$。朱长亮[66]等研究了溶液中离子对浸矿细菌的毒害作用，认为 As^{3+}、Ag^{+}、Hg^{2+}、Mo^{6+}对细菌具有毒害作用，表现为它们使得细菌延滞期延长，影响细菌生长，降低金属浸出率。Cabrera[67]等采用混合和纯培养，研究了重金属对 A.f 生长和氧化 Fe^{2+}的影响，结果表明，A.f 耐受金属离子浓度分别为：Cr^{3+}0.4 g·L^{-1}、Cu^{2+}10 g·L^{-1}、Cd^{2+}10 g·L^{-1}、Zn^{2+}30 g·L^{-1} 和 Ni^{2+}30 g·L^{-1}。Venkatakrishnan[68]等通过氧化亚铁硫杆菌耐受钼的研究认为，试验菌株能在 0.25 g·L^{-1} Mo^{6+}条件下生长，其对钼的耐受能力比相关文献报道的强。黄峰源[69]等在纯培养条件下，研究了 Cr^{3+}、Cu^{2+}、Zn^{2+}、Ni^{2+}对两菌株生物活性的影响，发现 A.f 对上述重金属离子均有较强的耐受性，至少可耐受 Cr^{3+} 1.5 g·L^{-1}、Cu^{2+} 0.4 g·L^{-1}、Zn^{2+} 1.0 g·L^{-1}、Ni^{2+} 0.25 g·L^{-1}。李洪枚[70]等已驯化出能分别耐 Ni^{2+} 40 g·L^{-1}、Co^{2+} 30 g·L^{-1} 的菌株，该菌株有较强氧化 Fe^{2+}能力。Debabrata[71]等通过研究发现细菌耐受金属离子浓度分别为：Ni^{2+} 25 g·L^{-1}、V^{4+} 5 g·L^{-1}、Mo^{6+} 0.03 g·L^{-1}，但当 V^{4+} 6 g·L^{-1}、Mo^{6+} 0.04 g·L^{-1} 时，细菌停止生长，三种离子毒性强度分别为：$Mo^{6+}>V^{4+}>Ni^{2+}$。CHEN Song[72]等指出 Cu^{2+}对元素硫的生物氧化具有催化作用，能消除铁闪锌矿生物浸出的障碍，Cu^{2+}能促进铁闪锌矿的生物浸出，加入 0.5 g·L^{-1} Cu^{2+}可使锌的浸出率达到 73%。姚静[73]等以氧化亚铁硫杆菌野生菌和驯化菌为供试菌株，比较野生菌与驯化菌对 Cu^{2+}的吸收与运输特性，结果表明：Cu^{2+}对野生菌氧化 Fe^{2+}活性影响较大，当［Cu^{2+}］>10 g·L^{-1} 时，细菌氧化 Fe^{2+}能力逐渐降低直至不能氧化 Fe^{2+}；经驯化培养的氧化亚铁硫杆菌，对 Cu^{2+}则具有较高的抗性。李洪枚[74]等研究了氧化亚铁硫杆菌在温度 30 ℃、pH 2.0 浸出条件下，Cu^{2+}对该细菌生长活性的影响，结果表明，Cu^{2+}对氧化亚铁硫杆菌的生长活性有较大影响，使细菌的停滞期和对数期均延长，氧化 Fe^{2+}速度变慢；驯化后的细菌，在 Cu^{2+} 20～30 g·L^{-1} 的培养基中生长活性得到提高，氧化 Fe^{2+}速率加快。邱冠周[75]等采用 50～200 μg·mL^{-1} 亚硝基胍、0.05%～0.10%某有机胺等，对氧化亚铁硫杆菌菌群进行反复诱变处理，显著提高了其氧化 Fe^{2+}的活性，其耐受 Cu^{2+}浓度达到 50 g·L^{-1}。佟琳琳[76]等发现菌液中 Cd^{2+}浓度低于 11.2 mg·L^{-1} 时，Cd^{2+}对细菌的生长起促进作用；但随着 Cd^{2+}浓度增高，对细菌的生长产生抑制作用。浸矿细菌表现出良好的抗 Cd^{2+}能力，Cd^{2+}浓度在 0.899 g·L^{-1} 时，浸矿细菌仍然保持好的活性，Cd^{2+}浓度为 1.12 g·L^{-1} 时，细菌的生长受到影响。吴学玲[77]等以嗜酸氧化亚铁硫杆菌为实验菌株，采用紫外诱变驯化以获取对重金属离子高抗性菌株。结果表明，驯化菌株最高耐受重金属离子浓度分别为 Cu^{2+} 32 g·L^{-1}、Ag^{+} 240 mg·L^{-1}、Hg^{2+} 0.9 mg·L^{-1}、Pb^{2+} 3.5 g·L^{-1}，而野生菌株则分别为 19 g·L^{-1}、60 mg·L^{-1}、0.1 mg·L^{-1}、400 mg·L^{-1}。说明菌株诱变驯化后对重金属离子的耐受能力明显增强。刘清[78]等研究了 Cu^{2+}、Ni^{2+}、Ag^{+}等重金属离子对氧化亚铁硫杆菌活性影响。

2.3.7　Mg^{2+}的影响

李洪枚[79]等研究了细菌在温度 30 ℃、pH 2.0 浸出条件下，Mg^{2+}对氧化亚铁硫杆菌生长活性的影响。结果表明，实验菌株具有一定的耐 Mg^{2+}能力，当［Mg^{2+}］<10.5 g·L^{-1} 时，对细菌生长活性无不利影响，［Mg^{2+}］>15.5 g·L^{-1} 时对细菌生长活性影响较明显，［Mg^{2+}］

为 20.5 $g\cdot L^{-1}$ 时细菌生长完全受到抑制。经驯化后的该菌株耐 Mg^{2+}浓度明显提高，在含 Mg^{2+} 15.5 $g\cdot L^{-1}$ 的培养基中细菌的生长活性良好。刘欣伟[80]等研究认为细菌对 Mg^{2+}具有一定的耐受能力；当培养基中［Mg^{2+}］＜10 $g\cdot L^{-1}$ 时，Mg^{2+}对细菌活性影响很小；Mg^{2+}浓度为 15 $g\cdot L^{-1}$ 时，开始产生延迟效应，抑制细菌生长；Mg^{2+}浓度为 20 $g\cdot L^{-1}$ 时，细菌生长完全受到抑制。甄世杰[81]等进行了 A.f 耐 Mg^{2+}驯化试验，结果表明，未驯化细菌对环境中 Mg^{2+}的耐受浓度为：Mg^{2+}浓度为 10 $g\cdot L^{-1}$ 时，细菌生长状况良好；Mg^{2+}浓度为 15 $g\cdot L^{-1}$ 时，细菌生长缓慢；Mg^{2+}浓度为 20 $g\cdot L^{-1}$ 时，细菌生长停滞，逐渐死亡。经过耐 Mg^{2+}驯化后，细菌对环境中 Mg^{2+}的耐受浓度为 25 $g\cdot L^{-1}$ 时，生长状况良好；Mg^{2+}浓度为 30 $g\cdot L^{-1}$ 时，生长缓慢；Mg^{2+}浓度为 35 $g\cdot L^{-1}$ 时，细菌生长停滞，表明细菌驯化后对 Mg^{2+}的耐受浓度提高。

2.3.8 As^{3+}和 As^{5+}的影响

王红梅[82]等研究了不同初始 As^{5+}浓度对 Fe^{2+}的化学氧化和 A.f 氧化的影响，结果表明，化学氧化 Fe^{2+}速率极低，As^{5+}浓度对 Fe^{2+}的化学氧化无影响。细菌体系中 100 $mg\cdot L^{-1}$ As^{5+}对 Fe^{2+}的氧化具有一定的促进作用；当 As^{5+}浓度为 0.5～1 $g\cdot L^{-1}$ 时，60 h 后 Fe^{2+}氧化率可达到 100%；当 As^{5+}浓度为 4 $g\cdot L^{-1}$ 时，则会明显抑制 Fe^{2+}氧化，Fe^{2+}完全氧化需要 106 h。杨松荣[83]等认为细菌对 As^{3+}耐受浓度为 6 $g\cdot L^{-1}$，经驯化后能达到 20 $g\cdot L^{-1}$。一般认为 As^{3+}对细菌毒性远大于 As^{5+}，对细菌的活性有较强的抑制。P.A 斯潘瑟[84]也认为 As^{5+}对细菌的毒性小，资料显示 As^{5+}对细菌的毒性只在驯化初期有害，加快 As^{3+}转化为 As^{5+}是提高含砷金矿石浸出率的重要方法。

2.3.9 其他阴离子的影响

吴学玲[85]等研究了 NO_3^-、Cl^-、SO_4^{2-}对 A.f 氧化 Fe^{2+}能力的影响，其影响顺序由大到小依次为：$NO_3^- > Cl^- > SO_4^{2-}$，不同菌株对阴离子的耐受能力差异显著。张成桂[77]等研究认为，不同阴离子对细菌氧化硫表观活性的影响由大到小的顺序依次为：$Cl^- > NO_3^- > SO_4^{2-} > PO_4^{3-}$；高浓度的阴离子抑制细菌生长，9.6 $g\cdot L^{-1}$ SO_4^{2-}和 28.5 $g\cdot L^{-1}$ PO_4^{3-}延缓细菌生长，3.1 $g\cdot L^{-1}$ NO_3^-和 1.75 $g\cdot L^{-1}$ Cl^-能完全抑制细菌生长。邱冠周[75]等用亚硝基胍和某有机胺等反复诱变处理氧化亚铁硫杆菌，其耐受 Cl^-浓度达到 10 $g\cdot L^{-1}$。

2.3.10 铁离子与营养物质等的影响

梅健[86]等在初始 Fe^{2+}浓度为 10、30、50、70、90 $g\cdot L^{-1}$ 的 9 K 培养基中培养细菌，定时测量培养基中细菌数量、pH、氧化还原电位（Eh）和 Fe^{2+}浓度，在接种量 10%、pH 1.6，Fe^{2+}浓度 30 $g\cdot L^{-1}$ 时，细菌生长最旺盛，氧化 Fe^{2+}速率最高，达到 2.87 $g\cdot L^{-1}\cdot d^{-1}$。何良菊[87]等认为细菌氧化黄铁矿初期，$NH_4^+$可促进细菌的生长繁殖，培养基中应存在适量 Fe^{2+}，可缩短延缓期，促进黄铁矿氧化，但 Fe^{2+}、NH_4^+浓度过高易生成络合物沉淀覆盖于矿物表面，影响浸出效果。浸矿初期，适宜 Fe^{2+}浓度为 4.5 $g\cdot L^{-1}$，适宜 NH_4^+浓度为 420～640 $mg\cdot L^{-1}$。谢海云[88]等研究了高 Fe^{2+}浓度下细菌的生长行为，结果表明，随着初始 Fe^{2+}浓度增加，细菌进入对数期的时间延长，细菌数量减少；当初始 Fe^{2+}浓度从 10 $g·L^{-1}$ 增至 90 $g·L^{-1}$ 时，Fe^{3+}水解加剧，pH 降低；初始 Fe^{2+}浓度大于 70 $g·L^{-1}$ 时，对细菌活性产生影响；在一定初始 Fe^{2+}浓度下，溶液氧化还原电位先上升后缓慢降低。张俊[89]等研究认为细菌对 $FeSO_4$ 和硫等单或双底物利用的难易程度次序为：单底物培养基中单质硫最难利用，$Na_2S_2O_3$ 次之，$FeSO_4$ 最容易利用；双底物培养基中，Fe^{2+}最先利用，硫次之。戴艳霞[90]等探讨了 $Fe_2(SO_4)_3$ 对 A.f 生长及铁代谢基因表达的影响，结果表明：$Fe_2(SO_4)_3$ 对 A.f 生长有抑制作用，随着培养基中 $Fe_2(SO_4)_3$ 浓度增加，抑制作用越明显，铁代谢相关基因对 $Fe_2(SO_4)_3$ 的刺激有积极反应。石亚飞[91]认为 Fe^{2+}起始浓度对细菌生长有明显的影响，黄铁矿的氧化率主要受细菌浓度影响，当 Fe^{2+}起始浓度为 0 时，细菌生长最慢且其细菌浓度最低，黄铁矿氧化率最小，不同细菌需要找到适宜 Fe^{2+}起始浓度。孔逊[92]等进行了加黄铁矿和不加黄铁矿的铀矿石细菌柱浸对比试验，浸出 60 d 后，加黄铁矿比不加黄铁矿的铀矿石耗酸降低 1.2%，铀浸出率提高约 10%。细菌浸铀过程中黄铁矿可以起到降低酸耗、提高铀浸出率的作用。周吉奎[93]等研究了闪锌矿、黄铜矿、黄铁矿、方铅矿、元素硫和石英在矿浆密度分别为 0.25%、0.50%、0.75%和 1.0%时细菌氧化 Fe^{2+}的活性。结果表明：在矿浆密度为 0.25%时，石英对细菌的氧化活性没有影响，而其他条件对细菌的氧化活性都有一定的抑制作用，矿浆密度升高，对细菌氧化活性的抑制作用加剧。刘政[94]等在细菌生长的最适 pH 条件下，研究了不同氨基酸对细菌生长情况的影响。结果表明：非极性氨基酸、成环氨基酸能促进细菌生长，丝氨酸、天冬酰胺、谷氨酰胺、组氨酸会抑制细菌生长。

2.3.11　诱变的影响

刘亚洁[95]等通过紫外线诱变处理、定向筛选后获得最适 pH 为 1.2～2.0、且可在 pH 0.6 条件下生长的细菌菌株，经过 8 代接种培养后保持稳定的氧化 Fe^{2+}活性。郭爱莲[96]等采用多次紫外线和激光照射，并结合逐级驯化处理，选育出了优良的耐砷菌株，耐受 As_2O_3 浓度从 0.7 $g·L^{-1}$ 提高至 11 $g·L^{-1}$，比出发菌株提高了近 14.7 倍。按 10%接种量接种并进行浸出试验，浸出时间比出发菌缩短 1 天，砷浸出率从 76.0%提高至 85.7%。李广悦[47]等以氧化亚铁硫杆菌作为出发菌，经 45～60 min 的紫外线诱变处理，菌株对酸的耐受性增强到 pH 1.2，对 F^-的耐受浓度达到 0.6 $g·L^{-1}$。马超杰[97]等对氧化亚铁硫杆菌进行紫外线诱变处理，细菌的生长活性增强，突变菌株氧化 Fe^{2+}速率大大加快，完全氧化 Fe^{2+}时间由诱变前 7 天缩短为 5 天。辛亚蒲[98]等以氧化亚铁硫杆菌作为出发菌，进行微波和超声波诱变，结果表明，两种方法均能加快细菌氧化 Fe^{2+}和转化 SO_3^{2-}的速度。尤其是经过 90 s 微波处理的细菌进入对数期的时间比诱变前缩短 12 h，Fe^{2+}的氧化率 48 h 时后达到 99%，4 h 后 SO_3^{2-}全部转化为 SO_4^{2-}。熊英[99]等将高含量的硫化物金精矿驯化后的氧化亚铁硫杆菌用紫外线、微波进行诱变选育，经诱变选育的细菌氧化 Fe^{2+}速率由诱变前的 0.07 $g·L^{-1}·h^{-1}$ 提高到 3.18 $g·L^{-1}·h^{-1}$，氧化活性提高了 40 多倍。徐晓军[100]等研究了紫外辐照诱变菌株对黄铜矿的浸出效果。结果表明，紫外线辐照能够对细菌产生明显的变异，使菌种活性提高。诱变菌株浸出黄铜矿，浸出率提高 46%，浸出时间缩短 5～10 天。王向东[101]等利用紫外线对氧化亚铁硫杆菌进行诱变处理，以获得对 SO_3^{2-}和 Fe^{2+}具有较高转化效率的突变菌株，突变菌株完全氧化 Fe^{2+}所需时间从诱变前的 48 h 缩短为 24 h。突变菌株与 Fe^{2+}共存时，SO_3^{2-}

的氧化速率明显快于化学氧化，以间接氧化为主，反应过程的限制步骤是细菌对 Fe^{2+}的氧化。当 SO_3^{2-}浓度为 2.7 g·L^{-1}、Fe^{2+}浓度为 0. 43 g·L^{-1} 时，SO_3^{2-}的转化速率为 0.015 3 g·L^{-1}·min^{-1}。黄晓慧[102]等采用 800 W 微波辐照功率条件下对氧化亚铁硫杆菌处理 4 min，诱变菌株在黄铁矿存在条件下从磷矿粉中浸出可溶性磷，磷浸出率为 12.25%。陈俊[103]等认为对混合菌群进行单次紫外诱变不能明显提高浸矿能力。

2.3.12 光线的影响

所有微生物对紫外线都很敏感，所以可用紫外线灭菌。用于浸矿的细菌，如果暴晒在直射日光下，细菌即使不死亡，它们的活力和生长繁殖也会受到不利影响。有研究人员发现在暴露于阳光下深 0.6 m 以内的浅培养池中，几乎观察不到细菌的氧化作用。堆浸当中暴露于阳光下的矿堆表面，细菌的作用也很弱。例如：在同样温度（25 ℃）下，氧化亚铁硫杆菌在黑暗中浸出黄铁矿的效果，比在白天浸出的效果要好。由图 2－1 可看出光线对细菌浸出效果的影响。

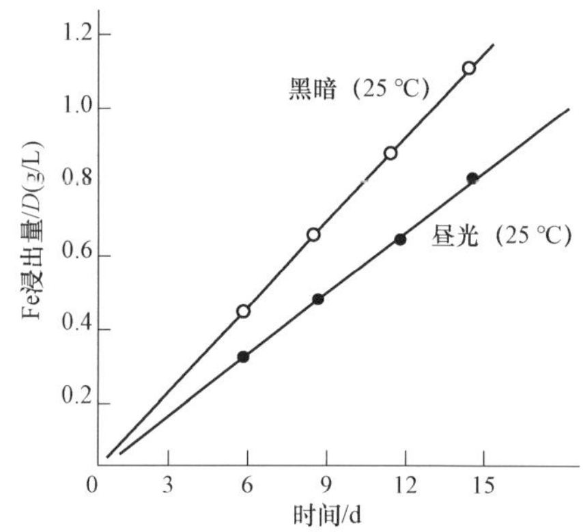

图 2－1　光线对细菌浸出的影响

阳光直接照射，能杀死微生物，主要是因为蛋白质和核酸都有吸收紫外线的能力，核酸的吸收光谱恰在 260 nm 处，正是紫外线杀菌能力最强的波长。当紫外线的照射剂量还不足以造成细胞死亡时，由于对核酸的部分损害而使细胞内的 DNA 发生突变。因此，紫外线照射微生物育种工作是一种方便而有效的诱变方法，也将是培育浸矿细菌的方法之一。

2.4 细菌氧化动力学研究

蔡培[104]等通过设计独立的细菌氧化 Fe^{2+}试验，对 pH 1.5～1.9、接种量 5%～15%和初始 Fe^{2+}浓度 9～50 g·L^{-1} 条件下，对细菌氧化 Fe^{2+}进行动力学研究，对试验数据进行非线性拟合，建立细菌氧化 Fe^{2+}动力学模型，在初始 Fe^{2+}浓度为 9～30 g·L^{-1} 时，不同 pH、不同接种量条件下都与拟合模型吻合，设计的模型能较好地表征细菌生长过程中氧化 Fe^{2+}动力学。柳建设[105]等推导出了 A.f 生长动力学模型，确定了在不同初始条件下细菌生长的最大比生长速率等动力学参数。刘晓燕[106]等研究了细菌氧化 9 K 培养基中 Fe^{2+}时，溶液 pH 和电位的变化规律，分析了细菌氧化 Fe^{2+}的动力学特征和反应级数、反应速率常数。刘凯[107]等基于微生物 Monod 模型，推导出 A.f 在 Fe^{2+}培养基中的细菌生长动力学方程，室温 25 ℃、pH 2.0、[Fe^{2+}] 10 g·L^{-1} 时，氧化 Fe^{2+}速率最大为 0.273 3 g·L^{-1}·h^{-1}，K 有最小值为 0.156 6 g·L^{-1}。

2.5　生物反应器

2.5.1　前言

生物反应器一般由充填固体载体的容器（如池、槽、罐、塔等）构成，前期需要加入硫酸和亚铁。浸矿细菌主要为嗜酸氧化亚铁硫杆菌、氧化亚铁钩端螺菌和嗜酸氧化硫硫杆菌。为实现细菌氧化 Fe^{2+}的高效率和高速率，必须保证生物反应器中形成生物膜，最大限度提高生物反应器中细菌浓度。影响生物膜形成的因数较多，包括：pH、温度、载体的种类、特性、溶液流量、空气通气量、Fe^{2+}离子浓度等。

2.5.2　生物反应器快速氧化 Fe^{2+}影响因素

影响生物反应器氧化 Fe^{2+}效率和速率的因素很多，如菌种、pH、温度、溶液流速、空气通气量、亚铁离子浓度等。pH 是最重要影响因素之一，Mazuelos A.[108]等对固定床生物反应器氧化 Fe^{2+}的 pH 进行了优化研究，对流动的固定床生物反应器而言，生物膜的功效主要取决于 pH。5 个连续流动的固定床反应器接种混合培养物－嗜酸氧化亚铁硫杆菌和氧化亚铁钩端螺旋菌，9 K 培养基，pH 0.82～1.90。试验结果表明，反应器运行稳定，pH 1.0～2.3 实现最大产率。较高 pH 对产率有负面影响，但具有可逆性。溶液流动的固定床生物反应器稳定运行时，要求 pH 值保持在 1.0～2.3；整个区间均能获得相近的氧化效果。pH 超过上限 2.3 后经过调整，氧化效果还可以恢复，但低于下限 pH 1.0 后无法恢复。pH 对生物反应器氧化效果的限制取决于三价铁化合物沉淀的化学性质，而不是生物性质。因为培养采用嗜酸氧化亚铁硫杆菌和氧化亚铁螺旋杆菌混合培养，对 pH 表现为更广泛的适应范围，pH 适应范围可以从 0.8～2.3。溶液流动的固定床生物反应器在生物氧化 Fe^{2+}的现场应用中发挥了重要作用，在控制生物反应器类型时，pH 是影响生物膜功能非常重要的参数。试验结果表明，当生物反应器 pH 为 1.0～2.3 时，反应器能在保持快速氧化 Fe^{2+}条件下稳定运行。Kahrizi，Ehsan[109]等通过生物反应器中 A.f 氧化 Fe^{2+}研究发现，适宜 pH 范围是 1.4～1.8，温度 30 ℃，Fe^{2+}起始浓度对细菌氧化 Fe^{2+}速率影响较大，当 Fe^{2+}起始浓度为 3.5 $g\cdot L^{-1}$ 和 6.0 $g\cdot L^{-1}$，Fe^{2+}最大氧化速率分别是 6.7 $g\cdot L^{-1}\cdot h^{-1}$ 和 7.0 $g\cdot L^{-1}\cdot h^{-1}$，$Fe^{2+}$起始浓度为 16.0 $g\cdot L^{-1}$ 和 21.3 $g\cdot L^{-1}$，Fe^{2+}最大氧化速率分别是 0.9 $g\cdot L^{-1}\cdot h^{-1}$ 和 0.55 $g\cdot L^{-1}\cdot h^{-1}$。说明 Fe^{2+}起始浓度太高，细菌氧化 Fe^{2+}速率反而降低。Mazuelos A.[110]等选用固定床生物反应器，研究了 pH、温度、矿石粒度、载体和空气分散器类型等固定床生物反应器设计参数对生物反应器氧化效率的影响。杨维涨[111]等研究了细菌扩大培养中铁沉淀对生物膜的影响，分析了细菌培养过程中铁沉淀的形成机理等，研究结果表明：形成铁沉淀后，生物膜厚度不断增加，营养物质、Fe^{2+}、O_2 和 CO_2 无法继续传输，严重影响内层好氧、异养型细菌的生存。随着细菌的不断死亡，生物膜失去粘附性造成大面积的生物膜间歇性脱落，对生物膜的生成－脱落动态平衡造成影响。A. Mazuelos[112]等研究设计了高效连续氧化亚铁的生物反应器，可采用体积较小的生物反应器得到所需要的氧化 Fe^{2+}速率。生物反应器由高

1 249 mm、直径 84 mm 的柱组成，任意填充硅藻土、石子和木屑，底部设计进气口和进液口。通过固定床生物反应器，采用流动的方式，研究了空气、液体流速对氧化 Fe^{2+}速率的影响。通过分析试验数据、反应动力学和出口气体氧浓度等，认为生物氧化工艺受液体培养基中有效氧浓度限制。通过测定不同条件下出口溶液中游离的细菌浓度发现，生物膜一旦形成，液体流速的变化不会改变吸附在载体上的生物量，最大氧化 Fe^{2+}速率达到 11.25 $g\cdot L^{-1}\cdot h^{-1}$。胡凯光[113]等自行研制了生物反应器，自行采集、驯化氧化亚铁硫杆菌，在地浸采铀矿山现场研究了通气量对生物反应器细菌氧化 Fe^{2+}速率的影响。对固定的生物反应器，其他条件不变时，有最大溶液流量，超过此流量，随着菌液逐渐流出，使细菌培养增加量与菌液流失量失去平衡，生物反应器中细菌浓度不断降低，氧化 Fe^{2+}速率和 Fe^{2+}氧化率随着降低。Li[114]等采用小规模生物膜氧化槽模拟铀矿冶生物堆浸的细菌连续培养进行了试验，研究了培养过程中 Fe^{2+}氧化速率、菌液产率、溶解氧含量、通气速率、生物膜形成和老化规律等。

2.5.3 生物反应器的分类

生物反应器的种类主要包括：固定化（床）生物反应器、气升式生物反应器、转盘式生物反应器、搅拌槽式生物反应器和气泡柱生物反应器等。

（1）固定化（床）生物反应器

涂玮[115]等评述了生物反应器固定 A.f 的最新应用情况、存在的问题和解决办法，重点比较和分析了目前文献报道的各种固定材料、方法、目前采用的各种固定化床生物反应器的效率和结构等。温皓程[116]等以两种尺寸的木屑作为载体，进行了生物反应器氧化 Fe^{2+}动力学研究。李志章[117]等以沸石为填料，构建了氧化亚铁硫杆菌固定化细胞生物反应器，研究了液体流量、空气流量对细菌固定化效果的影响。在温度相同，培养基 pH 1.6，Fe^{2+}浓度 8 $g\cdot L^{-1}$ 左右的条件下，生物反应器 Fe^{2+}氧化率达 95.36%，Fe^{2+}氧化速率达到 1.10 $g\cdot L^{-1}\cdot h^{-1}$，其 Fe^{2+}氧化速率是游离细胞的 18 倍。改用沸石为填料，构建气液逆流形式的固定化细胞装置填料塔，控制空气流量 0.5 $m^3\cdot h^{-1}$、液体循环流量 1.0 $L\cdot h^{-1}$，在培养基初始 pH 2.0、Fe^{2+}初始浓度 8 $g\cdot L^{-1}$ 左右的条件下，氧化亚铁硫杆菌固定化只需 10 h，Fe^{2+}氧化率超过 95%，Fe^{2+}平均氧化速率为 0.88 $g\cdot L^{-1}\cdot h^{-1}$，是游离细胞的 11 倍。固定化细胞经低 pH 驯化后，在 pH 1.6 条件下，细菌氧化 Fe^{2+}活性仍然较高，14 h 后 Fe^{2+}氧化率达到 95.18%，平均氧化 Fe^{2+}速率达 0.63 $g\cdot L^{-1}\cdot h^{-1}$。李元锋[118]等模拟工业化细菌堆浸中细菌的连续培养过程，用小型生物接触氧化槽研究了生物膜形成过程中菌液产量、溶解氧含量、Fe^{2+}氧化速率和氧化槽曝气量的变化规律，总结生物膜的生成规律。加工 23 L 小型生物接触氧化槽，在温度 30 ℃，pH 1.80 条件下进行生物膜挂膜，Fe^{3+}浓度 4.8 $g\cdot L^{-1}$，浸铀菌液产量为 108 $L\cdot d^{-1}$，Fe^{2+}氧化速率 0.94 $g\cdot L^{-1}\cdot h^{-1}$，为挂膜前 2.37 倍。Mazuelos[119]等研究了 pH、温度、矿石粒度、载体和空气分散器类型等固定床生物反应器设计参数。固定床连续均匀通气，反应器充填固体载体颗粒，压缩空气和溶液均从底部进入，接种细菌为氧化亚铁硫杆菌和氧化亚铁钩端螺旋菌组成的混合细菌，pH 1.25，Fe^{2+}氧化速率最大为 11.1 $g\cdot L^{-1}\cdot h^{-1}$。郑辉杰[120]等采用聚氨酯软性填料 H－2 作载体固定细菌，构建了固定床生物反应器，考察了液体流量、空气流量对氧化 Fe^{2+}速率和 Fe^{2+}氧化率的影响。在 pH 1.5、温度 30 ℃、空气流量 160 $L\cdot h^{-1}$、液体流量 0.3 $L\cdot h^{-1}$ 条件下，Fe^{2+}氧化率为 95%，Fe^{2+}氧化速率达到 6.2 $g\cdot L^{-1}\cdot h^{-1}$。固定床生物反应器中产生的黄钾铁矾沉淀利用先碱洗后酸洗的方法去除，Fe^{2+}氧化率及氧化 Fe^{2+}速率随空气流量增大而增大。菌体表面液膜厚度随空气流量增大而减小，菌体生长过程中所需底物的外扩散限制效应随着降低。Owen[121]等把取自矿山废水的四种不同嗜酸氧化铁细菌固定在多孔玻璃珠上，通过流动的固定床生物反应器，用富含亚铁的溶液与酸性矿山废水，进行了为期 9 个月的间歇和连续对比模拟试验。Zheng[122]等用聚亚安酯作载体，设计了固定床反应器，在优化条件下，空气流量 160 $L\cdot h^{-1}$，液体流量 0.3 $L\cdot h^{-1}$，温度 30 ℃，pH 1.5，95% Fe^{2+}被氧化，Fe^{2+}氧化速率为 6.2 $g\cdot L^{-1}\cdot h^{-1}$。A. Mazuelos[123]等设计的固定床反应器由聚合物柱组成，自由填充硅藻土、碎石和碎木屑，气体、液体培养基从柱底部进入，研究影响氧从气泡转移至液体培养基的各项参数和氧通过液体培养基的输运特征。

（2）气升式生物反应器

Ebrahimi[124]等设计的生物膜气升式反应器用玄武岩作载体，采用嗜酸氧化亚铁硫杆菌和氧化亚铁钩端螺旋菌混合培养氧化 Fe^{2+}，温度 30 ℃、pH 0.60～1.80，最大氧化 Fe^{2+}速率达到 8.1 $g\cdot L^{-1}\cdot h^{-1}$。罗林[125]等构建了一种气升式生物反应器，研究了细菌在气升式反应器中培养条件对其生长特性的影响，研究了不同条件对细菌的生长、氧化 Fe^{2+}速率、溶解氧、培养时间等的影响。结果表明，细菌培养过程中，pH 变化不大，保持在细菌生长的适宜范围，不需另外调节；9 K 培养基比 Leathen 培养基氧化 Fe^{2+}速率达到最大值的时间缩短 5 h，表明含氮较高的 9 K 培养基更有利于菌体生长；初始 Fe^{2+}浓度较高，氧化 Fe^{2+}速率高，但延滞期较长，综合考虑，适宜初始 Fe^{2+}浓度为 10 $g\cdot L^{-1}$。通气量对菌体生长和氧化 Fe^{2+}速率有显著影响，最大氧化 Fe^{2+}速率达 0.6 $g\cdot L^{-1}\cdot h^{-1}$。

（3）其他类型生物反应器

王英刚[126]等研究了 A.f 转盘生物反应器转盘表面固定细菌的特性，考察了 HRT、矿山酸性废水中 Fe^{2+}浓度及转盘转速对 Fe^{2+}氧化率的影响。5%接种，连续循环培养，Fe^{2+}氧化周期由最初 100 h 下降至 70 h，生物反应器氧化 Fe^{2+}能力逐渐增强，经过 6 次循环培养后完成生物反应器的启动；生物反应器稳定运行后，最高氧化 Fe^{2+}速率达 2.32 $g\cdot L^{-1}\cdot h^{-1}$；$Fe^{2+}$氧化率随进水 Fe^{2+}浓度增加而降低，生物反应器最佳 HRT 为 4 h、最佳转盘转速为 7 $r\cdot min^{-1}$。S. Fouchera[127]等利用悬浮固体气泡柱与机械搅拌反应器进行了含钴黄铁矿的生物浸出间歇试验，对经典机械搅拌反应器与悬浮固体柱反应器的生物浸出动力学、细菌数量变化进行比较。间歇试验分别在 20 L 气泡柱生物反应器和 20 L 搅拌反应器中进行，矿样为含钴黄铁矿，矿浆浓度 20%（w/w），两个反应器中钴的浸出速率相同，气泡柱中生物浸出可能至少与搅拌槽一样有效。Biagiola S.[128]等对氧化亚铁硫杆菌间歇培养的动力学进行了评价。S.Zokaei[129]等研究了搅拌生物反应器 A.f 浸出铀矿石工艺过程中单位体积氧质量传递系数、氧吸收速率和操作参数对氧传递系数的影响等，试验结果表明，氧的质量传递系数与细菌浓度关系较小，与搅拌速度、通气速率和矿浆浓度关系较大。

2.5.4　载体及细胞固定化

生物反应器氧化 Fe^{2+}过程中载体的选择非常关键，关系到固定细菌的效果、Fe^{2+}的氧化率和氧化速率，细胞固定化技术起源于固定化酶技术，实质是把微生物细胞固定在不溶性载体上，这一技术的应用研究早有报道。细胞固定化方法很多，Karel 等将其归纳为表面附着、多孔介质包埋、隔离和自凝集四大类；细胞固定化方法主要包括吸附法、包埋法、交联法和截留法；杨文英等介绍了吸附法、包埋法、共价结合法、交联法、多孔物质包络法、超过滤法、多种固定化方法的联用等固定化细胞方法；成庆利等将细胞固定化分为有载体固定化和无载体固定化。

细胞固定化方法主要有吸附法、共价法、交联法和包埋法，如图 2-2 所示。

理想的固定化细胞载体应对微生物无毒、具有良好传质性能和高细胞容量，强度高、性质稳定、寿命长，材料价廉易得、容易操作。按照载体材料的化学结构分为有机高分子载体、无机载体及复合载体，包括：琼脂、角叉菜胶、海藻酸钙、聚丙烯酰胺凝胶、聚乙烯醇凝胶、聚乙烯、聚氯乙烯、聚苯烯、挤塑聚苯乙烯、发泡聚苯乙烯、聚氨酯泡沫、硅藻土、活性炭、陶粒（珠）、氧化铝、火山岩、硅石、玻璃珠、陶粒、木屑、沸石、壳聚糖、聚乙烯醇–海藻酸钠复合材料等。

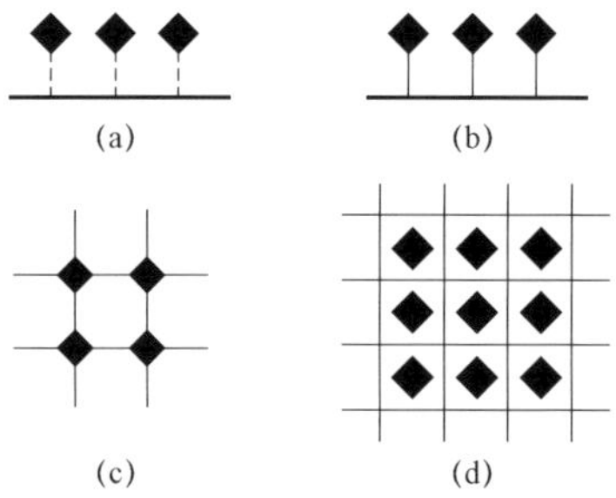

图 2-2　细胞固定化模式

（a）吸附法；（b）共价法；（c）交联法；（d）凝胶包埋法；◆表示细胞

（1）有机高分子载体

细胞固定高分子载体分为天然高分子材料和合成高分子材料。天然高分子凝胶载体包括海藻酸钙、角叉菜胶、琼脂等，具有较好的传质性，一般无毒，但易被微生物分解，且机械强度不高。合成高分子材料载体包括聚丙烯酰胺、聚乙烯醇等。

（2）无机载体

无机载体多具有多孔结构，包括硅藻土、活性炭、陶珠和氧化铝等，对细胞的固定作用通过物理吸附完成。具有无毒、机械强度大、不易降解的优点，但与细胞不能牢固结合，容易产生细胞脱落。

（3）复合载体

复合载体是由无机材料和有机材料相结合形成的固定化载体，有效利用了两者的优点，将两种材料的缺点尽可能弥补，提高了固定化细胞在机械强度、稳定性等方面的性能。

黄亚洁[130]等采用不同尺寸的木屑作固定化载体，构建了氧化亚铁硫杆菌固定床生物反应器。研究结果表明，在 0.65 L 固定床反应器中，木屑尺寸为 12 mm×5 mm×1 mm，通气量为 1.4 $L\cdot min^{-1}$，稀释率为 1.1 h^{-1} 时，最大氧化 Fe^{2+} 速率为 5.83 $g\cdot L^{-1}\cdot h^{-1}$。王艳锦[131]等研究了活性炭、煤矸石、陶粒和沸石 4 种载体对细菌氧化活性的影响，载体添加量为 25～75 $g\cdot L^{-1}$ 时，随载体添加量增加，氧化 Fe^{2+} 速率增加，pH 和 Eh 无明显变化。王玉建[132]等用 $Ca(NO_3)_2$ 凝固聚乙烯醇（PVA）、海藻酸钠和细菌形成的固定化颗粒填充固定床生物反应器，考察氧化 Fe^{2+} 情况，在温度 31 ℃、pH 1.8、稀释率 0.5 h^{-1} 时，Fe^{2+} 最大氧化速率达 2.9 $g\cdot L^{-1}\cdot h^{-1}$。杨晓娟[133]等研究了生物反应器固定化细菌培养条件对黄钾铁矾沉淀的影响，固定化细胞连续运行时，降低 9 K 培养基中 $(NH_4)_2SO_4$ 含量，稀释率控制为 0.4 h^{-1}，运行 96 h，氧化 Fe^{2+} 速率达到 3.75 $g\cdot L^{-1}\cdot h^{-1}$，明显减少了反应柱内沉淀。Glaveno. A.[134]等进行了壳聚糖颗粒固定嗜酸氧化亚铁硫杆菌于玻璃柱生物反应器中氧化 Fe^{2+} 试验。Yujian，Wang[135, 136]等进行了 PVA 与海藻酸钠联合固定嗜酸氧化亚铁硫杆菌，并对其快速

氧化 Fe^{2+}进行了试验。采用四种不同方法将嗜酸氧化亚铁硫杆菌固定在 PVA 和海藻酸钠聚合物上，对不同方法制得的球形聚合物按照相对机械强度、生物活性、膨胀性等进行评价。结果表明，PVA 与海藻酸钠的聚合物与 $Ca(NO_3)_2$ 交联固定 A.f 比其他方法更合适。PVA－硝酸钙交联玻璃珠用来进行间歇和连续培养，间歇试验中 Fe^{2+}最大氧化速率达到 4.6 $g\cdot L^{-1}\cdot h^{-1}$。固定床生物反应器经过 40 天运行，停留时间为 2.5 h 时，Fe^{2+}氧化率达到 96%。Junfeng[137]等进行了固定在陶粒上的 A.f 氧化 Fe^{2+}研究。Jaisankar S.[138]等进行了泡沫塑料固定氧化 Fe^{2+}试验与模拟，讨论了土著 A.f 氧化 Fe^{2+}工艺参数的影响。Giro[139]等进行了固定在 PVC 绳上的 A.f 氧化 Fe^{2+}试验。Koseoglu[140]等用活性炭作载体，进行固定床生物反应器生物氧化 Fe^{2+}研究，Fe^{2+}浓度 2.0～8.0 $g\cdot L^{-1}$、溶液流量 140～900 $mL\cdot h^{-1}$、pH 1.8，Fe^{2+}氧化速率达到 7.58 $g\cdot L^{-1}\cdot h^{-1}$。

2.6　工程应用中存在的问题

细菌浸铀工艺技术经过科技工作者长期的研究，取得了系列成果，并已开展了现场扩大试验，但由于存在一些技术缺陷和经济效益方面的问题，如细菌在浸铀体系的活性问题、工程实践中细菌的快速培养和快速氧化 Fe^{2+}问题、细菌代谢产物对矿石的渗透性影响问题、工艺调控等问题，生物反应器需要新增投资、细菌氧化 Fe^{2+}速率慢、细菌浸出周期长，导致经济效益受到影响等，制约着细菌浸铀技术的推广应用。

2.6.1　细菌活性问题

细菌活性受环境体系影响很大，细菌活性对细菌浸出金属能否得到应用起到决定性作用，细菌对溶液中离子耐受浓度与离子种类密切相关。由于铀矿石成分差异大，所用的溶浸液配方不断变化，使得浸铀的溶液体系比较复杂，溶液成分、含量相差很大。例如，浸出液中 F^-浓度从几 $mg\cdot L^{-1}$ 至几 $g\cdot L^{-1}$，而几 $mg.L^{-1}$ 的 F^-浓度就会影响细菌活性。据资料报道，20 $mg\cdot L^{-1}$ F^-就可导致细菌丧失活性，而几 $g\cdot L^{-1}$ SO_4^{2-}对细菌活性影响不大。F 在矿石中经常以 CaF_2 的形式存在，CaF_2 常常与铀矿石伴生，在酸法浸出工艺中，F 进入溶液的几率非常大，可能对细菌活性造成重大影响。

2.6.2　细菌快速培养和快速氧化 Fe^{2+}的问题

细菌氧化 Fe^{2+}速度是决定细菌浸铀效果非常重要的因素。细菌氧化 Fe^{2+}的速度与生物反应器类型、结构和载体密切相关。弹性尼龙载体、敞口混凝土池式反应器或槽式生物反应器被广泛应用于细菌培养现场扩大试验，但其受外界环境温度影响大，且氧化 Fe^{2+}速率较慢。所以，从技术和经济效益考虑，均影响了其推广应用。

2.6.3　矿石的渗透性问题

不论是铀矿堆浸工艺还是地浸工艺，矿石渗透性都是非常重要的影响因素。不论采用何种工艺，均不能使矿石渗透性变差。在细菌浸出过程中，通常会生成黄钾铁矾或者单质硫，覆盖于矿物表面，易形成钝化膜，从而阻碍金属的溶解。细菌浸出过程中，诸多文献中采用加入硫酸亚铁以提高溶液中 Fe^{3+}浓度达到 3～5 $g·L^{-1}$。细菌浸出体系中 Fe^{3+}浓度的提高，大大增加了黄钾铁矾形成的几率，一方面可能对铀矿石形成包裹层，影响铀的浸出效果；另一方面还可能形成胶结物，导致矿石板结，严重影响矿石渗透性。如何控制铁的加入关系到铀的浸出效果和矿石的渗透性。

2.6.4 工艺调控的合理性问题

铀矿酸法浸出工艺过程一般包括三个阶段，即酸化阶段、正常浸出阶段和收尾阶段，酸化阶段酸的浓度一般较高，有时达几十 $g·L^{-1}$，正常浸出阶段和收尾阶段则较低，一般为几 $g·L^{-1}$，所以细菌一般选择在正常浸出阶段的中后期加入。另外，浸出液中铁浓度差别也很大，堆浸工艺一般为 1～4 $g·L^{-1}$，地浸工艺为 1 $g·L^{-1}$ 左右，是否需要补加硫酸亚铁值得深入考虑和研究。细菌浸铀工艺过程中细菌的加入时期、其他试剂是否需要一起加入、加入量如何控制等对浸出效果非常重要。

2.7 工程应用的对策

针对细菌浸铀应用过程中存在的各种问题，进行分析、调研和归纳总结，可以从以下几个方面进行研究和攻关。

2.7.1 高效浸矿菌选育

高效浸矿菌种选育是生物冶金技术发展的一个永恒课题。浸矿微生物的传统选育方法是根据具体的用途确定采样地点进行样品采集，用培养基进行筛选，但这种方法速度慢、针对性不强。高效浸矿菌种选育研究需要整合传统微生物学与现代分子生物学方法，将菌种、矿石、环境作为一个整体考虑，形成基于菌种属地、功能组合、矿石类型、环境因素以及传统微生物学与现代分子生物学相结合的多维度、成套高效浸矿菌选育的关键共性技术。研究方法主要包括以下几个方面：

（1）传统微生物学与现代分子生物学方法相结合。传统微生物学利用培养基进行富集筛选，通过菌种的生理生化指标分析、扫描电镜特征鉴别，然而通过利用克隆文库、荧光定量 PCR、基因芯片等现代分子生物学方法，可实现用“眼睛”指导培养基的设计，达到快速分离筛选的目的。

（2）与实际应用相结合。浸矿菌种选育的最终目的是用于浸矿，因此选育过程要与该菌种的应用矿种紧密结合，尽量采用该矿种进行实际驯化。

（3）功能组合多样化。硫化矿的氧化过程一般涉及铁的氧化和硫的氧化。因此，往往使用单一功能的浸矿菌种难以获得理想的效果，需要组合使用铁氧化菌、硫氧化菌和异养菌。

（4）菌种来源属地化。研究发现，使用矿山本地微生物选育获得的菌种比采用其他矿山选育的菌种效果好。因此，用于菌种选育的原始含菌样品最好从目的应用矿山采集。

（5）培养条件模拟化。在菌种富集培养的第一步，如果直接使用培养基，由于其中通常含有高浓度的盐类，这与样品采集地的环境差异性较大，限制了菌种的适应性，有的菌种就不易筛选到。因此，在最初的富集过程中，通常可模拟样品采集地溶液/矿石性质特征进行富集培养。

（6）环境逐步极端化。浸矿微生物通常具有较广的温度适应范围，且具有较高的抗毒性离子的能力，但是该过程需要逐步适应、提高。

（7）驯化逐步提高化。菌种的驯化是一个漫长的过程，驯化要以实际矿石或环境为目的，不断增加驯化次数、延长驯化时间、提高矿浆浓度，这一点在难处理金矿的生物预氧化菌种选育方面体现极为深刻。

2.7.2　高效生物反应器的研发

生物反应器是细菌大规模快速培养和细菌快速氧化 Fe^{2+}的非常重要的装置，其氧化 Fe^{2+}效率、氧化 Fe^{2+}速率直接关系到细菌浸出的效果。为提高生物反应器氧化 Fe^{2+}的速率和效率，第一，需要选择合适的生物反应器的类型和结构；第二，要确定生物反应器的各项优化参数。对生物反应器的设计总体要求为：生物反应器尺寸尽可能小，载体能有效固定细菌，氧化 Fe^{2+}连续、稳定、高效，反应器底部连续稳定提供压缩空气，最终保证生物反应器快速氧化 Fe^{2+}。开发设计结构优良的高效生物反应器，降低生物反应器成本、提高氧化 Fe^{2+}效率，实现溶液中 Fe^{2+}的快速氧化和细菌的快速培养，成为生物浸铀工艺的关键技术。

2.7.3　生物氧化工艺参数的调控

影响生物反应器氧化 Fe^{2+}效率的因素很多，需要结合现场实际情况进行调控，如温度调控、载体选择、通气量和通气方式、气体分散器设计、营养成分调控等，为微生物的生长、繁殖创造良好氛围；优化细菌氧化工艺参数，寻找经济合理的工艺条件，降低运行成本，为实现工业化应用提供技术支持。

参考文献

［1］Colmer A，Hinkle M. The role of microorganisms in acid mining drainage［J］. A preliminary report science，1947，106：253－256.

［2］孙占学，刘金辉，刘亚洁. 硬岩铀矿生物堆浸研究进展［J］. 中国矿业，2012，21（S1）：422－423.

［3］刘金辉，周义朋，刘亚洁. 生物地浸采铀研究新进展［J］. 中国矿业，2012，21（S1）：262－264.

［4］Mishra A，Pradhan N，Kar R，et al. Microbial recovery of uranium using native fungal strains［J］. Hydrometallurgy，2009，95（1）：175－177.

［5］Singh S，Methta K，Kumar V，et al. Dissolution of uranium from silicate－apatite ore by Acidithiobacillus ferrooxidans［J］. Hydrometallurgy，2009，95（1）：70－75.

［6］Abhilash，Pandey B. Role of ferric ions in bioleaching of uranium from low tenor Indian ore［J］. Canadian Metallurgical Quarterly，2011，50（2）：102－112.

[7] Mehta K, Kumary V, Pandey B, et al. Bioleaching – an alternate uranium ore processing technology for India [J]. Energy Procedia, 2011, 7: 158 – 162.
[8] 杨明霞，佘冠军. 微生物浸铀技术的研究历史及现状 [J]. 中国高新技术企业，2009（15）：5 – 6.
[9] 陈仕安. 细菌氧化再生逆流淋浸铀矿石的技术应用[R]. 中国核科技报告，CNIC – 00977BICM – 0013. 北京：原子能出版社，1995：1 – 20.
[10] 陈仕安，黄祥富，樊保团. 细菌氧化再生液淋浸铀矿的探讨 [J]. 铀矿冶，1995，14（4）：230 – 235.
[11] 陈仕安，黄祥富，樊保团. 细菌氧化再生液逆流淋浸铀矿的实践 [J]. 铀矿冶，1995（4）：230 – 235.
[12] 刘健，樊保团，张传敬. 抚州铀矿细菌堆浸半工业试验研究 [J]. 铀矿冶，2001，20（1）：15 – 26.
[13] 樊保团，孟运生，刘建. 赣州铀矿草桃背分矿细菌堆浸工业试验[J]. 铀矿冶，2002，20（3）：151 – 155.
[14] 胡凯光，王清良，史文革. 生物反应器及细菌快速氧化 Fe^{2+} 工艺研究 [J]. 铀矿冶，1997，16（4）：245 – 251.
[15] 胡凯光，王清良，黄银屏，等. 地浸矿山细菌作氧化剂的探索性研究 [J]. 世界采矿快，1998，14（2）：40 – 44.
[16] 王清良，胡凯光，刘迎九，等. 伊宁铀矿 512 矿床地浸中细菌代替过氧化氢初步试验研究 [J]. 铀矿冶，1999，18（4）：262 – 268.
[17] 胡凯光，王清良，刘迎九，等. 381 地浸工艺中细菌氧化作用扩大试验 [J]. 铀矿冶，1999，18（2）：90 – 97.
[18] 王清良，胡凯光，黄爱武. 铀矿石细菌浸出试验研究 [J]. 矿冶工程，2006，（1）：208 – 209.
[19] 王清良，丁德馨，胡鄂明，等. 载体选择及细菌连续培养试验研究 [J]. 中国矿业，2007，16（12）：94 – 97.
[20] 王清良，王振军，胡凯光，等. 细菌在赣州铀矿原地爆破浸出中的应用研究 [J]. 铀矿冶，2001（3）：172 – 177.
[21] 王清良，胡鄂明，李锦鹏，等. 地浸采铀细菌浸出试验研究 [J]. 矿业工程，2010，30（4）：5 – 8.
[22] 王清良，杨懿全，杨敬，等. 固定床生物反应器模拟溶浸采铀吸附尾液中 Fe^{2+} 的氧化试验研究[J]. 化工学报，2012，63（11）：3688 – 3693.
[23] 李广悦，刘玉龙，王永东，等. 氧化亚铁硫杆菌与氧化硫硫杆菌在四价铀浸出中作用研究 [J]. 核科学与工程，2008，28（4）：381 – 383.
[24] 丁德馨，李广悦，刘玉龙，等. 沥青铀矿石细菌浸出机理的实验研究 [J]. 过程工程学报，2008，8（5）：859 – 865.
[25] 丁德馨，刘玉龙，李广悦，等. 嗜酸氧化亚铁硫杆菌在沥青铀矿石浸出中的作用 [J]. 化工学报，2009，60（11）：2904 – 2909.
[26] 刘玉龙，丁德馨，李广悦，等. 铀矿石化学浸出与细菌浸出沉淀产物的比较 [J]. 过程工程学报，2010，10（4）：679 – 684.
[27] 刘辉，刘金辉，吴为荣，等. 某铀矿石细菌堆浸可行性研究 [J]. 铀矿冶，2008，27（2）：109 – 112.
[28] 王学刚，刘金辉，李学礼，等. 低品位铀矿石细菌浸出试验研究[J]. 金属矿山，2009（11）：179 – 182.
[29] Qiu G, Li Q, Yu R, et al. Column bioleaching of uranium embedded in granite porphyry by a mesophilic acidophilic consortium [J]. Bioresource technology, 2011, 102（7）：4697 – 4702.
[30] 李广悦，刘玉龙，王永东，等. 低品位铀矿石硫酸搅拌浸出与细菌搅拌浸出研究 [J]. 核科学与工程，2009，29（1）：92 – 96.

［31］ 胡岳华，张在海，邱冠周，等. 细菌的氧化生理与其浸矿机理研究［J］. 矿业工程，2004，24（2）：24－26.

［32］ 蒋磊，周怀阳，彭晓彤. 氧化亚铁硫杆菌对黄铁矿的氧化作用初探［J］. 矿物学报，2007，27（1）：25－30.

［33］ 丁德馨，刘玉龙，李广悦，等. 嗜酸氧化亚铁硫杆菌在沥青铀矿石浸出中的作用［J］. 化工学报，2009，60（11）：2904－2909.

［34］ 杨洪英，杨立，魏绪钧. 氧化亚铁硫杆菌（SH－T）氧化毒砂的机理［J］. 中国有色金属学报，2001，11（2）：323－327.

［35］ 廖梦霞，邓天龙. 硫化矿生物湿法冶金技术现状与展望［J］. 四川有色金属，2003（3）：33－35.

［36］ Fowler T A，Crundwell F K. Leaching of zinc sulfide by Thiobacillus ferrooxidans：Exper iments with a controlled redox potential indicate no directbacterial mechanism［J］. Appled and Environmental Microbiology，1998（64）：3570－3575.

［37］ Edwards K J，Hu B，Hamers R J，Ban¢eld JF. A new look at microbial leaching patterns on sulfide minerals［J］. FEMS Microbiology Ecology，2001（34）：197－206.

［38］ Singh A S，Mehta K D，Kumar V，et al. Dissolution of uranium from silicate－apatite ore by Acidithiobacillus ferrooxidans［J］. Hydrometallurgy，2009（95）：70－75.

［39］ Lilova K，Karamanev D. Direct oxidation of copper sulfide by a biofilm of Acidithiobacillus ferrooxidans［J］. Hydrometallurgy，2005（80）：147－154.

［40］ Zhang L，Qiu G，Hu Y，et al. Bioleaching of pyrite by A. ferrooxidans and L. ferriphilum［J］. Trans. Nonferrous Met.Soc. China，2008（18）：1415－1420.

［41］ 张珊珊，周怀阳，彭晓彤. 氧化亚铁硫杆菌与毒砂相互作用的阶段性及其机理研究［J］. 地球化学，2008，37（6）：602－614.

［42］ 丁德馨，李广悦，刘玉龙，等. 沥青铀矿石细菌浸出机理的实验研究［J］. 过程工程学报，2008，8（5）：859－865.

［43］ 内斯托. 用氧化亚铁硫杆菌生物浸出难处理金矿物的机理［J］. 国外金属矿选矿，2001（11）：11－15.

［44］ Wang S，Zhong D. Domestication the thiobacillus ferrooxidans under high concentration of uranium and studied on the kinetics parameter［J］. Proceedings of the 2003 International Symposium on Water Resources and the Urban Environment，2003（9）：72－275.

［45］ 夏良树，肖志海，付仕福. UO_2^{2+}对氧化亚铁硫杆菌生长活性的影响［J］. 湿法冶金，2006，25（2）：78－81.

［46］ Leduc LG，Ferroni GD，Trevors JT. Resistance to heavy metals in different strains of Thiobacillus ferrooxidans［J］. World Journal of Microbiology & Biotechnology，1997（13）：453－455.

［47］ 刘迎九，周泉，张胜利. 铀矿石成分对铀的细菌浸出影响研究［J］. 南华大学学报，2006，20（4）：100－103.

［48］ Daniel K，Olena R. Mark D. Bacterial oxidation of ferrous iron at low temperatures［J］. Biotechnology and Bioengineering，2007（97）：1470－1478.

［49］ 王清良，刘选明. pH 值与温度对氧化亚铁硫杆菌氧化 Fe^{2+}影响的研究［J］. 矿业工程，2004，24（2）：36－38.

［50］ Anna－Kaisa H，Nelli R，Kaksonen AH. Heap bioleaching of a complex sulfide ore：Part II. Effect of temperature on base metal extraction and bacterial compositions［J］. Hydrometallurgy，2009（98）：101－107.

［51］ Zepeda V，Galleguillos F. Castillo D，et al. Bacterial activity at low temperature in cultures derived from a low－grade copper sulphide bioleaching heap at the Escondida Mine，Chile［J］. Advanced Materials Research，2007（21）：543－546.

［52］ Halinen AK；Rahunen N；Kaksonen AH. Heap bioleaching of a complex sulfide ore［J］. Effect of pH on metal extraction and microbial composition in pH controlled columns.Hydrometallurgy，2009（98）：92－100.

［53］ Long Z，Huang Y，Cai Z，et al. Adaption of Thiobacillus ferrooxidans tolerating low pH and biooxidation of ferrous sulphate［J］. Guocheng Gongcheng Xuebao/The Chinese Journal of Process Engineering，2002（2）：415.

［54］ 刘亚洁，李江，陈功新. 紫外线诱变获得耐极低 pH 的氧化亚铁硫杆菌突变株［J］. 有色金属，2005（5）：6－13.

［55］ 李广悦，刘玉龙，丁德馨，等. 氧化亚铁硫杆菌耐酸耐氟紫外线诱变的研究［J］. 铀矿冶，2009，28（2）：77－80.

［56］ 郑志宏，吴为荣，李寻，等. 耐低 pH 氧化亚铁硫杆菌的培养与驯化［J］. 有色金属，2007（4）：30－32.

［57］ 刘亚洁，李江，牛建国，等. 铀矿石生物浸出中氟对铁－硫氧化细菌的影响［J］. 有色矿冶，2006，22（2）：18－21.

［58］ 潘文俊，曹运长. 浸矿微生物氧化亚铁硫杆菌抗氟基因工程菌的构建［D］. 南华大学，2011：1－20.

［59］ 李乾，丁德馨，王清良，等. 五种典型浸矿微生物的耐氟性状对比研究［J］. 南华大学学报，2013，27（2）：16－22.

［60］ Peng Z，Yu R，Qiu G，et al. Really active form of fluorine toxicity affecting Acidithiobacillus ferrooxidans activity in bioleaching uranium［J］. Trans. Nonferrous Met. Soc. China，2013（23）：812－817.

［61］ 李乾. 低品位铀矿生物浸出及浸矿菌种耐氟机理研究［D］. 中南大学，2012：1－10.

［62］ G.C. De，D.J. Oliver B，B.M. Pesic. Effect of heavy metals on the ferrous iron oxidizing ability of Thiobacillus ferrooxidans［J］. Hydrometallurgy，1997（44）：53－63.

［63］ David D J，Pradhan D，Das T. Evaluation of iron oxidation rate of Acidithiobacillus ferrooxidans in presence of heavy metal ions［J］. Transactions of the Institutions of Mining and Metallurgy，Section C：Mineral Processing and Extractive Metallurgy，2008（117）：56－61.

［64］ 王康林，韩效钊，汪模辉，等. 银离子在细菌浸出黄铜矿中的催化行为研究［J］. 矿冶工程，2003，23（5）：60－63.

［65］ 蒋金龙，汪模辉，王康林. 金属离子对细菌浸出复杂金属硫化矿的影响［J］. 成都理工学院学报，2001，28（2）：209－213.

［66］ 朱长亮，杨洪英，蒋欢杰，等. 溶液中离子对浸矿细菌的毒害作用［J］. 有色矿冶，2005，2（5）：25－27.

［67］ Cabrera G，Gómez J M，Cantero D. Influence of heavy metals on growth and ferrous sulphate oxidation by Acidithiobacillus ferrooxidans in pure and mixed cultures［J］. Process Biochemistry，2005（40）：

2683－2687.

［68］ Venkatakrishnan C D，Chandra T S. Molybdenum－resistant Thiobacillus ferrooxidans［J］. Journal of the Indian Institute of Science，1999（79）：287－293.

［69］ 黄峰源，周立祥. 嗜酸氧化亚铁硫杆菌生长特性与耐受重金属机制及污泥淋虑过程中微生物分子生态的研究［D］. 南京农业大学，2006：1－20.

［70］ 李洪枚，柯家骏. Ni^{2+}和 Co^{2+}对氧化亚铁硫杆菌活性的影响［J］. 有色金属，2000，52（1）：49－53.

［71］ Pradhan D，Ahn J G，Kim D J. Effect of Ni^{2+}，V^{4+} and Mo^{6+} concentration on iron oxidation by Acidithiobacillus ferrooxidans［J］. Korean Journal of Chemical Engineering，2009（26）：736－741.

［72］ Chen S，Qiu G，Qin W，et al. Bioleaching of sphalerite by Acidithiobacillus ferrooxidans and Acidithiobacillus thiooxidans cultured in 9 K medium modified with pyrrhotite［J］. Journal of Central South University of Technology，2008（15）：503－507.

［73］ 姚静，徐文静，李红玉. 氧化亚铁硫杆菌驯化菌株的铜离子运输特性［J］. 中国有色金属学报，2005，15（12）：2010－2015.

［74］ 李洪枚，柯家骏. Cu^{2+}对氧化亚铁硫杆菌（T1f）生长活性的影响［J］. 黄金，2000，21（6）：27－29.

［75］ 邱冠周，王军，钟康连. 浸矿细菌的育种及工业应用［J］. 国外金属矿选矿，1998（6）：29－33.

［76］ 佟琳琳，姜茂发，杨洪英，等. 浸矿细菌抗镉性能的试验研究［J］. 东北大学学报，2007，28（10）：1434－1437.

［77］ 吴学玲，邱冠周. 抗性浸矿细菌的选育及抗性机理研究［D］. 中南大学，2007：30－50.

［78］ 刘清，徐伟昌，张宇. 重金属离子对氧化亚铁硫杆菌活性的影响［J］. 铀矿冶，2004，23（3）：155－157.

［79］ 李洪枚，柯家骏. Mg^{2+}对氧化亚铁硫杆菌生长活性的影响［J］. 中国有色金属学报，2000，10（4）：576－578.

［80］ 刘欣伟，冯雅丽，李浩然，等. 镁离子浓度对氧化亚铁硫杆菌生长动力学的影响［J］. 中国有色金属学报，2012，22（8）：2354－2358.

［81］ 甄世杰，覃文庆，张雁生，等. 嗜酸氧化亚铁硫杆菌的耐 Mg^{2+}驯化试验研究［J］. 湿法冶金，2008，27（3）：139－141.

［82］ 王红梅，杨小芬，龚林锋，等. As^{5+}对嗜酸性氧化亚铁硫杆菌混合培养物氧化性能的影响［J］. 岩石矿物学杂志，2009，28（6）：507－512.

［83］ 杨松荣，邱冠周，胡岳华. As^{3+}及 As^{5+}对生物氧化过程的影响及其转化过程的探讨［J］. 国外金属矿选矿，2003（1）：4－7.

［84］ P A 斯潘瑟. 细菌培养的选择对难选金矿石处理厂操作的影响［J］. 国外金属矿选矿，2001（11）：15－20.

［85］ 吴学玲，张成桂，张倩，等. 阴离子对嗜酸氧化亚铁硫杆菌生长和硫氧化活性的影响［J］. 中国有色金属学报，2009，19（12）：2237－2242.

［86］ 梅健，陶秀祥，袁鹏慧. 高铁离子浓度环境下氧化亚铁硫杆菌的生长行为［J］. 选煤技术，2007（3）：14－16.

［87］ 何良菊，李秀艳，周建民，等. Fe^{2+}，NH^{4+}对氧化亚铁硫杆菌氧化黄铁矿的影响［J］. 黄金学报，1999，1（4）：278－290.

［88］ 谢海云，刘中华，周峨. 高铁离子浓度下氧化亚铁硫杆菌的生长行为［J］. 过程工程学报，2004，4（1）：43－46.

［89］张俊，范伟平，方苹，等. 底物对亚铁硫杆菌生物氧化过程的影响［J］. 南京化工大学学报，2011，23（6）：37－41.

［90］戴艳霞，刘宏伟，廖立琴，等. 硫酸铁对嗜酸氧化亚铁硫杆菌铁代谢基因表达的影响［J］. 现代生物医学进展，2009，9（21）：4010－4014.

［91］石亚飞. 浸铀微生物活性影响因素研究［J］. 工业技术，2012（4）：111－113.

［92］孔逊，刘金辉. 黄铁矿对微生物浸铀的影响［J］. 金属矿山，2010，406（4）：78－80.

［93］周吉奎，钮因健，覃文庆. 硫化矿对浸矿细菌（Fe^{2+}）氧化活性的影响［J］. 中国有色金属学报，2003，13（5）：1278－1282.

［94］刘政，杨绍斌，徐金军，等. 不同氨基酸对 At. f 菌生长情况的影响［J］. 黑龙江农业科学，2011（2）：16－19.

［95］刘亚洁，李江，陈功新，等. 适应铀矿石的耐极低 pH 值氧化亚铁硫杆菌的诱变育种［J］. 矿产综合利用，2005（2）：21－25.

［96］郭爱莲，孙先锋，朱宏莉，等. He－Ne 激光、紫外线诱变氧化亚铁硫杆菌及耐砷菌株的选育［J］. 光子学报，1999，28（8）：718－721.

［97］马超杰，黄学敏，凌海志，等. 紫外诱变筛选高效氧化亚铁硫杆菌［J］. 环境科学与管理，2009，34（1）：86－89.

［98］辛亚蒲，黄学敏，刘党生，等. 物理诱变处理氧化亚铁硫杆菌的育种研究［J］. 环境科学与管理，2011，36（5）：123－125.

［99］熊英，胡建平，林滨兰，等. 氧化亚铁硫杆菌的驯化与诱变选育［J］. 矿产综合利用，2001（6）：27－30.

［100］徐晓军，孟运生，宫磊，等. 氧化亚铁硫杆菌紫外线诱变及对低品位黄铜矿的浸出［J］. 矿业工程，2005，25（1）：34－36.

［101］王向东，蒋文举，刘晓燕，等. 氧化亚铁硫杆菌突变株对 Fe^{2+}及 SO_3^{2-}的氧化研究［J］. 四川大学学报，2007，39（2）：82－86.

［102］黄晓慧，肖春桥，张文学，等. 微波诱变氧化亚铁硫杆菌浸出磷矿粉中可溶性磷［J］. 化工矿物与加工，2008（3）：1－4.

［103］陈俊，左东云，吕早生，等. 酸浸及紫外诱变对氧化亚铁硫杆菌浸矿的影响［J］. 化学与生物工程，2012，29（4）：80－83.

［104］蔡培，陶秀祥，朱红威，等. 氧化亚铁硫杆菌氧化 Fe^{2+}的动力学研究［J］. 选煤技术，2008（5）：4－8.

［105］柳建设，张艳华. 嗜酸氧化亚铁硫杆菌生长动力学方程的应用［J］. 现代生物医学进展，2006，6（2）：5－8.

［106］刘晓燕，王向东，蒋文举，等. 氧化亚铁硫杆菌对亚铁离子的氧化及其动力学研究［J］. 环境污染与防治，2005，27（4）：244－247.

［107］刘凯，赵会军，李俊玲. 酸性氧化亚铁硫杆菌动力学实验应用研究［J］. 江西农业大学学报，2009，31（1）：132－136.

［108］Mazuelos A，Carranza F，Romero R，et al. Operational pH in packed－bed reactors for ferrous ion bio－oxidation［J］. Hydrometallurgy，2010（104）：186－192.

［109］Kahrizi E，Iran A，Vossoughi M. Bio－oxidation of ferrous ions by Acidithioobacillus ferrooxidans in amonolithic bioreactor [J]. Journal of Chemical Technology and Biotechnology，2009（84）：504－510.

[110] Mazuelos A，Palencia I，Romero R，et al. Ferric iron production in packed bed bioreactors：Influence of pH，temperature，particle size，bacterial support material and type of air distributor [J]. Minerals Engineering，2001（14）：507－514.

[111] 杨维涨，刘辉. 浸铀细菌扩大培养中铁沉淀对生物膜的影响 [J]. 稀有金属与硬质合金，2009，37（1）：47－49.

[112] Mazuelos A，Carranza F，Palencia I，Romero R. High efficiency reactor for the biooxidation of ferrous iron [J]. Hydrometallurgy，2000（58）：269－275.

[113] 胡凯光，王清良，廖建军，等. 通气量对生物反应器细菌快速氧化亚铁影响 [J]. 中国矿业，2003，12（6）：54－56.

[114] Li Y，Yang W. Research on continuous culture of uranium－leaching bacteria [J]. Rare Metals and Cemented Carbides，2010（41）：5－7.

[115] 涂玮，王玉建，李红玉，等. 固定化 A.f 对 Fe^{2+}氧化及其生物反应器研究进展 [J]. 中国生物工程杂志，2007，27（6）：123－129.

[116] 温皓程，黄亚洁，向海. 生物脱硫固定床反应器中 Fe^{2+}氧化动力学 [J]. 化工进展，2009，28（7）：1237－1240.

[117] 李志章，周小四，杨家文. 氧化亚铁硫杆菌的固定化及其对 Fe^{2+}的氧化研究 [J]. 昆明冶金高等专科学校学报，2012，28（5）：5－8.

[118] 李元锋，杨维涨. 浸铀细菌的连续培养研究 [J]. 稀有金属与硬质合金，2010，38（1）：5－7.

[119] Mazuelos A，Palencia I，Romero R，et al. Ferric iron production in packed bed bioreactors：Influence of pH，temperature，particle size，bacterial support material and type of air distributor [J]. Minerals Engineering，2001（14）：507－514.

[120] 郑辉杰，陈洵，邸进申. 固定床生物反应器中氧化亚铁硫杆菌氧化 Fe^{2+}的研究 [J]. 石油化工，2008，37（6）：628－632.

[121] Owen F. Rowe D. Barrie Johnson.Comparison of ferric iron generation by different species of acidophilic bacteria immobilized in packed－bed reactors [J]. Systematic and Applied Microbiology，2008（31）：68－77.

[122] Zheng H，Chen X，Di J. Oxidation of Fe^{2+} by immobilized thiobacillus ferrooxidans in packed bed bioreactor [J]. Petrochemical Technology，2008（37）：628－632.

[123] Mazuelos A，Romero R，Palencia I，et al. Borjas. Oxygen transfer in ferric iron biological production in a packed－bed reactor [J]. Hydrometallurgy，2002（65）：15－22.

[124] Ebrahimi S；Fernández MFJ，Kleerebezem R. High－rate acidophilic ferrous iron oxidation in a biofilm airlift reactor and the role of the carrier material [J]. Biotechnology and Bioengineering，2005（90）：462－472.

[125] 罗林，康瑞娟，马晓楠，等. 氧化亚铁硫杆菌在气升式反应器中培养条件对其生长特性的影响 [J]. 过程工程学报，2001，1（4）：365－368.

[126] 王英刚，孙丽娜，德洲. A.f 菌生物转盘反应器的工艺特性研究 [J]. 中国给水排水，2009，25（13）：48－51.

[127] Fouchera S，Battaglia－Bruneta F，Huguesa P，et al. Evolution of the bacterial population during the

batch bioleaching of a cobaltiferous pyrite in a suspended – solids bubble column and comparison with a mechanically agitated reactor [J]. Hydrometallurgy，2003（71）：5 – 12.

[128] Biagiola S，Solsona J，Milocco R. Estimation of kinetic rates in batch Thiobacillus ferrooxidans cultures [J]. Journal of Biotechnology，2000（84）：13 – 25.

[129] Zokaei – Kadijani S，Safdari J，Mousavian MA，et al. Study of oxygen mass transfer coefficient and oxygen uptake rate in a stirred tank reactor for uranium ore bioleaching [J]. Annals of Nuclear Energy，2013（53）：280 – 287.

[130] 黄亚洁，陈宁，梁颖. 氧化亚铁硫杆菌固定床生物反应器运行的工艺条件 [J]. 化工进展，2008，27（3）：421 – 425.

[131] 王艳锦，郑正，巢雁加. 煤矸石作为氧化亚铁硫杆菌载体的研究 [J]. 粉煤灰综合利用，2007（5）：23 – 25.

[132] 王玉建，涂玮，杨晓娟，等. 固定化氧化亚铁硫杆菌对 Fe^{2+}的氧化 [J]. 化工进展，2006，25（8）：954 – 958.

[133] 杨晓娟，王玉建，李红玉，等. 固定化氧化亚铁硫杆菌培养条件对黄铁矾沉淀的影响 [J]. 中国生物工程杂志，2006，27（1）：64 – 68.

[134] Glaveno A，Lavalle L，Gulbal E，et al. Biological ferrous sulfate oxidation by A. ferrooxidans immobilized on chitosan beads [J]. Journal of Microbiological Methods，2008，72（3）：227 – 234.

[135] Wang Y，Yang X，Li H，et al. Immobilization of Acidithiobacillus ferrooxidans with complex of PVA and sodium alginate [J]. Polymer Degradation and Stability，2006（91）：2408 – 2414.

[136] Wang Y，Yang X，Tu W，et al. High – rate ferrous iron oxidation by immobilized Acidithiobacillus ferrooxidans with complex of PVA and sodium alginate [J]. Journal of Microbiological Methods，2007（68）：212 – 217.

[137] Junfeng Y，Guoliang L，Wei C. Ferrous sulphate oxidation using Acidithiobacillus Ferrooxidans cells immobilized in ceramic beads [J]. Chemical and Biochemical Engineering Quarterly，2007（21）：175 – 179.

[138] Jaisankar S，Modak JM. Ferrous iron oxidation by foam immobilized acidithiobacillus ferrooxidans：Experiments and modeling [J]. Biotechnology Progress，2009（25）：1328 – 1342.

[139] Giro MEA，Oswaldo GJ，Marcelo Z. Immobilized cells of Acidithiobacillus ferrooxidans in PVC strands and sulfite removal in a pilot – scale bioreactor [J]. Biochemical Engineering Journal，2006（28）：201 – 207.

[140] Koseoglu PY，Keskinler B，Erhan E. A new immobilization matrices for biological oxidation of ferrous iron in packed bed bioreactor [J]. CHISA 2006 – 17th International Congress of Chemical and Process Engineering，2006（1）：43 – 54.

第 3 章

环境因素对细菌活性影响

浸铀细菌群落中一般存在多种细菌，采用某铀矿山采集的细菌样品，经过针对性耐酸选育培养后，得到试验菌种。影响细菌活性的因素很多，主要结合细菌浸铀的特定环境条件，系统探讨和研究温度、pH、阴离子（包括 F^-、Cl^-、NO_3^-、SO_4^{2-}，特别是 F^-）、阳离子（包括 UO_2^{2+}、Zn^{2+}、Cu^{2+}、Mn^{2+}、Cr^{3+}）和压力等对细菌活性的影响。

3.1 菌种的采集、分离与鉴定

3.1.1 菌种采集、分离

试验所用菌种取自某铀矿山，经过驯化培养后使用。菌种培养基参照 9 K 培养基成分进行配制，成分见表 3－1，用分析纯 H_2SO_4 调节溶液 pH 为 2.0，放入水浴恒温摇床中，调节温度 35 ℃，控制转速 140 $r\cdot min^{-1}$ 进行培养。无特别说明时，培养基 Fe^{2+}浓度为 1.0 $g\cdot L^{-1}$。

表 3－1 细菌培养基成分/（$g\cdot L^{-1}$）

$(NH_4)_2SO_4$	K_2HPO_4	KCl	$MgSO_4\cdot 7H_2O$	$FeSO_4\cdot 7H_2O$	$Ca(NO_3)_2$
3	0.5	0.1	0.5	5	0.01

3.1.2 菌种的鉴定

经过多次选育培养后的菌种，通过 DNA 抽提和纯化、16S rRNA，iro，cbbQ，gyrB 和 pufM 基因的 PCR 扩增和纯化、芯片设计和构建、DNA 的荧光标记、芯片杂交、图像处理和数据分析，得到浸铀菌落分布结果为：嗜酸氧化亚铁硫杆菌（Acidithiobacillus ferrooxidans，即 A.f 细菌）、钩端螺菌属（Leptospirillum sp. S－2）、酸胞菌属（Acidocella sp. MM9）和球形节杆菌（Arthrobacter globiformis）。经过耐酸驯化培养，得到耐酸细菌主要为嗜酸氧化亚铁硫杆菌和钩端螺菌混合菌，且以嗜酸氧化亚铁硫杆菌为主。

3.1.3 菌种保存

分离选育得到的细菌加培养基接种后于冰箱中保藏，调节冰箱温度为 4～5 ℃，定期更换培养基，定期活化。

3.2 影响细菌生长的因素

3.2.1 温度的影响

根据我国溶浸采铀（包括堆浸、地浸）的具体环境条件，利用从某铀矿废水自行采集的细菌，在实验室和铀矿山现场分别进行不同温度条件下细菌快速氧化 Fe^{2+}试验研究。

（1）室内温度影响试验

试验方法

（a）配制培养基。按表 3－1 所示称取分析纯试剂，放入玻璃烧杯中，加入 1 000 mL 自来水，充分搅拌，使其溶解，用 1 M NaOH 和 0.5 M H_2SO_4 溶液调节培养基 pH 至 2.0 左右，放置备用。

（b）接种。取 250 mL 锥形瓶 2 个，一个加入培养基 70 mL 和菌液 30 mL；另一个加入培养基 100 mL，进行对比试验，测定两溶液起始氧化还原电位（简称电位）及 Fe^{2+}浓度，然后放入水浴恒温摇床。

（c）培养。调节摇床温度为 5 ℃，控制转速 140 $r\cdot min^{-1}$，进行振荡培养，定时测量电位和 Fe^{2+}浓度，直到 Fe^{2+}全部氧化。

（d）保持溶液起始 pH 为 2.0 左右，改变摇床温度为 15 ℃、30 ℃、50 ℃，重复步骤（b）和步骤（c）。

试验结果

在不同温度条件下，接入菌种的培养基的溶液电位以及 Fe^{2+}浓度与时间关系如图 3－1、图 3－2 所示。对照样培养基在不同温度时经过 50 h 后电位基本保持不变。

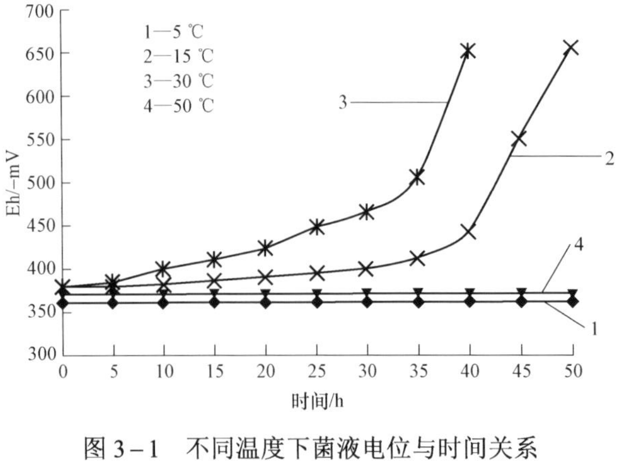

图 3－1　不同温度下菌液电位与时间关系

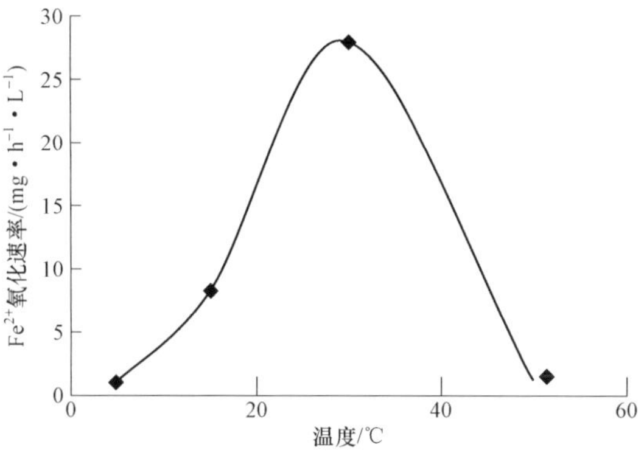

图 3－2　温度对细菌氧化 Fe^{2+}速率的影响

图 3－1、图 3－2 结果表明，当温度为 5 ℃时，培养基接入菌种后所得到的菌液电位基本不变，细菌活性很差，氧化 Fe^{2+}速率很慢；当温度为 15 ℃时，细菌经过对数期后，菌液电位上升较快，细菌氧化 Fe^{2+}速率加快；当温度为 30 ℃时，细菌进入对数期时间较短，菌液电位迅速升高，细菌氧化 Fe^{2+}速率达到最大值。当温度继续升高至 50 ℃时，菌液电位基本不变，细菌氧化 Fe^{2+}速率很低，在此温度时细菌已被杀死或者已失去活性。另外，对未接种的培养基，即使在 30 ℃温度下，电位也基本不变，Fe^{2+}很少被氧化。

室内试验结果表明，温度对细菌活性影响很大，温度为 30 ℃左右时，活性很好，细菌氧化 Fe^{2+}速率达到最大。

（2）现场低温驯化试验

目前我国地浸采铀矿山主要集中在新疆和内蒙古，除了 CO_2+O_2 中性浸出工艺外，酸法浸出占的比例也较大，针对新疆地浸采铀矿山环境条件进行了相关试验研究。新疆地区气候条件一般每年 4 月至 9 月冰雪融化，地表气温较高，细菌可以生长、繁殖；地浸采铀工艺溶液来自地表以下 300～400 m（有的超过 700 m）的含矿含水层，温度相对稳定，长期监测结果为 11～16 ℃，溶液经过地表短时间停留后，温度变化不大，即使在寒冷的冬季，吸附尾液温度也保持在 10～12 ℃。为进一步检验细菌低温条件下的活性以及在新疆地浸采铀现场冬季寒冷条件下细菌的过冬问题，进行了现场低温条件下吸附尾液驯化细菌试验。

我国堆浸铀矿山在寒冷冰冻的低温季节一般会停止生产一段时间，而地浸采铀企业则全年保持连续运行，如采用细菌浸出，温度对地浸采铀矿山影响很大，所以现场低温驯化主要结合新疆某地浸采铀矿山进行。

低温驯化试验方法

在现场自制简易生物反应器，进行室内细菌低温驯化试验，试验方法如下：

（a）培养基配制

同前（1）室内温度影响试验—试验方法（a）。

（b）接种活化

取 250 mL 锥形瓶 2 个，一个加入 70 mL 培养基和 30 mL 菌种，另一个加培养基 100 mL，调节摇床温度为 15 ℃，转速 140 $r\cdot min^{-1}$，振荡培养，定时测定两溶液电位和 Fe^{2+}浓度，直到 Fe^{2+}全部氧化。

（c）吸附尾液驯化

结合地浸采铀矿山现场条件，按照上述方法（b）重复接种 3 次后，改用现场吸附尾液进行低温驯化，驯化方法与（b）相同。

现场吸附尾液成分见表 3－2。

表 3－2　我国某地浸采铀矿山吸附尾液成分与培养基成分浓度对照表/（mg·L⁻¹）

成分	Fe^{3+}	Fe^{2+}	pH	NO_3^-	Ca^{2+}	Mg^{2+}	SO_4^{2-}	Cl^-	NH_4^+	PO_4^{3-}	K^+
浓度（吸附尾液）	368	686	2.01	756	660	316	12 280	162	82.0	1.85	28.6
浓度（培养基）	0	1000	～2.00	7.6	2.4	49.3	4 100	47.6	81.8	272.6	276.8
成分	U	Na^+	Al^{3+}	Mn^{2+}	Cu^{2+}	Zn^{2+}	Cr^{3+}	Co^{2+}	Ni^{2+}	Hg^+	矿化度
浓度（吸附尾液）	6.5	456	3.3	2.55	0.56	1.54	1.09	0.58	0.93	0.02	14 500
浓度（培养基）	—	—	—	—	—	—	—	—	—	—	—

表 3－2 中结果表明，吸附尾液中基本含有细菌生长所需的营养物质，只有 PO_4^{3-}和 K^+离子浓度偏低，试验过程中可以根据实际情况进行适当调整。吸附尾液中 SO_4^{2-}、NO_3^-和 Ca^{2+}含量比培养基高出较多，但它们对细菌活性影响较小。

（d）生物反应器

设计生物反应器如图 3－3 所示，现场室温 10～18 ℃，进行细菌间歇培养驯化试验，细菌营养物质由吸附尾液提供，每天通压缩空气 3～5 h，取样测量电位。当电位高于 550 mV 时，从高位槽加入吸附尾液，定期检测溶液电位，试验在整个冬天一直保持连续运行。

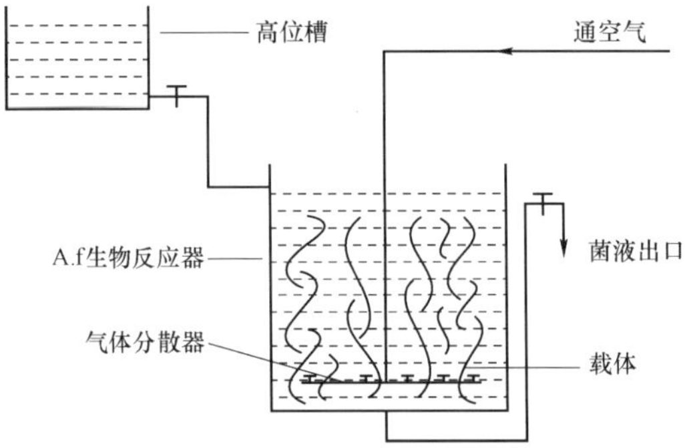

图 3－3　生物反应器结构示意图

（e）细菌经过上述驯化培养后，用吸附尾液和培养基分别接种，定期检测菌液电位，进行低温细菌活性对比试验。

低温驯化试验结果

采用经吸附尾液低温驯化培养得到的菌种，在现场用培养基和吸附尾液接种后进行细菌活性对比试验，期间温度为 10～18 ℃，试验结果见图 3－4。

从图 3－4 中曲线可知，吸附尾液和培养基电位基本不变，接种吸附尾液和接种培养基的菌液电位约 3 天后开始急剧上升，说明细菌经过低温驯化培养后，已适应低温吸附尾液环境，能在低温吸附尾液环境保持活性；接种吸附尾液和接种培养基中的菌液细菌生长

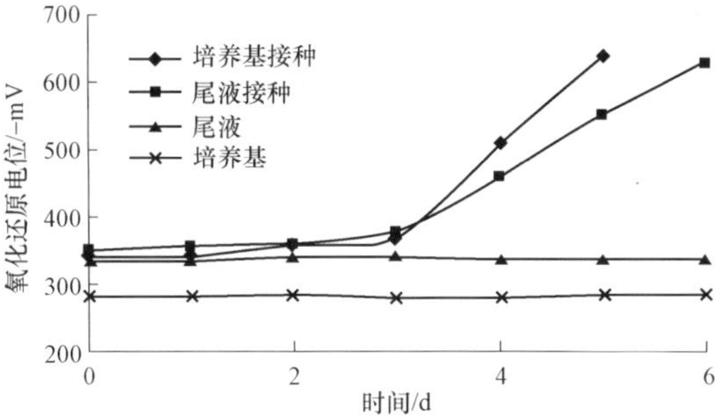

图 3-4　细菌活性对比试验

曲线相似，主要差别在于接种吸附尾液的菌液对数期时间有所延长；低温细菌活性受到一定影响，细菌正常生长适应期一般 1～2 天，对数期 1 天，本次试验在 10～18 ℃低温条件下，细菌适应期和对数期分别延长至 3 天和 2～3 天。

另外，在上述室内试验基础上，现场设计施工了两个 1 m×2 m×4 m 的生物反应器，见图 3-5、图 3-6，总容积约为 16 m^3，进行了细菌低温氧化 Fe^{2+}扩大试验，细菌生长所需营养物质由吸附尾液提供。试验从秋季持续到冬季，共进行了 5 个多月，室外环境温度从 30 ℃降低至约 -10 ℃，生物反应器溶液温度保持在 12～17 ℃，吸附尾液被细菌氧化后电位达到 -550 mV，能够满足地浸采铀对电位的要求。

图 3-5　现场细菌扩大培养槽

图 3-6　现场细菌连续培养生物反应池

3.2.2　pH（或酸度）对细菌活性的影响

我国酸法溶浸采铀溶浸液硫酸浓度为几 $g \cdot L^{-1}$ 至几十 $g \cdot L^{-1}$，大量文献报道和试验结果均表明，细菌活性最佳 pH 范围为 1.5～2.5，所以需要对细菌进行耐酸驯化培养，提高其耐受硫酸的浓度。针对实际溶浸采铀过程中可能采用的酸度范围，进行了细菌耐酸驯化试验。

细菌耐酸驯化试验方法

设计硫酸浓度分别为 3、5、8、15、20、30、50、70、80 $g \cdot L^{-1}$，采用 9 K 培养基，控制 Fe^{2+}浓度 1 $g \cdot L^{-1}$，按 10%接种，调节摇床温度为 35 ℃，控制转速 140 $r \cdot min^{-1}$，进行驯化培养，每天测量电位，当电位大于 550 mV 时即认为 Fe^{2+}已被全部氧化，记录时间。每次选取最高硫酸浓度条件下仍具活性的菌种，提高硫酸浓度，继续进行耐酸驯化培养。

试验结果

经过多次耐酸驯化培养，细菌的耐硫酸浓度达到 80 g·L^{-1}，试验结果见表 3–3。

表 3–3 细菌耐酸驯化培养试验结果

硫酸浓度/（g·L^{-1}）	氧化培养基中 Fe^{2+}全部氧化所需时间/d			
	驯化前细菌	第一次驯化	第二次驯化	第三次驯化
3	1	1	1	1
5	1	1	1	1
8	1	1	1	1
15	1	1	1	1
20	3	1	1	1
30	5	4	4	3
50	不生长	7	7	6
70	–	不生长	10	10
80	–	–	不生长	14

表 3–3 试验结果表明：驯化前，当硫酸浓度为 20 g·L^{-1} 时，细菌全部氧化溶液中 Fe^{2+} 时间从 1 天延长至 3 天，硫酸浓度为 30 g·L^{-1} 时则延长至 5 天，硫酸浓度为 50 g·L^{-1} 时细菌不再氧化 Fe^{2+}或氧化 Fe^{2+}速度非常缓慢。但细菌对酸有较强的适应性和耐受能力，细菌经过多次驯化培养后，当硫酸浓度达到 80 g·L^{-1} 时仍然具有氧化 Fe^{2+}活性，但其氧化 Fe^{2+} 速率明显降低，氧化相同量 Fe^{2+}的时间显著延长。

3.2.3 细菌对各种离子的耐受性

针对铀矿浸出液中可能存在的多种离子（浸出液成分见表 3–4～表 3–6）对细菌活性的影响，分别进行了各种离子对细菌活性影响试验，以了解细菌对各种离子的耐受性，可为今后细菌浸铀的工业应用提供参考依据。

表 3–4 江西某堆浸铀矿山浸出液成分浓度/（g·L^{-1}）

成分	U	ΣFe	Fe^{2+}	H_2SO_4	Cl^-	F^-	Eh（–mV）	pH
浓度	0.04～3.00	3.0～4.5	2.0～3.5	1～3	2.0～3.5	0.2～0.8	300～400	1.20～1.80

表 3–5 江西某堆浸铀矿山浸出液成分浓度/（g·L^{-1}）

成分	U	SO_4^{2-}	Ca^{2+}	ΣFe^{3+}	Fe^{2+}	Mg^{2+}	Mn^{2+}	Al^{3+}	SiO_2	F^-
浓度	0.570	9.76	0.356	0.52	0.42	0.197	0.040	0.748	0.369	0.388

表 3–6 新疆某地浸采铀矿山浸出液成分浓度/（mg·L^{-1}）

成分	U	ΣFe	Cr^{3+}	Mn^{2+}	Cu^{2+}	Zn^{2+}	Cl^-	NO_3^-	SO_4^{2-}	F^-
浓度	126	860	1.09	2.55	0.56	1.54	129	743	12 600	1.51

表 3-4～表 3-6 溶浸采铀浸出液成分分析结果表明，堆浸或地浸采铀浸出液中主要含有 U、F^-、Cl^-、SO_4^{2-}、NO_3^-、Al^{3+}、Fe^{3+}、Fe^{2+}、Cr^{3+}、Mn^{2+}、Cu^{2+}、Zn^{2+}、Ca^{2+}、Mg^{2+}等，针对浸出液中影响细菌活性的主要成分（如 U、F^-、Cl^-、SO_4^{2-}、NO_3^-、Fe^{3+}、Fe^{2+}、Cr^{3+}、Mn^{2+}、Cu^{2+}、Zn^{2+}等），进行了各种离子对细菌活性影响试验研究。

（1）F^-对细菌活性的影响

氟元素在地壳储量中排第 13，广泛存在于各种矿石中，如磷灰石、硅酸盐矿、铜矿石和铀矿石。在铀的酸法浸出工艺中，F 会从矿石转入到溶液中。F^-是对细菌浸出影响最大的离子之一，F^-对微生物的生长具有很强的抑制或杀灭作用，很低浓度 F^-就会抑制细菌氧化硫和 Fe^{2+}。有报道称 F^-的毒性与培养基的 pH 有关，SUZUKI[1]等认为在 pH 2.3 时，4.2 $mg \cdot L^{-1}$ F^-就会完全抑制细菌对硫的氧化，而在 pH 7.0 时，840 $mg \cdot L^{-1}$ NaF（即 380 $mg \cdot L^{-1}$ F^-）对细菌氧化硫的速度没有明显抑制。Sundkvist[2]等认为，F^-经过生物细胞膜的输送主要是发生了质子化了的 F（即 HF）的非离子型被动扩散。Peng[3]等认为 F^-有多种存在形式，如 F^-、HF 和氟化合物，离子强度也可能对细菌耐 F 产生影响。在酸性条件下，HF 是影响细菌活性的有效存在形式，pH 升高或者溶液中与 F^-强络合的离子浓度升高均可能导致对高 F 耐受性的假象。细胞壁或细胞膜的一些蛋白质与细菌耐受 F 密切相关。三位研究人员均认为在细菌生存的酸性条件下，HF 是影响细菌活性的有效存在形式。Gunneriusson L[4]和 K. Kovács[5]等发现黄钾铁矾的形成使得 F^-离子与黄钾铁矾中 OH^-交换降低了溶液中 F^-离子的浓度。李广悦[6]等研究表明，耐 F^-菌株可以通过不同 F^-浓度驯化和紫外辐射等途径获得，采用经紫外线诱变的试验菌株对 F^-离子的耐受性达到 0.6 $g \cdot L^{-1}$。刘亚洁[7]等认为细菌对 F^-非常敏感，20 $mg \cdot L^{-1}$ F^-离子便会抑制细菌生长；但细菌经过较高浓度 F^-离子驯化后，当 F^-浓度为 1.48 $g \cdot L^{-1}$时，24 h 可将溶液中 5 $g \cdot L^{-1}$ Fe^{2+}完全氧化。潘文俊[8]等通过接合转移将载体导入氧化亚铁硫杆菌中，获得了遗传稳定的抗氟基因工程菌，抗氟能力从 20 $mg \cdot L^{-1}$ 提高至 60 $mg \cdot L^{-1}$。

在铀矿生产实践中，由于铀矿石中铀常与氟化物（如 CaF_2）共生，在铀矿酸法浸出工艺中，部分氟进入到溶液，对细菌活性产生很大影响。本文通过驯化培养，研究了细菌对 F^-的耐受性，研究了与 F^-离子具有强络合能力的 Al^{3+}存在条件下的细菌活性和细菌耐受 F^-的关系。

1）F^-对细菌活性影响及细菌耐 F^-驯化

（a）菌种

细菌同前。细菌平时保藏在冰箱中，温度控制在 4～5 ℃，试验前需要对菌种进行活化，活化方法是：取菌液 50 mL，按 1∶10 接种，混合均匀，置于水浴摇床中，调节温度为 35 ℃，转速为 140 $r \cdot min^{-1}$，当菌液电位达到 550 mV 时，再用同样的方法再次活化，一般连续活化三次即可。

（b）试剂

① H_2SO_4、NaF、培养基成分：分析纯。

② 培养基：参照 9 K 培养基成分进行配制，成分见表 3-7，调节 pH 为 2.0～2.1。

表 3-7　培养基成分浓度/（$g \cdot L^{-1}$）

名称	$(NH_4)_2SO_4$	K_2HPO_4	KCl	$MgSO_4 \cdot 7H_2O$	$FeSO_4 \cdot 7H_2O$	$Ca(NO_3)_2$
浓度	3	0.5	0.1	0.5	25	0.01

（c）试验方法

F^-对细菌活性影响试验

设计 F^-的系列浓度分别为：0.005、0.01、0.02、0.05、0.10、0.20、0.40 和 0.80 $g\cdot L^{-1}$，F^-以 NaF 形式、按理论计算所确定的量加入到培养基中，充分溶解，然后接种，菌液接种比例为 1∶10，在水浴摇床中振荡，调节温度为 35 ℃，转速 140 $r\cdot min^{-1}$。每天测量菌液电位，研究 F^-浓度对细菌活性的影响。

耐 F^-驯化试验

平行分取 7 份新鲜菌液，按菌液与培养基体积 1∶10 接种，加入不同质量的 NaF，配制成不同 F^-离子浓度溶液，进行驯化培养。每次取最高 F^-浓度条件下仍然具活性的菌液，进行新一轮接种，进一步提高接种培养基 F^-浓度，不断进行耐 F^-驯化培养。

（d）试验结果

F^-对细菌活性影响试验结果

不同 F^-浓度对细菌活性影响试验结果如图 3－7 所示。

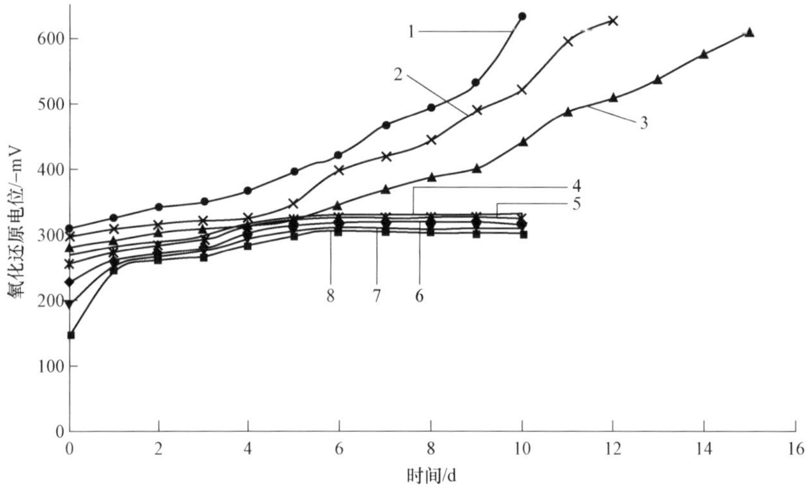

图 3－7　细菌耐受不同 F^-浓度试验

F^-浓度/（$g\cdot L^{-1}$）：1—0.005；2—0.01；3—0.02；4—0.05；5—0.10；6—0.20；7—0.40；8—0.80

从图 3－7 可以看出，F^-对细菌活性影响很大，低浓度 F^-都将严重影响细菌活性。当 F^-浓度为 0.05 $g\cdot L^{-1}$时，溶液电位不变，细菌已基本失去氧化 Fe^{2+}能力。分析原因，可能是因为加入 F^-改变了细菌细胞膜周围的渗透压或者是氟离子抑制了细胞膜或细胞中的一些酶的活性，进而影响到细菌生长。因此认为，F^-对细菌的生长有明显的抑制作用。要求进行菌种选育的时候，根据应用环境条件，首先尽可能选育得到对 F^-具有一定耐受性的原生菌株。结合后续的驯化、诱导技术，对细菌进行进一步的耐 F^-驯化，可望使细菌耐 F^-浓度得到较大幅度提高。但地浸采铀浸出液中 F^-浓度很低，如 1～2 $mg\cdot L^{-1}$，细菌完全能够适应地浸采铀环境条件。

耐 F^-驯化试验结果

经过不断耐 F^-驯化试验，得到结果见表 3－8。

表 3－8　细菌耐 F^- 驯化培养试验结果

F^-浓度/（$mg·L^{-1}$）	氧化培养基中全部 Fe^{2+} 所需时间/d				
	驯化前细菌	第一次驯化	第二次驯化	第三次驯化	第四次驯化
0	2	2	2	1	1
100	3	3	2	2	2
280	不生长	6	5	5	4
580	–	不生长	8	8	8
700	–	–	不生长	10	10
850	–	–	–	不生长	14
1 130	–	–	–	–	不生长

表 3－8 试验结果表明：细菌对外界环境具有较强的适应能力，与文献报道相吻合。细菌耐 F^- 驯化培养前，F^- 浓度为 0.10 $g·L^{-1}$，细菌能氧化 Fe^{2+}；当 F^- 浓度为 0.28 $g·L^{-1}$ 时，细菌停止生长。细菌经过驯化培养后，F^- 浓度达到 0.85 $g·L^{-1}$ 时细菌仍具有氧化 Fe^{2+} 能力，但氧化 Fe^{2+} 速度越来越慢，F^- 浓度大于 1 $g·L^{-1}$ 时细菌不能氧化 Fe^{2+}。

在铀矿酸法浸出工艺中，由于矿石中 CaF_2 含量高，导致浸出液 F^- 浓度有时高达 2.2 $g·L^{-1}$，甚至更高。在我国南方某铀矿细菌浸铀过程中，浸出液中 F^- 浓度甚至超过 3 $g·L^{-1}$，细菌仍然具有活性。对此问题进行了专门分析和试验，文献资料表明，F^- 对细菌活性影响主要与溶液中游离的 F^- 浓度有关，溶液中与 F^- 具有强络合能力的金属离子（如 Al^{3+}）对 F^- 的存在形式将产生巨大影响，参考文献也提出了这种可能性。为此，进行了 F^- 对细菌活性影响研究和 F^- 与 Al^{3+}、Fe^{3+} 等的络合关系研究。

2）不同离子对细菌耐 F^- 影响试验

（a）Al^{3+} 对 3 $g·L^{-1}$ F^- 条件下细菌活性的影响

试验方法

取 250 mL 锥形瓶 6 个，加入 9 K 培养基（Fe^{2+} 浓度 1 $g·L^{-1}$，在以下试验中无特别说明时 Fe^{2+} 浓度保持不变），按菌液与培养基体积 1∶10 接种，控制 F^- 浓度为 3 $g·L^{-1}$，Al^{3+} 浓度分别为 0.2、0.5、1.0、1.5、2、2.5 $g·L^{-1}$，Al^{3+} 以 $Al_2(SO_4)_3·18H_2O$ 形式加入，F^- 以 NaF 形式加入，调节 pH 为 2.0 左右，进行细菌培养，定期测定溶液电位。

试验结果

所得试验结果见图 3－8。

从图 3－8 试验结果可以发现，当溶液中 Al^{3+} 浓度较低时，由于 F^- 被 Al^{3+} 络合之后剩余游离 F^- 浓度较高，使得细菌在此条件下活性受 F^- 影响很大。当 Al^{3+} 浓度为 2.5 $g·L^{-1}$ 时，细菌活性基本不受影响。为了进一步确定 3 $g·L^{-1}$ F^- 条件下细菌保持活性的最低 Al^{3+} 浓度，调整 Al^{3+} 浓度为 2.0、2.2、2.4、2.6、2.8、3.0 $g·L^{-1}$，继续进行试验，试验结果见图 3－9。

图 3－9 试验结果表明，当 Al^{3+} 浓度为 2.6 $g·L^{-1}$ 时，3 $g·L^{-1}$ F^- 对细菌活性影响不大；Al^{3+} 浓度低于 2.6 $g·L^{-1}$ 时，细菌活性受到影响；特别是 Al^{3+} 浓度低于 2.2 $g·L^{-1}$ 时，细菌基本失去活性。综合图 3－8、图 3－9 结果，当 F^- 浓度为 3 $g·L^{-1}$，Al^{3+} 浓度最低需要 2.4 $g·L^{-1}$

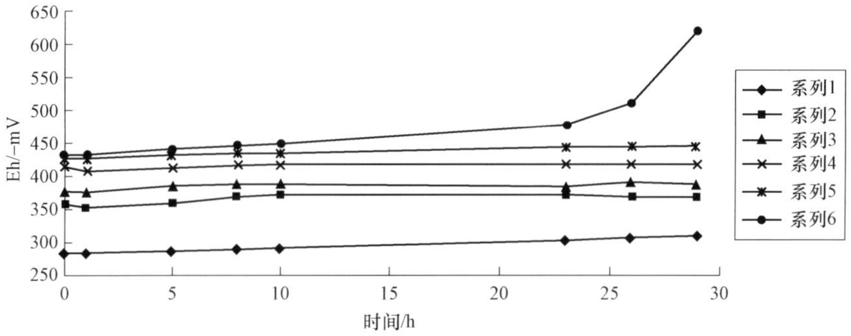

图 3-8　3 g·L^{-1} F^-条件下不同 Al^{3+}浓度对细菌生长活性的影响

Al^{3+}浓度：系列 1—0.2 g·L^{-1}；系列 2—0.5 g·L^{-1}；系列 3—1.0 g·L^{-1}；系列 4—1.5 g·L^{-1}；系列 5—2.0 g·L^{-1}；系列 6—2.5 g·L^{-1}

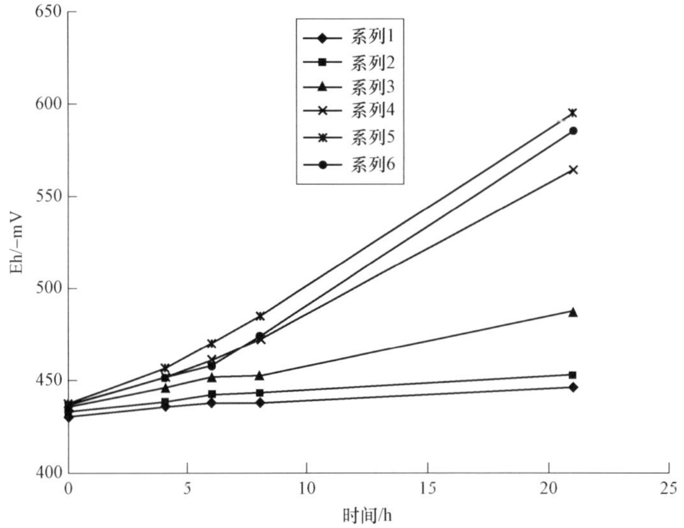

图 3-9　不同 Al^{3+}浓度对细菌生长活性的影响

Al^{3+}浓度：系列 1—2.0 g·L^{-1}；系列 2—2.2 g·L^{-1}；系列 3—2.4 g·L^{-1}；系列 4—2.6 g·L^{-1}；系列 5—2.8 g·L^{-1}；系列 6—3.0 g·L^{-1}

及以上时，细菌才能保持较好的活性。

以上试验结果表明 F^-对细菌活性的影响主要是游离 F^-的作用，当溶液中存在与 F^-具有强络合能力的离子（如 Al^{3+}）时，则溶液中的细菌耐受 F^-浓度将会大幅提高。

（b）Fe^{2+}对 3 g·L^{-1} F^-条件下细菌活性的影响

试验方法

根据前面得到的试验结果，考察在 F^- 3 g·L^{-1}、Al^{3+} 2.6 g·L^{-1}时不同亚铁浓度对细菌活性的影响。取 250 mL 锥形瓶 8 个，按 1∶10 接种，控制 Fe^{2+}浓度分别为 0.5、0.75、1、2、3、4、5、6 g·L^{-1}，调节溶液 pH 为 2.0 左右，进行细菌培养，定期测定溶液电位。

试验结果

所得试验结果见图 3-10。

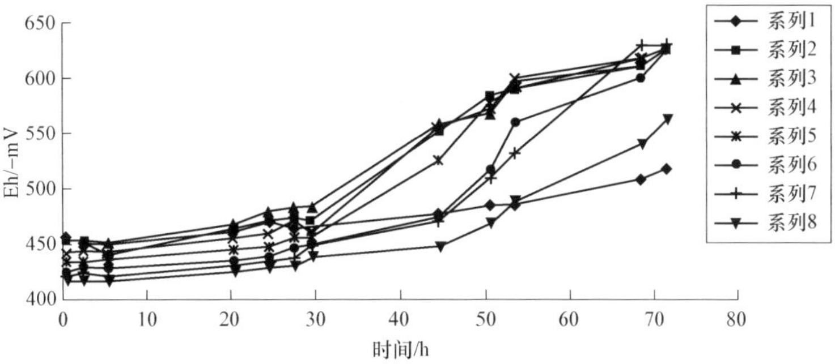

图 3－10　Fe^{2+}浓度对细菌生长活性的影响

Fe^{2+}浓度：系列 1—0.50 g·L^{-1}；系列 2—0.75 g·L^{-1}；系列 3—1.0 g·L^{-1}；系列 4—2.0 g·L^{-1}；系列 5—3.0 g·L^{-1}；系列 6—4.0 g·L^{-1}；系列 7—5.0 g·L^{-1}；系列 8—6.0 g·L^{-1}

图 3－10 结果表明，培养基 Fe^{2+}浓度对细菌生长活性影响不大。

3）[Al^{3+}] / [F^-] 对细菌活性的影响

试验方法

为了进一步验证高浓度 Al^{3+}与高浓度 F^-络合后对细菌活性影响，采用 9 K 培养基，在 Fe^{2+}浓度为 1 g·L^{-1} 和 5 g·L^{-1}，Al^{3+}与 F^-在不同浓度条件下进行试验。

取 250 mL 锥形瓶 5 个，按 1∶10 接种，试验条件为：Fe^{2+}浓度 1 g·L^{-1}，Al^{3+}、F^-浓度相同，1～5 号分别为 1、3、5、7、9 g·L^{-1}，9 K 培养基，进行细菌培养，定期测定电位和 pH 值。

试验结果

所得试验结果见图 3－11。

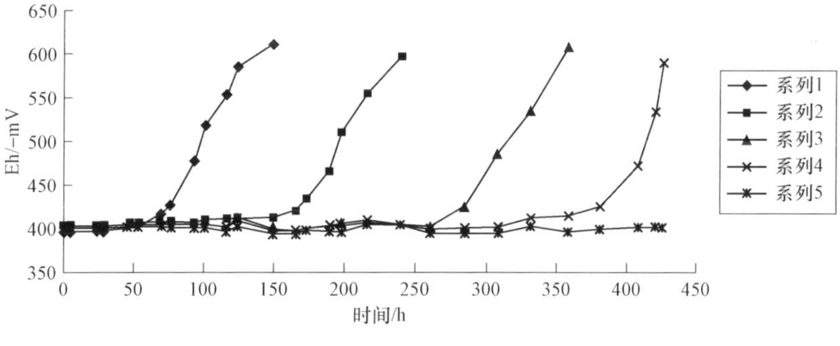

图 3－11　Al^{3+}、F^-浓度对细菌活性的影响（Fe^{2+} 1 g·L^{-1}）

Al^{3+}、Fe^{3+}浓度/（g·L^{-1}）：系列 1—1.0；系列 2—3.0；系列 3—5.0；系列 4—7.0；系列 5—9.0

试验结果初步表明，随着 Al^{3+}、F^-浓度升高，细菌对数期延长，当溶液中 Al^{3+}、F^-浓度为 7 g·L^{-1}时，细菌仍然具有活性。说明细菌耐受 F^-的浓度与溶液中具有强络合能力的 Al^{3+}离子密切相关，也说明主要与游离 F^-浓度相关。

另外，取 250 mL 锥形瓶 11 个，加入培养基 100 mL，1∶10 接种，试验条件为：Fe^{2+}浓度 5 g·L^{-1}，Al^{3+}、F^-浓度相同，1 至 11 号分别为 0.5、1、2、3、4、5、6、7、8、9 g·L^{-1}和 0（即菌液＋9 K），9 K 培养基 Fe^{2+}浓度 5 g·L^{-1}，进行细菌培养，定期测定电位，试验数据见图 3－12。

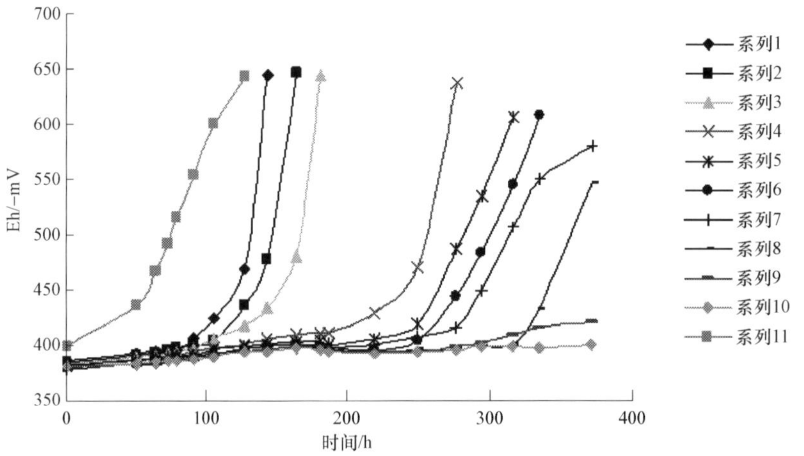

图 3-12　Al^{3+}、F^-浓度对细菌活性的影响（Fe^{2+}浓度 5 g·L^{-1}）

Al^{3+}、F^-浓度（g·L^{-1}）：系列 1—0.5；系列 2—1；系列 3—2；系列 4—3；系列 5—4；系列 6—5；系列 7—6；系列 8—7；系列 9—8；系列 10—9；系列 11—0

由图 3-12 可知，在 1∶10 接种的情况下，Fe^{2+} 5 g·L^{-1}时 F^-、Al^{3+}对细菌的活性影响规律与 Fe^{2+}浓度 1 g·L^{-1}时的结果非常相似，说明初始 Fe^{2+}浓度对细菌活性影响不大。当 F^-、Al^{3+}浓度不大于 7 g·L^{-1}时，细菌活性影响较小，随着 F^-、Al^{3+}浓度增大，细菌对数期延长；随着 F^-、Al^{3+}浓度增大至 8 g·L^{-1}时，细菌活性影响很大，基本不能氧化亚铁，分析其中原因可能是当 Al^{3+}、F^-浓度均为 8 g·L^{-1}时，溶液中游离的 F^-已升高至影响细菌活性的浓度范围。当然，也许继续增大 Al^{3+}/F^-浓度比值后，细菌可能仍然具有较好活性。

4）含 F^-、Al^{3+}吸附尾液对细菌活性的影响

试验方法

为考察吸附尾液中 F^-、Al^{3+}共存时对细菌活性情况，设计了本次试验。取 250 mL 锥形瓶 4 个，按 1∶10 接种，试验条件为，1 号：F^- 0.250 g·L^{-1}，9 K 培养基；2 号：F^- 0.250 g·L^{-1}、Al^{3+} 0.265 g·L^{-1}，9 K 培养基；3 号：9 K 培养基；4 号：吸附尾液补加 F^- 0.9 g·L^{-1}，Al^{3+} 0.9 g·L^{-1}，吸附尾液成分见表 3-9，进行细菌培养，定期测定溶液电位和 pH。

表 3-9　某堆浸采铀矿山吸附尾液成分浓度（g·L^{-1}）

成分	U	SO_4^{2-}	Ca^{2+}	Fe^{3+}	Fe^{2+}	Al^{3+}	F^-	Mg^{2+}	Mn^{2+}	SiO_2
浓度	0.005	9.76	0.356	0.07	1.42	0.748	0.346	0.197	0.040	0.369

从表 3-9 中吸附尾液成分分析结果来看，吸附尾液中也含有 F^- 和 Al^{3+}，F^-浓度达到 0.346 g·L^{-1}，但 Al^{3+}浓度为 0.748 g·L^{-1}，大于 F^-浓度；另外，还含有较高浓度的 SO_4^{2-}，但 SO_4^{2-}对细菌活性影响相对较小。

试验结果

所得试验结果见图 3-13。

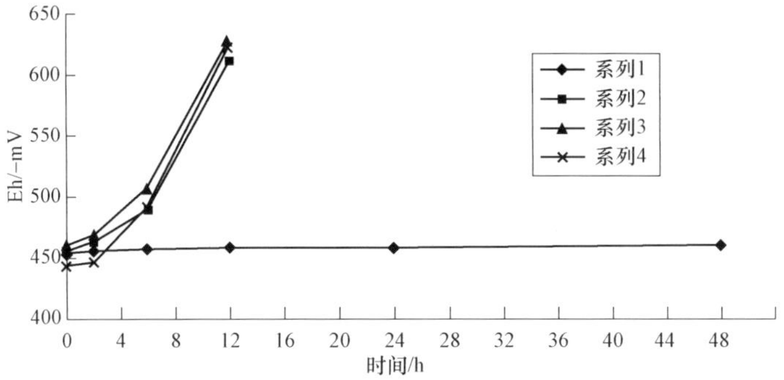

图 3－13　吸附尾液成分对细菌活性影响

系列 1—F^- 0.250 $g\cdot L^{-1}$，9 K 培养基；系列 2—F^- 0.250 $g\cdot L^{-1}$、Al^{3+} 0.265 $g\cdot L^{-1}$，9 K 培养基；系列 3—9 K 培养基；系列 4—吸附尾液补加 F^- 0.9 $g\cdot L^{-1}$，Al^{3+}0.9 $g\cdot L^{-1}$

图 3－13 结果表明，1 号 F^-浓度 0.250 $g\cdot L^{-1}$ 时，溶液电位基本不变，说明 F^-对细菌活性影响很大；2、3、4 号细菌生长曲线非常相似，因此认为，吸附尾液中虽然含有较高浓度 F^-，但细菌活性仍然较好，是因为吸附尾液中还存在较高浓度 Al^{3+}，其对 F^-具有络合作用，使得游离 F^-浓度降低，从而对细菌活性影响不大。

5）F^-、Al^{3+}不同加入顺序对细菌活性的影响

试验方法

为考察 F^-、Al^{3+}不同加入顺序是否对细菌活性产生影响，进行了如下试验。取 250 mL 锥形瓶 3 个，按 1∶10 接种，试验条件为：1 号为接种后先加 $Al_2(SO_4)_3\cdot 18H_2O$，再加 NaF；2 号为接种后先加 NaF，再加 $Al_2(SO_4)_3\cdot 18H_2O$；3 号为 NaF 和 $Al_2(SO_4)_3\cdot 18H_2O$ 混匀后一起加入，进行细菌培养，定期测定溶液电位和 pH。

试验结果

所得试验结果见图 3－14。

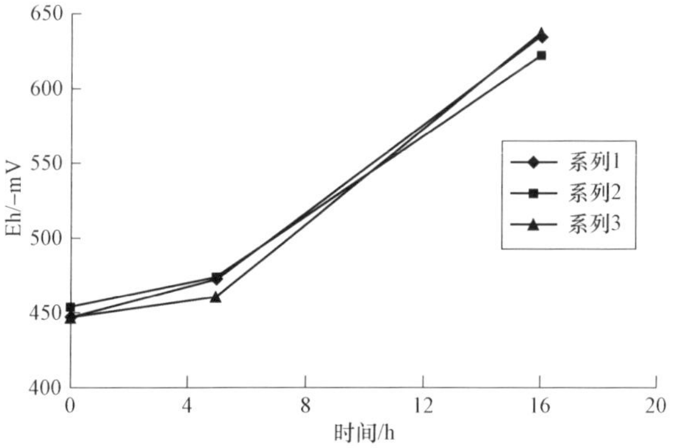

图 3－14　F^-、Al^{3+}不同加入顺序对细菌活性影响

系列 1—先加 Al^{3+}、后加 F^-；系列 2—先加 F^-、后加 Al^{3+}；系列 3—F^-、Al^{3+}混合后一起加入

图 3－14 结果表明，三条曲线形状非常相似，认为 F^-、Al^{3+}加入的不同顺序对细菌活性无明显影响，也说明 F^-对细菌的抑制和毒害作用不会在加入后的短时间内产生。

6）Al^{3+}对细菌活性的影响

试验方法

为考察 Al^{3+}对细菌活性的影响，设计 Al^{3+}为 3 g·L^{-1}，与空白进行比对。Al^{3+}以 $Al_2(SO_4)_3 \cdot 18H_2O$ 的形式、按理论计算所确定的量加入到培养基中，充分溶解，然后按 1∶10 接种，在摇床中振荡培养，定期测量菌液电位。

试验结果

所得试验结果见图 3－15。

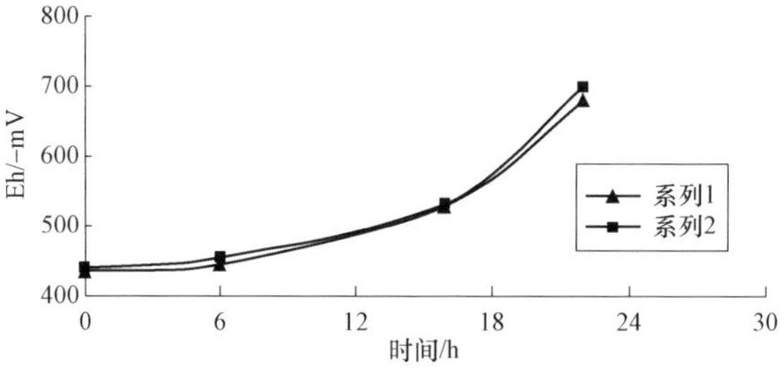

图 3－15 Al^{3+}对细菌活性影响

系列 1—Al^{3+} 3 g·L^{-1}；系列 2—Al^{3+} 0 g·L^{-1}

图 3－15 结果表明，两条曲线非常相似，3 g·L^{-1} Al^{3+}对细菌活性无影响。

7）不同 Al 盐对细菌活性的影响

试验方法

为考察不同形式铝盐对细菌活性的影响，选择研究硫酸铝、氯化铝对细菌活性的影响，取 250 mL 锥形瓶 3 个，按 1∶10 接种，试验条件为，1 号：含 3 g·L^{-1} Al^{3+}、3 g·L^{-1} F^-培养基＋菌液，Al^{3+}以 $Al_2(SO_4)_3 \cdot 18\ H_2O$ 形式加入，F^-以 NaF 形式加入；2 号：含 3 g·L^{-1} Al^{3+}、3 g·L^{-1} F^-培养基＋菌液，Al^{3+}以 $AlCl_3$ 的形式加入，F^-以 NaF 形式加入；3 号：培养基＋菌液进行对照。调节摇床温度为 35 ℃，转速 140 r·min^{-1}，定期测定氧化还原电位。

试验结果

试验数据见图 3－16。

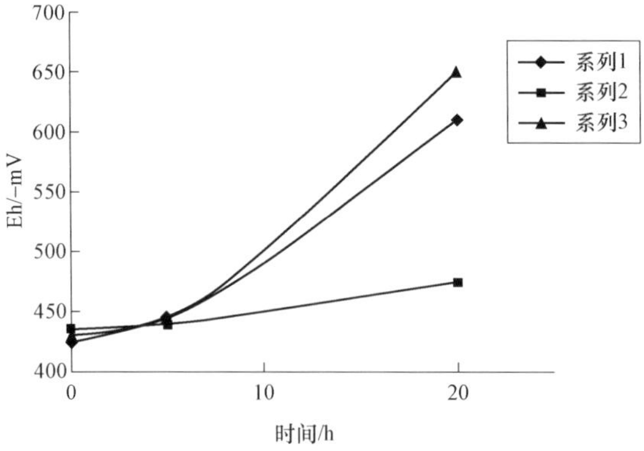

图 3－16 不同 Al 盐对细菌活性影响

系列 1—含 3 g·L^{-1} Al^{3+}、3 g·L^{-1} F^-培养基＋菌液，Al^{3+}以 $Al_2(SO_4)_3 \cdot 18\ H_2O$ 形式加入，F^-以 NaF 形式加入；

系列 2—含 3 g·L^{-1} Al^{3+}、3 g·L^{-1} F^-培养基＋菌液，Al^{3+}以 $AlCl_3$ 的形式加入，F^-以 NaF 形式加入；

系列 3—培养基＋菌液进行对照

图 3－16 结果表明，1 号、3 号曲线相似，说明 3 $g\cdot L^{-1}$ Al^{3+}以 $Al_2(SO_4)_3\cdot 18\ H_2O$ 形式加入对细菌活性影响不大；2 号 Al^{3+}以 $AlCl_3$ 的形式加入时对细菌活性影响较大，电位升高速度较慢，细菌氧化 Fe^{2+}速度很慢。分析导致该结果的原因在于以 $AlCl_3$ 形式加入 3 $g\cdot L^{-1}$ Al^{3+}时，加入的 Cl^-浓度高达 11.8 $g\cdot L^{-1}$，高浓度 Cl^-对细菌活性影响较大，导致 $AlCl_3$ 对细菌活性影响很大。

（2）F^-与 Al^{3+}、Fe^{3+}络合试验

为了研究 F^-与 Al^{3+}、Fe^{3+}络合情况，了解在 Al^{3+}、Fe^{3+}存在时游离 F^-的浓度变化，进行了如下试验。

1）F^-、Al^{3+}离子络合试验

试验方法

为进一步弄清 F^-与 Al^{3+}络合的定量关系，固定 F^-浓度为 5 $g\cdot L^{-1}$，设计不同 Al^{3+}浓度分别为 4.0、4.4、4.8、5.0、5.2 和 5.4 $g\cdot L^{-1}$，分析 F^-、Al^{3+}络合情况。称取 11 g 分析纯 NaF 溶于水，转入 1 000 mL 容量瓶中定容，F^-浓度约为 5 $g\cdot L^{-1}$。准备 6 个 150 mL 锥形瓶，均加入 100 mL F^- 5 $g\cdot L^{-1}$ NaF 溶液，编号分别为 1－6 号，分别加入不同质量的 $Al_2(SO_4)_3\cdot 18H_2O$，使其充分溶解，配制成不同 Al^{3+}浓度溶液，用离子选择电极法测定其中游离 F^-浓度。

试验结果

所得试验结果见图 3－17。

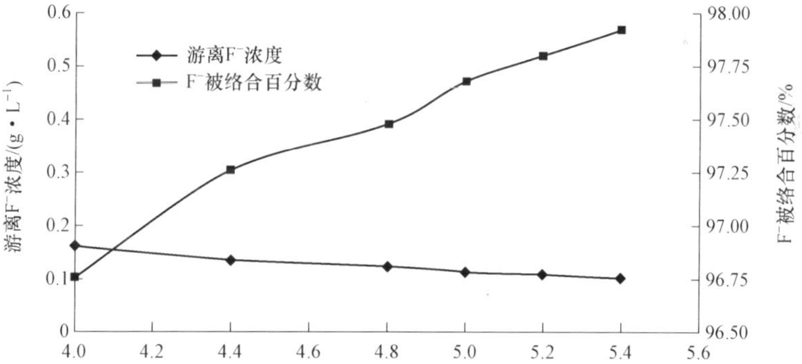

图 3－17　不同 Al^{3+}浓度下 F^-离子络合曲线

图 3－17 结果表明，Al^{3+}对 F^-具有很强的络合能力，当 F^-为 5 $g\cdot L^{-1}$，Al^{3+}离子浓度为 4～5.4 $g\cdot L^{-1}$时，大于 96%的 F^-被 Al^{3+}络合，导致游离 F^-离子浓度很低，低于 0.2 $g\cdot L^{-1}$。

2）F^-、Fe^{3+}离子络合试验

试验方法

称取 11 g NaF 溶于水中，转入 1 000 mL 容量瓶中定量，溶液中 F^-离子浓度约为 5 $g\cdot L^{-1}$。准备 6 个 150 mL 锥形瓶，均加入 100 mL F^- 5 $g\cdot L^{-1}$ NaF 溶液，编号分别为 1－6，分别加入不同质量的 $Fe_2(SO_4)_3$，使其充分溶解，初始 Fe^{3+}浓度分别为 4.0、4.4、4.8、5.0、5.2 和 5.4 $g\cdot L^{-1}$，搅拌均匀后取样，测定游离 F^-浓度。

试验结果

所得试验结果见图 3－18。

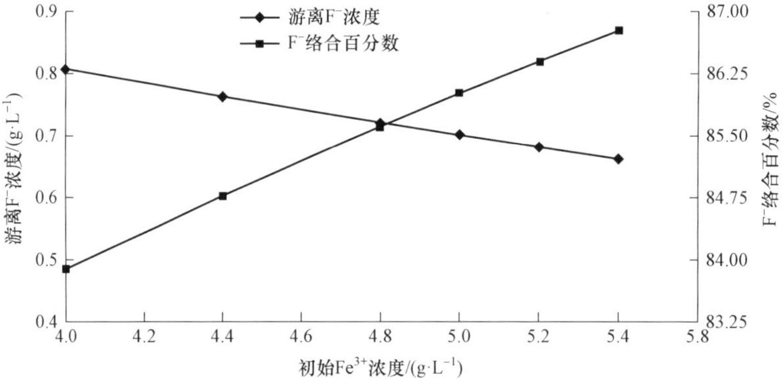

图 3－18　Fe^{3+}对游离 F^-浓度的影响

试验结果表明，Fe^{3+}对 F^-也具有较强的络合作用，当初始 F^-浓度为 5 g·L^{-1}，初始 Fe^{3+}浓度 4～5.4 g·L^{-1}时，F^-的络合百分数均超过 83%，低于 Al^{3+}络合时的 96%，说明，Al^{3+}与 F^-的络合能力比 Fe^{3+}强。此试验中，游离 F^-浓度仍保持在 0.6～0.8 g·L^{-1}，仍然对细菌活性影响很大。由于细菌培养初始阶段均是 Fe^{2+}浓度远远高于 Fe^{3+}浓度，Fe^{3+}与 F^-的络合能力较强，三级累积稳定常数分别为：5.28、9.30 和 12.06，而 Fe^{2+}对 F^-的络合能力很差，如果培养初始溶液中存在高浓度 F^-，将严重影响细菌活性。

3）Fe^{3+}、Al^{3+}共存时与 F^-的络合试验

试验方法

称取 11 g NaF 溶于水中，转入 1 000 mL 容量瓶中定容，溶液中 F^-浓度为 5 g·L^{-1}。准备 6 个 150 mL 锥形瓶，均加入 100 mL F^- 5 g·L^{-1} NaF 溶液和相同质量的 $Fe_2(SO_4)_3$，Fe^{3+}浓度均控制为 5 g·L^{-1}；然后分别加入不同质量的 $Al_2(SO_4)_3·18H_2O$，Al^{3+}浓度分别为 4.0、4.4、4.8、5、5.2、5.4 g·L^{-1}，分析 F^-浓度。

试验结果

所得试验结果见图 3－19。

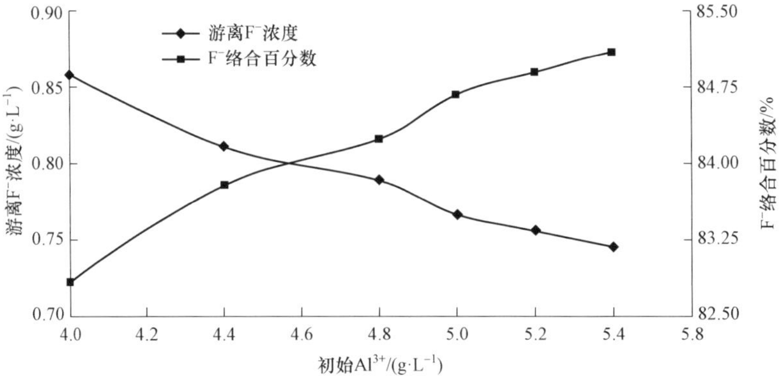

图 3－19　Fe^{3+}、Al^{3+}共存时与 F^-的络合曲线

试验结果表明，当 Al^{3+}、Fe^{3+}、F^-共存时，两种离子对 F^-离子的络合百分数低于 Al^{3+}单独络合作用，与 Fe^{3+}单独络合作用相当。两种离子共存时对 F^-离子的络合不是协同作用，可能存在一定竞争作用。

（3）其他离子对细菌活性的影响

试验方法

按 1∶10 体积比接种细菌，即 200 mL 9 K 培养基（Fe^{2+} 1 g·L^{-1}），接种 20 mL 活性良好的细菌菌种，分别以 NaCl、Na_2SO_4、$NaNO_3$、$ZnSO_4$、$CuSO_4$、$MnSO_4$、$CrCl_3$、U 标准液形式加入 Cl^-、SO_4^{2-}、NO_3^-、Zn^{2+}、Cu^{2+}、Mn^{2+}、Cr^{3+}和 U，在摇床上进行振荡培养，每天测量溶液电位，以溶液电位变化情况表征细菌的活性，研究各种离子对细菌活性影响。

溶液中铀均以 UO_2^{2+}形态存在，为理解和表述方便，溶液中铀均以 U 表示，且浓度也是 U 浓度。另外，铀只有六价才能被浸出，所以本文溶液中铀全部为六价，即 U（VI）。

试验结果与讨论

各种离子对细菌活性影响试验结果见图 3－20～图 3－27。

1）U 对细菌活性的影响

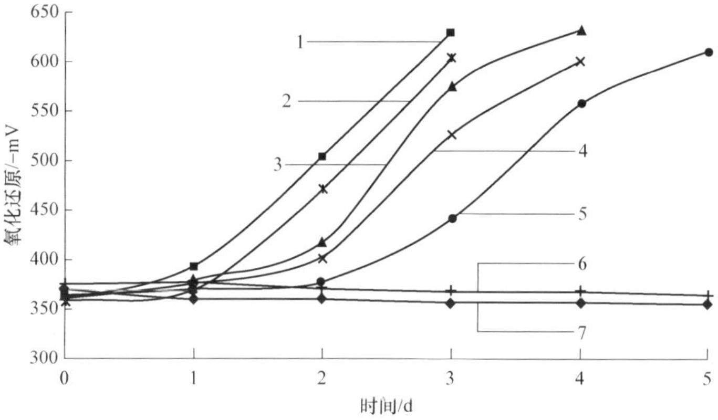

图 3－20　细菌耐受 U 试验

U 浓度（g·L^{-1}）：曲线 1—0.05；曲线 2—0.10；曲线 3—0.20；曲线 4—0.40；曲线 5—0.80；曲线 6—1.60；曲线 7—3.20

从图 3－20 可以看出，U 对细菌活性存在较大影响，随着 U 浓度提高，细菌活性不断降低，细菌延滞期增长。当 U 浓度达到 1.60 g·L^{-1}时，细菌已失去活性，氧化还原电位基本不变，与文献［9］报道结果基本一致。

2）Cl^-对细菌活性的影响

从图 3－21 可以看出，Cl^-浓度对细菌活性有明显影响，当 Cl^-浓度为 0.40～3.20 g·L^{-1}时，随着 Cl^-浓度升高，细菌活性越来越差，生长曲线的延滞期、对数期分界越来越不明显。当 Cl^-浓度为 0.40 g·L^{-1}时，接种后的菌液在第 3 天氧化还原电位即达到 650 mV，而 Cl^-浓度为 3.20 g·L^{-1}时，达到同样的氧化还原电位则需要 6 天，与文献［10］报道结果基本吻合。

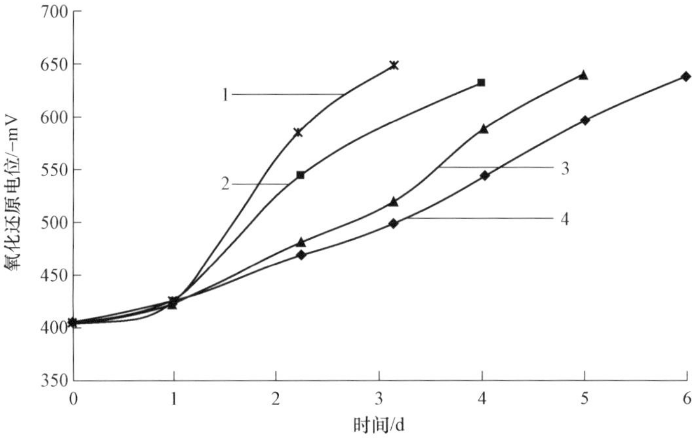

图 3-21 细菌耐受 Cl^-试验

Cl^-浓度（$g\cdot L^{-1}$）：曲线 1—0.4；曲线 2—0.8；曲线 3—1.6；曲线 4—3.2

3）SO_4^{2-}对细菌活性的影响

从图 3-22 可以看出，SO_4^{2-}离子浓度对细菌活性存在一定影响，当 SO_4^{2-}离子浓度为 4～16 $g\cdot L^{-1}$时，SO_4^{2-}离子浓度对细菌活性影响不大，细菌生长曲线基本相同；当 SO_4^{2-}离子浓度达到 32 $g\cdot L^{-1}$时，细菌延滞期延长，氧化还原电位在第 6 天才开始显著升高，细菌延滞期由 1 天延长至 5 天。

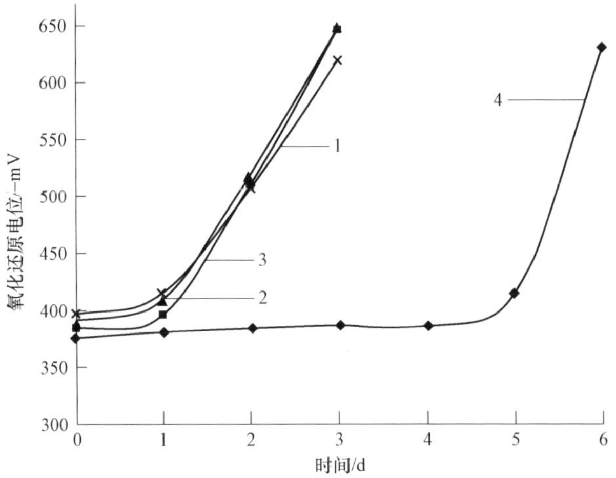

图 3-22 细菌耐受 SO_4^{2-}试验

SO_4^{2-}浓度（$g\cdot L^{-1}$）：曲线 1—4.0；曲线 2—8.0；曲线 3—16.0；曲线 4—32.0

4）NO_3^-对细菌活性的影响

从图 3-23 可以看出，NO_3^-离子浓度对细菌活性存在一定影响，当 NO_3^-离子浓度为 0.10～0.40 $g\cdot L^{-1}$时，细菌生长曲线相似，其活性相差不大；当 NO_3^-离子浓度为 0.80～3.20 $g\cdot L^{-1}$时，细菌活性相差较大，延滞期随 NO_3^-离子浓度升高而延长，与文献［10］报道结果基本吻合。

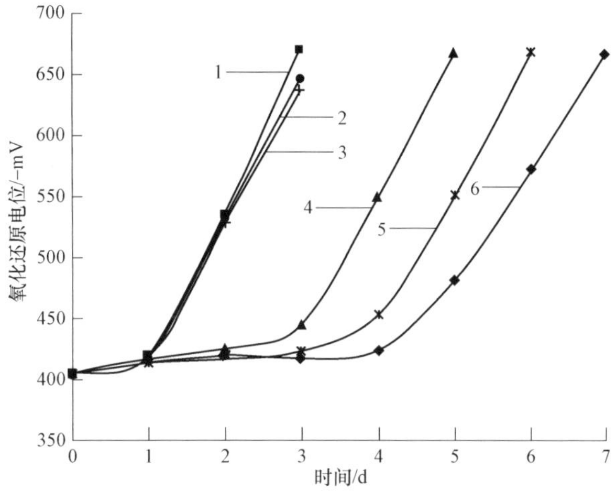

图 3－23　细菌耐受 NO_3^- 试验

NO_3^- 浓度（$g \cdot L^{-1}$）：曲线 1—0.1；曲线 2—0.20；曲线 3—0.40；曲线 4—0.80；曲线 5—1.60；曲线 6—3.20

5）Zn^{2+} 对细菌活性的影响

从图 3－24 可以看出，当 Zn^{2+} 浓度为 0.05～0.4 $g \cdot L^{-1}$ 时，Zn^{2+} 浓度对细菌活性影响不大。

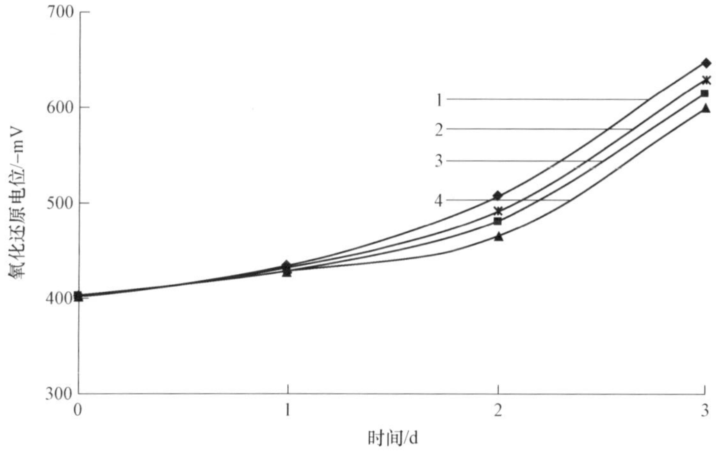

图 3－24　细菌耐受 Zn^{2+} 试验

Zn^{2+} 浓度（$g \cdot L^{-1}$）：曲线 1—0.05；曲线 2—0.10；曲线 3—0.20；曲线 4—0.40

6）Cu^{2+} 对细菌活性的影响

从图 3－25 可以看出，Cu^{2+} 离子浓度对细菌活性存在影响，当 Cu^{2+} 离子浓度为 0.10～3.2 $g \cdot L^{-1}$ 时，虽然细菌仍有活性，细菌生长曲线基本相同，但其延滞期相差较大。当 Cu^{2+} 离子浓度达到 3.2 $g \cdot L^{-1}$ 时，氧化还原电位在第 7 天才开始较快升高，细菌延滞期由 3 天延长至 7 天。驯化前 Cu^{2+} 对细菌生长活性的影响较大，驯化后，细菌能在较高 Cu^{2+} 浓度的培养基中生长，与文献［11］和［12］报道结果吻合。

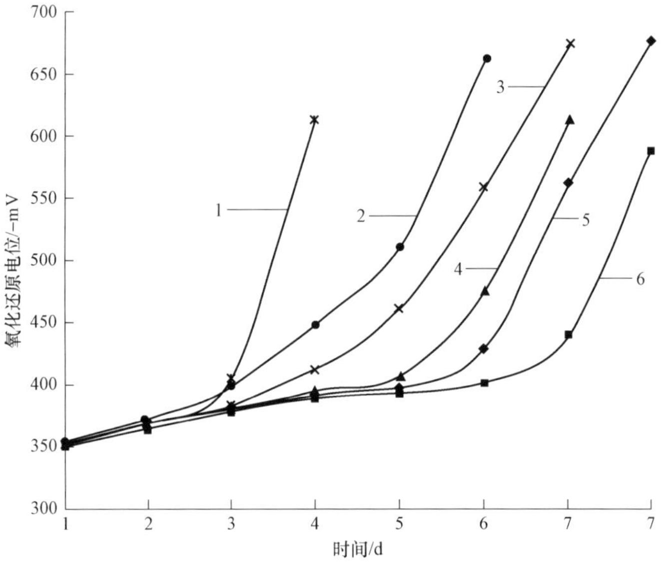

图 3-25 细菌耐受 Cu^{2+}试验

Cu^{2+}浓度（$g\cdot L^{-1}$）：曲线 1—0.10；曲线 2—0.20；曲线 3—0.40；曲线 4—0.80；曲线 5—1.60；曲线 6—3.20

7）Mn^{2+}对细菌活性的影响

从图 3-26 可以看出，当 Mn^{2+}浓度为 0.05～0.40 $g\cdot L^{-1}$时，Mn^{2+}浓度对细菌活性影响较小，随着 Mn^{2+}浓度增加，延滞期基本不变，但对数期延长。

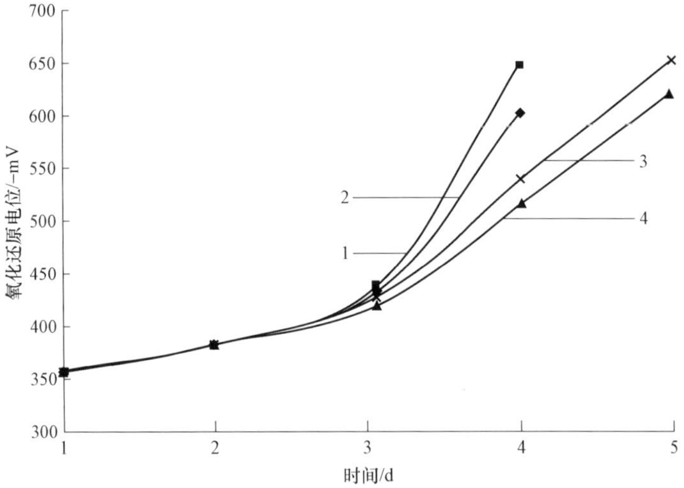

图 3-26 细菌耐受 Mn^{2+}试验

Mn^{2+}浓度（$g\cdot L^{-1}$）：曲线 1—0.05；曲线 2—0.10；曲线 3—0.20；曲线 4—0.40

8）Cr^{3+}对细菌活性的影响

从图 3-27 可以看出，Cr^{3+}对细菌活性的影响与 Mn^{2+}相似，当 Cr^{3+}浓度为 0.05～0.40 $g\cdot L^{-1}$时，Cr^{3+}浓度对细菌活性影响较小，延滞期为 2 天，比 Mn^{2+}少 1 天，但随 Cr^{3+}浓度增大，对数期延长。

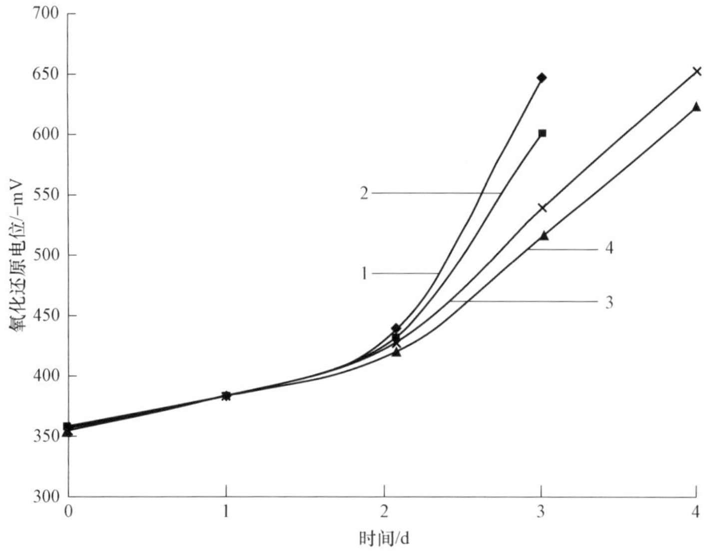

图 3－27　细菌耐受 Cr^{3+}试验

Cr^{3+}浓度（$g \cdot L^{-1}$）：曲线 1—0.05；曲线 2—0.10；曲线 3—0.20；曲线 4—0.40

从图 3－20～图 3－27 可以看出：1）溶浸采铀溶液中共存的各种主要离子中，单一离子对细菌活性的影响结果为：Mn^{2+}（Cr^{3+}、Zn^{2+}）＞U＞Cl^-（NO_3^-、Cu^{2+}）＞SO_4^{2-}；2）细菌耐受 SO_4^{2-}浓度最高，达到 32 $g \cdot L^{-1}$；其次是 NO_3^-、Cl^-和 Cu^{2+}，均为 3.2 $g \cdot L^{-1}$；细菌耐受 U 浓度达到 0.80 $g \cdot L^{-1}$，当 U 浓度为 1.60 $g \cdot L^{-1}$时细菌失去活性或基本不能氧化 Fe^{2+}；细菌对 Zn^{2+}、Mn^{2+}、Cr^{3+}的耐受浓度均为 0.40 $g \cdot L^{-1}$。

3.2.4　接种量对细菌活性的影响

配制 5 $g \cdot L^{-1}$ Fe^{2+}培养基，准备 5 $g \cdot L^{-1}$ Fe^{3+}菌液，按 1∶10、1∶5、1∶2、1∶1 比例接种，即 10 mL 菌液＋100 mL 培养基、20 mL 菌液＋100 mL 培养基、50 mL 菌液＋100 mL、100 mL 菌液＋100 mL 培养基，在摇床上振荡培养，定期测定电位。试验结果见图 3－28。

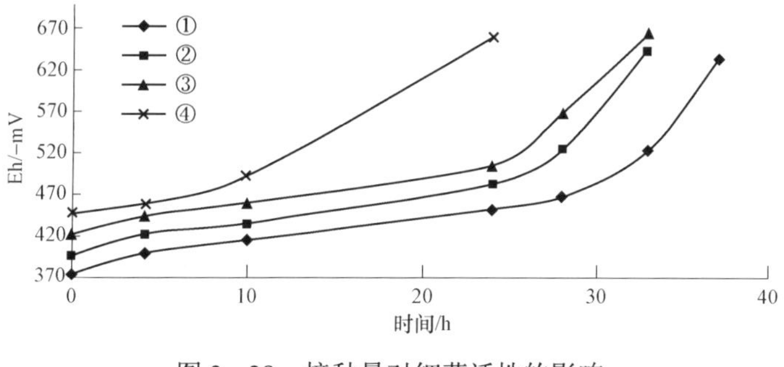

图 3－28　接种量对细菌活性的影响

注：接种比例①－1∶10；②－1∶5；③－1∶2；④－1∶1

图 3－28 结果表明，不同接种比例的细菌生长曲线相似，适应期相差也很小，不同接种比例对细菌生长影响很小。

3.2.5 不同 Fe^{2+}浓度对细菌活性的影响

配制 1 g·L^{-1} Fe^{2+}和 5 g·L^{-1} Fe^{2+}培养基，准备含 1 g·L^{-1} Fe^{3+}和 5 g·L^{-1} Fe^{3+}的菌液，1∶10 接种，即 10 mL 菌种＋100 mL 培养基，在摇床上振荡培养，定期测定电位。设计四个条件试验：1）5 g·L^{-1} Fe^{2+}的 9 K 培养基＋5 g·L^{-1} Fe^{3+}菌种；2）1 g·L^{-1} Fe^{2+}的 9 K 培养基＋5 g·L^{-1} Fe^{3+}菌种；3）5 g·L^{-1} Fe^{2+}的 9 K 培养基＋1 g·L^{-1} Fe^{3+}菌种；4）1 g·L^{-1} Fe^{2+}的 9 K 培养基＋1 g·L^{-1} Fe^{3+}菌种。

试验结果见图 3－29。

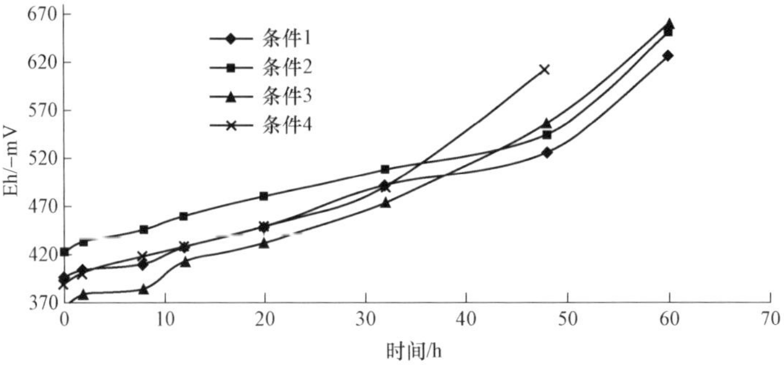

图 3－29 不同 Fe^{2+}浓度对细菌生长的影响

条件 1—5 g·L^{-1} Fe^{2+}的 9 K 培养基＋5 g·L^{-1} Fe^{3+}菌种；条件 2—1 g·L^{-1} Fe^{2+}的 9 K 培养基＋5 g·L^{-1} Fe^{3+}菌种；条件 3—g·L^{-1} Fe^{2+}的 9 K 培养基＋1 g·L^{-1} Fe^{3+}菌种；条件 4—1 g·L^{-1} Fe^{2+}的 9 K 培养基＋1 g·L^{-1} Fe^{3+}菌种

从图 3－29 条件 1 中可以看出细菌进入对数期的时间无明显差别，试验选用 Fe^{2+}浓度范围内，不同浓度 Fe^{2+}对细菌生长影响不大。

为验证上述试验结果，进行了重复试验，试验选择：① 5 g·L^{-1} Fe^{2+}的 9 K 培养基＋5 g·L^{-1} Fe^{3+}菌种和② 1 g·L^{-1} Fe^{2+}的 9 K 培养基＋5 g·L^{-1} Fe^{3+}菌种，试验其他条件保持不变，试验结果如下。

图 3－30 结果表明，1 g·L^{-1} Fe^{2+}和 5 g·L^{-1} Fe^{2+}浓度培养时细菌生长曲线非常接近，适应期基本相同，说明起始 Fe^{2+}浓度（1～5 g·L^{-1}）对细菌活性影响不大。

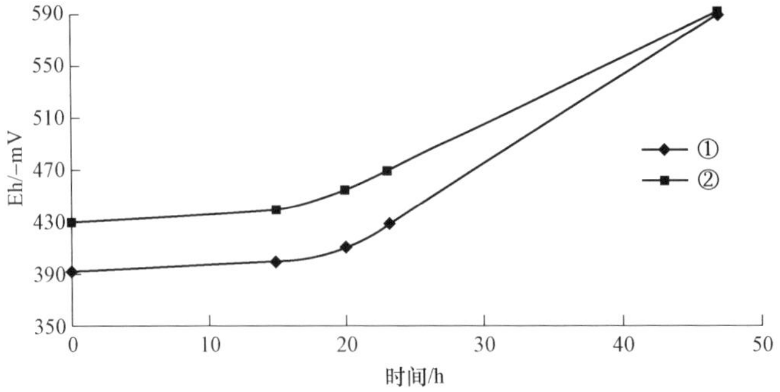

图 3－30 不同 Fe^{2+}浓度对细菌生长的影响

3.2.6　压力对细菌活性的影响

地浸采铀生产实践中，砂岩铀矿层埋深达到 200～400 m，甚至更深，底部压力达到几十个大气压，溶浸液从地表注入地下矿层，如采用细菌浸出，需要考虑到细菌经过矿层后的活性变化，需要研究溶液流经矿层时压力对细菌活性的影响。如压力对细菌活性影响不大，这将有利于细菌经过矿层后的重复利用，更好地发挥其氧化作用。本试验模拟现场条件，在密闭环境中，研究在一定压力条件下细菌活性的变化情况。

（1）试验方法

酸法地浸采铀浸出液中铁浓度一般为 0.5～1.0 g·L^{-1}，pH 为 1.5～2.5，本试验模拟地浸采铀矿山现场相关条件，采用 9 K 培养基，Fe^{2+}浓度控制为 1.0 g·L^{-1}，pH 用硫酸调节为 2.0，菌液和培养基按 1∶10 接种，室温（25～35 ℃），接种后置于密闭不锈钢罐内，压力采用压缩空气加压，压力控制为 0.1 MPa、0.2 MPa 和 0.3 MPa，压力稳定后静置，定时取样测定氧化还原电位。同时，接种一份对照平行样，条件为常压、室温，密封，静置，进行对照培养试验。

试验装置见图 3－31。

（2）试验结果

不同压力条件下细菌活性试验结果见图 3－32～图 3－34。

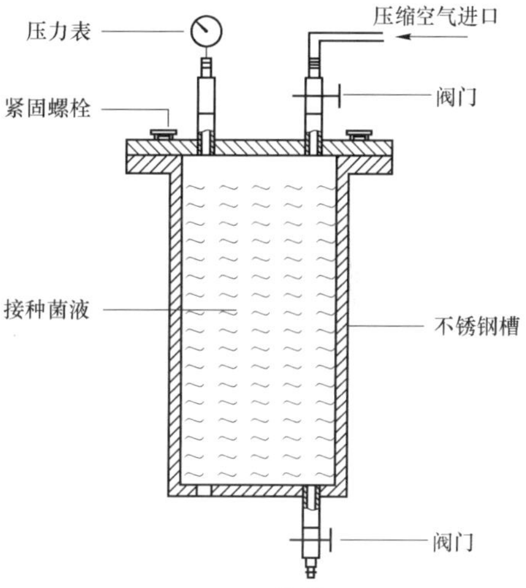

图 3－31　压力对细菌活性影响试验装置

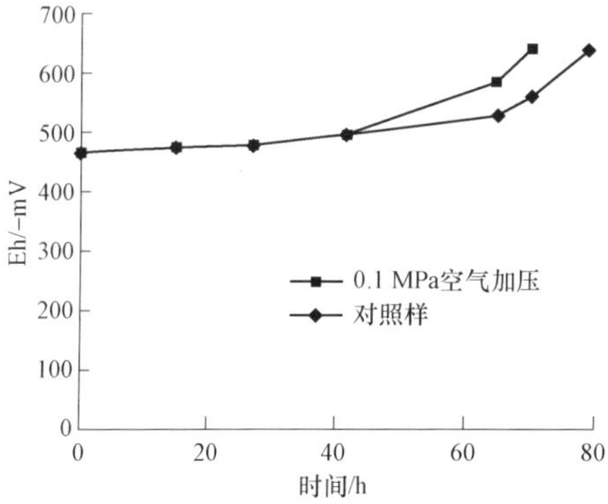

图 3－32　0.1 MPa 条件下细菌活性试验

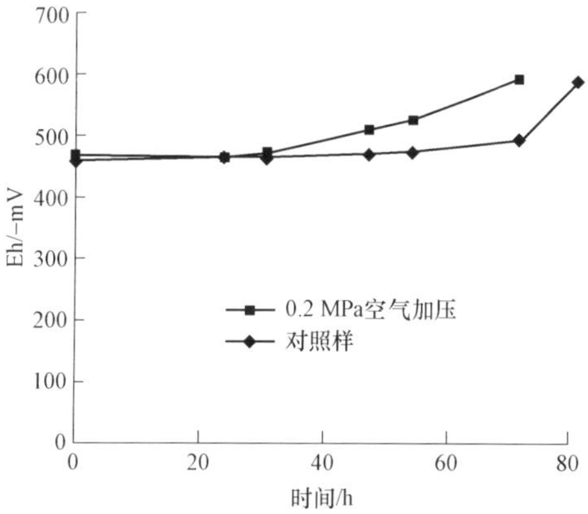

图 3－33　0.2 MPa 条件下细菌活性试验

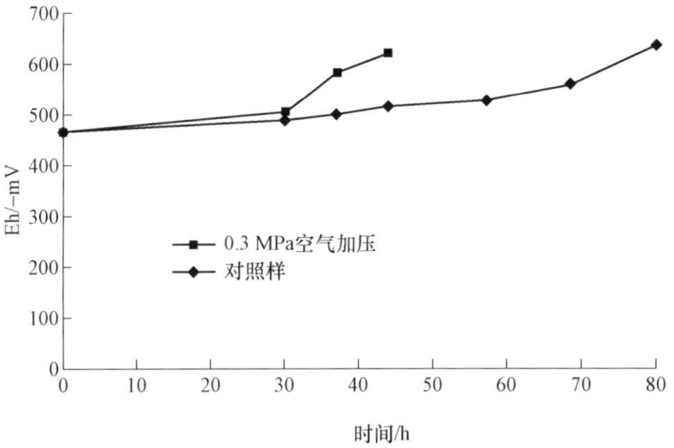

图 3－34　0.3 MPa 条件下细菌活性试验

图 3－32～图 3－34 数据可知，对照样电位升高幅度比所有加压条件都慢，这与试验所用细菌为好氧菌，在密闭缺氧条件下氧化 Fe^{2+}速度慢相吻合；而加压条件下，由于采用的加压方式为压缩空气，压力加大，空气中的氧气在溶液中的溶解度增大，保证了好氧细菌对氧的需求；且随着压力加大，完全氧化溶液中 Fe^{2+}所需时间有缩短的趋势；试验范围内压力对细菌活性影响不大。

3.3　小　结

（1）酸度对细菌活性影响较大，但细菌对酸有较强的适应性和耐受能力，经过多次驯化培养后，80 $g·L^{-1}$ 硫酸时细菌仍然具有氧化 Fe^{2+}活性，但其氧化 Fe^{2+}速度明显降低。

（2）温度对细菌活性影响很大，温度为 30 ℃左右时，细菌活性很好，氧化 Fe^{2+}速率达到最大。同时，细菌经过低温驯化培养后，能适应低温吸附尾液环境，在低温 10～18 ℃环境仍保持活性，但细菌适应期和对数期均较长，活性降低。

（3）结合细菌浸铀的特定环境条件，溶浸采铀溶液中存在的各种主要离子中，单一离子对细菌活性的影响大小顺序为：F^-＞Mn^{2+}（Cr^{3+}、Zn^{2+}）＞U（VI）＞Cl^-（NO_3^-、Cu^{2+}）＞SO_4^{2-}。细菌耐受 SO_4^{2-}浓度最高，达到 32 $g·L^{-1}$；其次是 NO_3^-、Cl^-和 Cu^{2+}，均为 3.2 $g·L^{-1}$；Zn^{2+}、Mn^{2+}、Cr^{3+}的耐受浓度均为 0.40 $g·L^{-1}$；F^-对细菌活性影响最大，耐受浓度仅为 20 $mg·L^{-1}$；细菌耐受 U（VI）浓度达到 0.80 $g·L^{-1}$，当 U（VI）浓度为 1.60 $g·L^{-1}$ 时细菌失去活性或基本不能氧化 Fe^{2+}。

（4）细菌活性主要受溶液中游离 F^-浓度的影响，溶液中存在的 Al^{3+}、Fe^{3+}等阳离子对 F^-具有较强的络合能力，能有效降低溶液中游离 F^-浓度。溶液中 F^-浓度为 5 $g·L^{-1}$，Al^{3+}离子浓度为 4～5.4 $g·L^{-1}$ 时，大于 96%的 F^-被 Al^{3+}络合；溶液中游离 F^-离子浓度低于 0.2 $g·L^{-1}$，细菌仍然具有活性。

（5）接种量、压力、Fe^{2+}浓度等对细菌活性影响不大。

参考文献

[1] Suzuki I, Lee D, Mackay B, Harahuc L, et al. Effect of various ions, pH, and osmotic pressure on oxidation of elemental sulfur by thiobacillus thiooxidans [J]. Applied and Environmental Microbiology，1999，65（11）：5163–5168.

[2] Sundkvist J E，Sandstrom Å，Gunneriusson L，et al. Fluorine toxicity in bioleaching systems [C] // Harrison STL, Rawlings DE, Petersen J. The 16th International Biohydrometallurgy Symposium[J]. Cape Town，South Africa，2005（1）：19–28.

[3] Peng Z，Yu R，Qiu G，et al. Really active form of fluorine toxicity affecting Acidithiobacillus ferrooxidans activity in bioleaching uranium [J]. Trans. Nonferrous Met. Soc. China，2013（23）：812–817.

[4] Gunneriusson L，Sandstrom Å，Holmgren A，et al. Jarosite inclusion of fluoride and its potential significance to bioleaching of sulphide minerals [J]. Hydrometallurgy，2009，96（1–2）：108–116.

[5] Kovács K，Kuzmann E，Homonnay Z，et al. Mössbauer study of synthetic jarosites [J]. Hyperfine Interactions，2008（186）：69–73.

[6] 李广悦，刘玉龙，丁德馨，等. 氧化亚铁硫杆菌耐酸耐氟紫外线诱变的研究 [J]. 铀矿冶，2009，28（2）：77–80.

[7] 刘亚洁，李江，牛建国，等. 铀矿石生物浸出中氟对铁–硫氧化细菌的影响 [J]. 有色矿冶，2006，22（2）：18–21.

[8] 潘文俊，曹运长. 浸矿微生物氧化亚铁硫杆菌抗氟基因工程菌的构建 [D]. 南华大学：2011：1–20.

[9] 夏良树，肖志海，付仕福. UO_2^{2+} 对氧化亚铁硫杆菌生长活性的影响 [J]. 湿法冶金，2006，25（2）：78–81.

[10] 张成桂，张倩，王晶，张瑞永，何环，夏金兰，邱冠周. 阴离子对嗜酸氧化亚铁硫杆菌生长和硫氧化活性的影响 [J]. 中国有色金属学报，2009，19（12）：2237–2242.

[11] 姚静，徐文静，李红玉. 氧化亚铁硫杆菌驯化菌株的铜离子运输特性[J]. 中国有色金属学报，2005，15（12）：2010–2015.

[12] 李洪枚，柯家骏. Cu^{2+}对氧化亚铁硫杆菌生长活性的影响 [J]. 黄金，2000，21（6）：27–29.

第 4 章

细菌浸铀机理

目前认为细菌浸矿的机理主要有直接作用、间接作用以及复合作用三种理论。但细菌浸铀与细菌浸出其他金属存在诸多差别，研究从铀矿物存在形式、铀矿化学成分以及细菌浸铀柱浸试验等多个方面进行分析，最后得出细菌浸铀机理为间接作用。

4.1 铀矿物存在形式

首先从铀矿物的存在形式进行分析。我国工业铀矿床主要包括火山岩型、砂岩型、花岗岩型和碳硅泥岩型。铀矿石中铀基本以六价和四价的混合状态存在，铀矿石中铀的浸出目前均采用湿法浸出工艺，包括酸法浸出（如 H_2SO_4）、碱法浸出（如 $Na_2CO_3+NaHCO_3$）和中性（CO_2+O_2）浸出。无论采用哪种浸出工艺，由于四价铀既不溶于酸，也不溶于碱，必须氧化为六价后才能浸出，而六价铀则比较容易浸出[1]。

铀矿石中四价铀矿物主要包括：铀的简单氧化物、铀和钛的复杂氧化物、铀的硅酸盐、铀和钼的矿物以及铀的磷酸盐矿物。铀的简单氧化物是以 UO_2 为主要成分的矿物，其中一部分 U^{4+} 已被氧化为 U^{6+}，该类矿物只有一个矿物种－晶质铀矿（UO_2 含量为 23.1%～75.4%，UO_3 含量为 14.8%～63.0%），沥青铀矿（UO_2 含量为 22.7%～52.0%，UO_3 含量为 25.0%～44.9%）是晶质铀矿的变种。晶质铀矿和沥青铀矿是提取铀的主要矿物原料，具有十分重要的工业意义。与沥青铀矿共生的金属矿物有黄铁矿、方铅矿、闪锌矿、黄铜矿、辉钼矿、赤铁矿、针铁矿等。所以，该类铀矿物中存在的硫化矿，特别是黄铁矿，对细菌浸出非常有利，细菌对该类型铀矿物的氧化浸出，从矿物本身存在形式分析，具有一定的可行性。铀和钛的复杂氧化物（钛铀矿、斜方钛铀矿、铈铀钛铁矿）中钛铀矿具有重要的工业意义，该类矿物的主要成分是 UO_2 和 TiO_2。矿物中 UO_2 含量变化较大，为 58%～72%，其中一部分 U^{4+} 已被氧化为 U^{6+}。铀的硅酸盐以 U^{4+} 和 SiO_4^{4-} 为主要成分，目前只有铀石一个矿物种。铀石在自然界分布较广，工业意义重大，为提炼铀的主要原料之一。铀和钼的矿物（褐钼铀矿、紫钼铀矿），主要矿物成分为 UO_2 和 MoO_3，其中 UO_2 含量 19%～48%，MoO_3 含量 52%～64%，此外，还含有少量 UO_3。铀的磷酸盐以 U^{4+} 和 PO_4^{3-} 为主要成分，其中 UO_2 含量 56%～77%，P_2O_5 含量 17%～29%。我国某地铀矿石矿物成分见表 4－1、表 4－2。

表 4-1　新疆北部某砂岩铀矿的矿物物相组成（%）

矿样编号	脉石矿物									铀矿物		其他
	石英	钾长石	绿泥石	绢云母	白云石	方解石	金红石	黄铁矿	独居石	晶质及沥青铀矿、铀石	钛铀矿	
1	48.1	35.3	4.7	6.8	1.0	1.0	0.86	0.21	0.05	0.021 9	0.001 2	2.01
2	58.3	16.3	6.9	8.4	1.0	2.0	1.00	0.53	0.13	0.231 0	0.003 5	5.20
3	46.2	34.5	4.4	4.9	1.0	1.0	0.60	0.27	0.15	0.035 1	0.001 4	6.94
4	65.8	12.2	4.1	7.8	1.0	2.0	0.92	0.36	0.11	0.014 2	0.001 3	5.69
5	62.3	10.3	5.1	6.0	2.0	3.3	1.21	0.26	0.10	0.012 8	0.001 3	9.37
6	63.4	10.0	4.8	8.9	1.0	1.4	1.13	0.26	0.14	0.013 5	0.001 2	8.95
7	58.9	10.2	6.8	14.1	1.0	1.0	1.18	0.35	0.18	0.102 5	0.002 4	6.18

表 4-2　新疆南部某砂岩铀矿的矿物物相组成（%）

矿样编号	脉石矿物									铀矿物		其他
	石英	钾长石	绿泥石	绢云母	白云石	方解石	金红石	黄铁矿	独居石	晶质及沥青铀矿、铀石	钛铀矿	
1	50.3	9.2	10.3	13.9	12.0	0.93	0.14	0.50	0.12	0.086 3	0.002 2	2.52
2	51.1	10.6	7.9	6.3	16.0	1.32	0.37	0.64	0.23	0.329 4	0.003 1	5.21
3	57.4	15.9	1.0	7.6	10.8	1.95	0.41	0.46	0.05	0.112 3	0.001 6	4.31
4	48.0	4.1	14.9	17.6	9.2	1.16	0.47	0.62	0.36	0.176 7	0.002 6	3.41

注：石英：SiO_2；钾长石：$K[AlSi_3O_8]$；绿泥石：$(Mg,Fe)_{6-p}(Al,Fe)_{2p}Si_{4-p}O_{10}(OH)_8$；绢云母：$KAl_2[AlSi_3O_{11}](OH)_2$；白云石：$CaMg[CO_3]_2$；方解石：$Ca[CO_3]$；石膏：$CaSO_4{\cdot}2H_2O$；金红石：$TiO_2$；黄钾铁矾：$KFe_3[SO_4]_2(OH)_6$；黄铁矿：$FeS_2$；独居石：$(Ce,Nd,La,U,Ni)PO_4$；晶质及沥青铀矿：$(U^{4+},U^{6+})O_{2.17-2.70}$；铀石：$U[SiO_4]_{1-x}(OH)_{4x}$；钛铀矿：$UTi_2O_6$

表 4-1、表 4-2 物相组成结果分析表明，该砂岩铀矿石中铀以晶质及沥青铀矿、铀石为主，还含有少量钛铀矿；矿石中含有部分黄铁矿，含量为 0.2%～0.6%。矿物成分有利于细菌的氧化作用[2]。

从铀矿物的存在形式来看，不存在单一的铀硫化矿物，只存在与铀矿物共生的硫化矿物，细菌浸出过程细菌不能与铀矿物直接发生氧化反应，而是通过其他氧化剂（如 Fe^{3+}）的间接氧化作用来完成。

4.2　铀矿石化学成分

我国目前已开发利用的代表性铀矿石化学成分分析结果见表 4-3～表 4-8。

表 4-3　新疆某砂岩铀矿石化学成分分析结果（%）

成分	U	U^{6+}	U^{4+}	CO_2	FeS_2	Ca	Mg	Ni	Sc	Na
含量	0.031 7	0.028 5	0.003 2	0.84	0.126	0.24	0.220	0.002 6	0.004 8	0.068

续表

成分	Al	FeO	Fe_2O_3	Mn	Cu	P	B	Ti	N	S
含量	4.96	0.74	1.230	0.025	0.003	0.010 7	0.061	2.1	0.026	0.02

表 4–4　新疆某砂岩铀矿石化学成分分析结果（%）

成份	U	Al_2O_3	MgO	CaO	FeS_2	FeO	Fe_2O_3	SiO_2
含量	0.023 5	10.30	0.56	0.49	0.26	0.74	1.87	81.10

从表 4–3、表 4–4 分析结果可以看出，该砂岩铀矿石中含有一定量 FeO，另外还含有少量的 FeS_2 和硫，矿石中这些成分均有利于细菌的氧化作用。

表 4–5　721 矿铀矿石化学成分分析结果（%）

矿点	U	U^{6+}	U^{4+}	SiO_2	FeO	Fe_2O_3	Al_2O_3	CaO	MgO	S	F	P	FeS_2
山南	0.310	0.180	0.130	73.23	1.14	1.16	12.60	4.83	0.23	1.17	1.32	0.33	0.64
沙洲	0.459	0.132	0.327	67.30	1.24	4.04	12.20	5.28	0.35	2.94	1.33	0.25	3.88
邹家山	0.543	0.193	0.350	73.33	1.32	1.33	12.58	3.69	0.60	0.27	0.47	0.17	0.28

表 4–6　719 矿、703 矿、753 矿铀矿石化学成分分析结果（%）

	U	U^{6+}	U^{4+}	S	FeS_2	FeO	Fe_2O_3	F^-
719 矿	0.192	0.108	0.084	0.29	0.21	0.53	1.44	0.29
703 矿詹天塘	1.16	0.794	0.366	1.54	2.39	0.77	14.35	0.06
703 矿沙子江	0.293	0.191	0.102	0.092	0.23	0.82	1.70	<0.01
753 矿	0.512	0.175	0.337	0.14	0.15	1.44	0.50	0.37

表 4–7　江西某铀矿矿石化学成分分析结果（%）

成分	U	U^{6+}	U^{4+}	F^-	S	FeS_2	FeO	Fe_2O_3
含量	0.088	0.048	0.040	0.28	0.16	0.21	0.54	1.01

表 4–8　广东某铀矿矿石化学成分分析结果（%）

成分	U	SiO_2	Al_2O_3	Fe_2O_3	FeO	F^-	CaO	MgO	MnO	P_2O_5	CO_3^{2-}	K_2O	Na_2O
含量	0.103	75.82	8.34	2.48	0.209	0.429	4.34	0.714	0.319	0.099	2.23	1.68	0.474

表 4–5～表 4–8 为硬岩铀矿成分分析结果，硬岩铀矿均含 U^{4+}，且含量较高，占总铀的比例为 31.5%～71.2%；含有一定量的 FeO 和 FeS_2，这些因素均有利于细菌浸出。但矿石中也含有对细菌浸出不利的成分，如 F，有的硬岩铀矿石中 F 含量高达 1.33%，对细菌浸出非常不利。

从铀矿石化学成分分析结果来看，我国硬岩铀矿中大多含有一定量的 F，在酸法浸出工艺过程中，部分会转移至溶液中，从而对细菌活性造成很大影响，细菌在有的溶浸液中无法存活，不能进行直接作用[3−7]。

4.3　细菌浸铀机理分析

为弄清细菌浸铀机理，从以下三个方面进行了分析。

4.3.1　铀矿物特征

铀矿石中四价铀矿物主要包括：铀的简单氧化物、铀和钛的复杂氧化物、铀的硅酸盐、铀和钼的矿物以及铀的磷酸盐矿物。从铀矿石中铀存在的五种形态分析，只有第一种铀矿物中的沥青铀矿与黄铁矿共生，黄铁矿可以被细菌氧化，黄铁矿被氧化后产生 Fe^{2+}，细菌可以继续将 Fe^{2+}氧化为 Fe^{3+}，再由 Fe^{3+}氧化四价铀为六价铀被浸出。丁德馨[8]等针对沥青铀矿专门进行了细菌浸出试验，发现有菌有 Fe^{2+}和无菌有 Fe^{3+}浸出体系铀的浸出率分别为 98.0%和 97.6%，有菌无铁体系铀浸出率仅为 20.33%，表明细菌浸铀以间接作用为主。但也发现，在沥青铀矿细菌浸出试验中，铀矿石表面出现了许多溶蚀坑，分析原因在于细菌直接作用于与铀矿物共生的黄铁矿的结果，而不是直接作用于铀矿物。樊保团[9−10]、王清良[11]等的细菌浸铀试验结果表明细菌浸出能节省硫酸，也在一定程度上表明存在细菌能氧化铀矿石中黄铁矿，产生部分硫酸，起到节省部分硫酸的作用，细菌作用也表现为间接作用。

4.3.2　铀矿石化学成分

从上述列举的部分铀矿石矿物成分分析结果可知，大部分铀矿石中 FeS_2 和 S 的含量均不高（极个别除外），FeS_2 含量一般为 0.15%～0.65%，且硫化物与铀没有形成铀的硫化矿物，细菌虽然可以与硫化物作用产生硫酸，但不论细菌与硫化物如何反应，U^{4+}必须氧化为 U^{6+}后才能被浸出，细菌不能直接氧化 U^{4+}。

4.3.3　铀的浸出工艺特点

铀矿石中铀基本以六价和四价的混合状态存在，四价铀不溶于酸和碱，必须氧化为六价铀以后才能被浸出，而六价铀则比较容易被酸、碱等浸出。细菌浸出的主要作用在于浸出四价铀，即需要把四价铀氧化为六价铀，细菌充当氧化剂的作用，目前未见细菌直接氧化四价铀为六价铀的研究报道，从铀的浸出工艺特点分析，细菌浸铀是通过细菌氧化 FeS_2 或氧化 Fe^{2+}为 Fe^{3+}，再通过 Fe^{3+}氧化 U^{4+}为 U^{6+}，而不是直接氧化四价铀矿物或四价铀，细菌表现为间接作用。

所以，从铀矿物赋存状态、铀矿山实际铀矿样的化学成分分析结果和铀的浸出工艺特点分析，细菌浸铀的机理主要是间接作用，不排除细菌直接氧化黄铁矿，但对铀矿石而言也不是直接作用，而是间接作用。综合分析结果认为细菌浸铀机理为间接作用。

4.4 细菌浸铀机理验证试验

为了进一步分析和验证细菌浸铀机理，在实验室专门设计了细菌浸铀柱浸试验，采用我国南方某铀矿山矿坑水中分离得到的细菌，采用取自该铀矿山堆浸现场铀矿石，模拟现场实际堆场工艺条件进行细菌柱浸试验，研究细菌浸出铀矿石前后的变化和浸出效果、细菌浸铀机理，为细菌应用于铀矿堆浸（或地浸）实践提供试验依据。

4.4.1 试验条件

试验矿样：取自我国南方某堆浸铀矿山，粒度与现场一致，为–6 mm。

矿石成分：采用堆锥四分法对矿样进行缩分，制备化学分析样，进行化学成分分析，主要化学成分见表4–9。

表4–9 铀矿石化学成分分析结果

成分	U	SiO_2	Al_2O_3	Fe_2O_3	F	CaO	MgO
含量/%	0.103	75.82	8.34	2.48	0.429	4.34	0.714
成分	Na_2O	MnO	P_2O_5	CO_2	FeO	K_2O	
含量/%	0.474	0.319	0.099	1.64	0.209	1.68	

由表4–9可知，该铀矿样品位为0.103%，主要成分为SiO_2和Al_2O_3，但CaO含量也较高，将导致矿石酸耗较高；矿石中氟含量为0.429%，主要以萤石矿物形式存在，在酸法浸出过程中，部分萤石溶于酸，导致F转入到溶液中，影响细菌活性，对细菌浸出不利。

本次柱浸试验共设计4个浸出条件：1）H_2SO_4浸出；2）细菌+H_2SO_4浸出；3）$Fe_2(SO_4)_3$+H_2SO_4浸出；4）吸附尾液+过氧化氢+H_2SO_4浸出。

试验柱采用有机玻璃管，柱总高度1 000 mm，柱内径100 mm，每个试验柱装入矿石10 kg。

4.4.2 细菌培养

（1）培养基配制

细菌培养基参照9 K培养基配制，每次配10 L，Fe^{2+}按5 $g·L^{-1}$配制。培养基用分析纯硫酸调节pH至2.0左右。

（2）细菌耐酸驯化培养

为了让细菌适应铀矿堆浸时溶浸液酸度的变化，需要对细菌进行耐酸驯化。铀矿堆浸工艺中溶浸液硫酸浓度随着浸出的不同阶段进行调整，前期酸化阶段溶浸液酸度一般较高，为20～30 $g·L^{-1}$；当浸出液pH达到3.0左右时，进入正常浸出阶段，硫酸浓度降低至5～10 $g·L^{-1}$。细菌浸出一般发生在酸化之后，即正常浸出阶段，为了使细菌能够适应正常浸出阶段的硫酸浓度，进行了细菌耐酸驯化试验。

取 3 个 1 L 锥形瓶，分别加入 300 mL 菌液和 300 mL 培养基，用分析纯硫酸将酸度调节为 5 $g\cdot L^{-1}$、10 $g\cdot L^{-1}$、15 $g\cdot L^{-1}$，混合均匀后，放入摇床内进行培养。

当菌液电位达到 550 mV 以上，表明细菌已具有活性。进行多次驯化培养，直到细菌培养在 1～2 天内溶液电位达到 550 mV 以上为止。

驯化前细菌在不同酸度下菌液电位与时间的关系曲线见图 4－1。

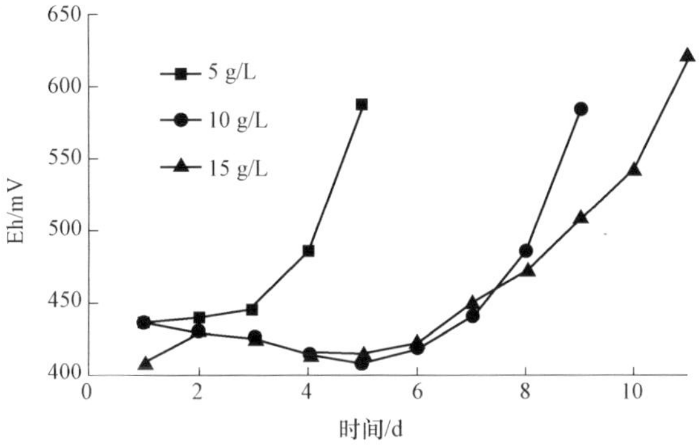

图 4－1　不同酸度时细菌溶液电位与时间关系曲线

由图 4－1 可知，当酸度为 5 $g\cdot L^{-1}$ 时，细菌正常生长，原因是 5 $g\cdot L^{-1}$ 的酸度与细菌最适生长酸度（硫酸浓度约 2 $g\cdot L^{-1}$，pH 约 2.0）相差不大，细菌活性较好，只是适应期延长至 3～4 天，预计随着不断驯化，适应期会缩短。

当酸度为 10 $g\cdot L^{-1}$ 时，在驯化开始阶段，大部分细菌不能适应，生长困难甚至死亡。但仍有少部分细菌经过一段时间的适应，可以在该酸度环境下生长、繁殖，适应期延长至 6～8 天。所以，开始阶段溶液的电位下降，但后来随着细菌的不断生长、繁殖，Fe^{2+}不断被氧化，电位开始上升。

酸度 15 $g\cdot L^{-1}$ 的情况与 10 $g\cdot L^{-1}$ 相似，只是细菌完全氧化溶液中 Fe^{2+}所需的时间更长一些。

图 4－2 曲线是驯化次数与细菌完全氧化溶液中 Fe^{2+}所需的时间之间的关系。

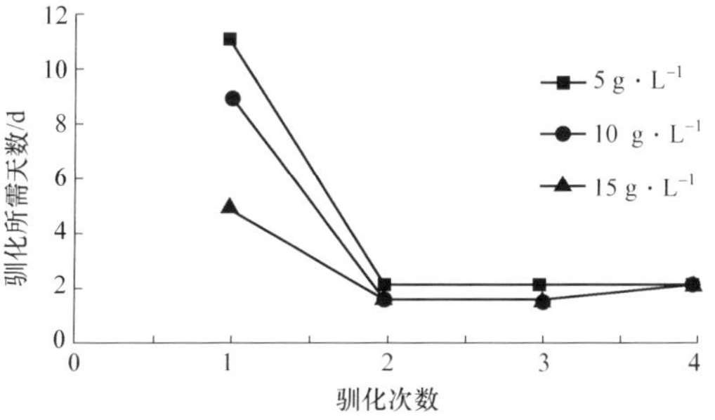

图 4－2　驯化次数与 Fe^{2+}完全氧化所需时间的关系曲线

由图 4－2 可知，随着驯化次数的增加，细菌完全氧化溶液中 Fe^{2+}所需的时间减少。经过 4 次驯化后，细菌耐酸驯化已基本完成，在 5～15 $g\cdot L^{-1}$ 不同酸度条件下，驯化所需次数基本相同，驯化后细菌已能适应相应酸度条件，完全氧化溶液中 Fe^{2+}所需的时间也相差不大。

4.4.3 试验方法

根据本次试验目的和要求，进行单一硫酸浸出、硫酸+细菌浸出、硫酸+氧化剂浸出等不同条件对比浸出试验，设计和加工试验装置见图4–3，制定柱浸试验方案见表4–10。

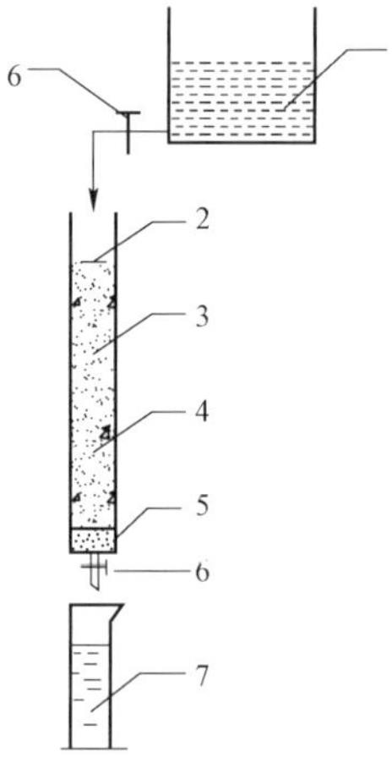

图4–3 柱浸试验装置

1—高位槽（或菌液槽）；2—溶液分散板；3—矿石；4—有机玻璃柱；5—过滤层；6—调节阀；7—集液量筒

表4–10 柱浸试验方案

浸出条件	试验方案
H_2SO_4	（1）用500 mL自来水喷淋润湿矿石； （2）用20 g·L^{-1} H_2SO_4喷淋，每天连续喷淋1 000 mL，喷淋时间约10 h； （3）当浸出液pH达到2.5左右时，浸出剂H_2SO_4浓度调整为10 g·L^{-1}，每天连续喷淋10 h，喷淋体积1 500 mL（即L：S=0.15∶1）；每次喷淋均为新配10 g·L^{-1} H_2SO_4 （4）浸出液U浓度低于50 mg·L^{-1}时停止试验
$Fe_2(SO_4)_3+H_2SO_4$	（1）～（2）与柱1相同； （3）当浸出液pH达到2.5左右时，采用$Fe_2(SO_4)_3$+ H_2SO_4浸出，Fe^{3+}浓度控制为5.0 g·L^{-1}，H_2SO_4浓度调整为10 g·L^{-1}，每天连续喷淋10 h，喷淋体积1 500 mL（即L∶S=0.15∶1）；每次喷淋均为新配溶液； （4）浸出液U浓度低于50 mg·L^{-1}停止试验
细菌+H_2SO_4	（1）～（2）与柱1相同； （3）当浸出液pH达到2.5左右时，采用细菌培养液浸出，H_2SO_4浓度调整为10 g·L^{-1}，每天连续喷淋10 h，喷淋体积为1 500 mL（即L：S=0.15∶1）；每次均采用新培养的菌液，补加硫酸后继续喷淋浸出； （4）浸出液U浓度达到50 mg·L^{-1}左右停止试验； （5）分析浸出前后菌落的变化
吸附尾液+过氧化氢+硫酸	（1）～（2）与柱1相同； （3）当浸出液pH达到2.5左右时，采用吸附液+过氧化氢+ H_2SO_4浸出，过氧化氢浓度为1.0 g·L^{-1}，H_2SO_4浓度调整为10 g·L^{-1}，每天连续喷淋10 h，喷淋体积为1 500 mL（即L：S=0.15∶1），每天配制新溶浸剂进行喷淋浸出； （4）浸出液U浓度低于50 mg·L^{-1}时停止试验

4.4.4　细菌浸铀试验结果

经过 3 个多月的室内浸出试验，对浸出液成分进行分析，得到浸出试验结果见表 4－11 和图 4－4、图 4－5。

表 4－11　柱浸试验结果

浸出条件	液固比	浸出时间/d	浸出液最大铀浓度/（g·L^{-1}）	结束时铀浓度/（mg·L^{-1}）	平均铀浓度/（mg·L^{-1}）	金属浸出率/%
H_2SO_4	3.3∶1	110	2.66	42.5	222.5	71.28
$Fe_2(SO_4)_3+H_2SO_4$	3.3∶1	110	2.40	41.3	258.1	82.71
细菌＋H_2SO_4	3.3∶1	110	2.95	42.0	260.1	83.33
吸附尾液＋过氧化氢＋硫酸	3.3∶1	110	2.40	40.5	232.8	74.61

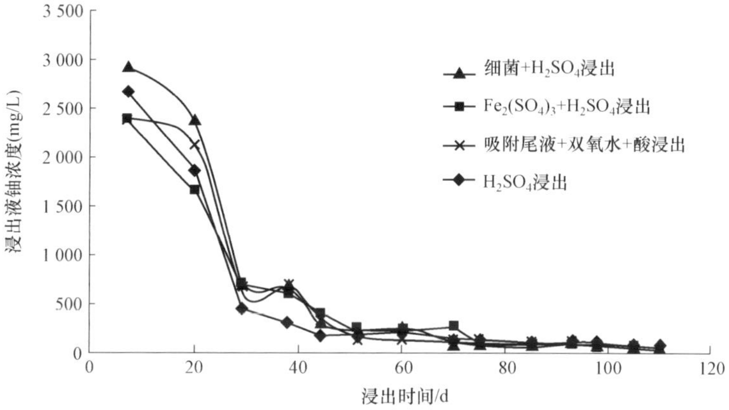

图 4－4　浸出液铀浓度与浸出时间的关系

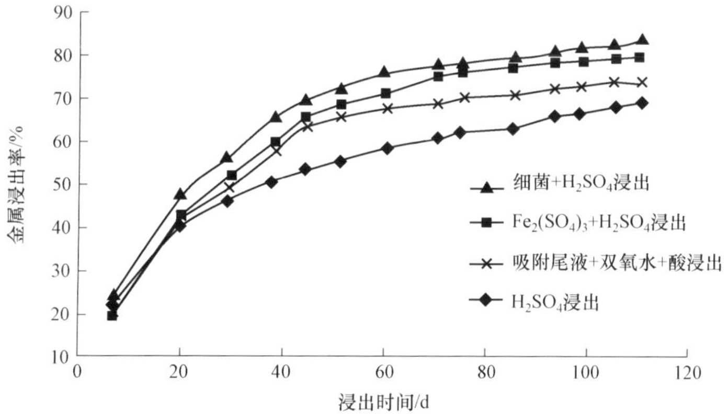

图 4－5　铀浸出率与浸出时间的关系

表 4－11 和图 4－4、图 4－5 结果表明，加入氧化剂能够提高金属铀浸出率，细菌与 $Fe_2(SO_4)_3$ 作氧化剂铀浸出率基本相同，比只用硫酸浸出的铀浸出率提高约 10%；对浸出液

进行了 4 次细菌活性检验，结果均未发现活性细菌，后来通过对浸出液成分分析发现，浸出中游离 F^-浓度高达 0.480 g·L^{-1}，虽然矿石中含有 Al_2O_3 为 8.34%，但溶液中 Al^{3+}浓度只有 0.284 g·L^{-1}。根据前面的研究结果，在这种溶液环境中细菌很难存活，本试验结果与前面研究结论相吻合。

加入过氧化氢浸出率虽然比只用硫酸时高，但由于过氧化氢难以直接氧化四价铀，主要通过铁的触媒作用；但由于溶液没有循环利用，溶液中铁越来越少，加上过氧化氢还会分解，其氧化效果受到较大影响，也说明过氧化氢的氧化作用不是直接氧化 U^{4+}，而是通过 Fe^{3+}的间接氧化作用完成。

柱浸试验结果表明，细菌浸出实质是细菌在接触矿石前先氧化溶液中的 Fe^{2+}为 Fe^{3+}，通过 Fe^{3+}实现对四价铀的间接氧化作用。当溶液中 F^-浓度较低时，细菌能在浸出过程中继续氧化 Fe^{2+}为 Fe^{3+}，或者氧化矿石中的黄铁矿，对浸铀起到强化作用，甚至在一定时间后不再需要补加氧化剂或菌液。

为了研究溶浸采铀酸性条件下细菌的群落分布，进行了不同硫酸浓度条件下细菌群落分布试验研究。

4.5 细菌群落分析

4.5.1 材料与方法

（1）细菌 DNA 的抽提和纯化

取 2 000 mL 菌液，采用孔径为 0.2 μm 的微孔滤膜收集菌体；用 pH 为 2.0 的稀硫酸洗涤，用 TE 缓冲液（10 mM Tris–HCl，1 mM EDTA，pH 8.0）冲洗菌体 2 次，然后采用 DNeasy Tissue Kit（Qiagen）试剂盒抽提。

柱浸试验早期、中期和晚期分别对浸出液进行抽滤，用 9 K 培养基洗涤滤膜，经过离心处理，然后进行 DNA 提取和相关分析测试，但经过多次试验均未从浸出液中得到所需要的 DNA。接着对浸出液进行培养，也未检测到细菌活性。分析原因在于前面结果分析中已说明，F^-浓度高达 0.480 g·L^{-1}，溶液中 Al^{3+}浓度只有 0.284 g·L^{-1}，因此，浸出液中游离 F^-离子浓度较高，抑制了细菌的活性。

后来，为研究细菌在不同酸度条件下群落的变化，在细菌耐酸驯化培养时，分别对 2 g·L^{-1}、5 g·L^{-1}、15 g·L^{-1} 硫酸浓度下菌液进行 DNA 提取，研究不同酸度下各菌株的活性情况和群落分布。将不同酸度条件菌液进行抽滤，然后用少量 9 K 培养液将滤膜上的细菌层洗下来，若清洗液浑浊度不高，还要进行离心处理。

（2）芯片设计和构建

功能基因芯片 FGA－Ⅱ探针设计的序列信息来自于克隆和测序获得的序列和 NCBI 公布的 27 个属 55 个种的相关序列。这些序列包括嗜酸性微生物的 1 054 个功能基因探针和 140 个 16S rDNA 基因探针。

采用 PRIMEGENS（http://compbio.ornl.gov/structure/primegens/）探针设计软件设计并合成了 50 mer 的寡核苷酸探针（Li，XY，et al.，2005）。芯片的构建在严格环境条件下（温度：20～25 ℃；相对湿度：50%～60%；洁净度：1 000～10 000 级），使用自动芯片点样仪 OmniGrid Accent Arraying System（Genomic Solutions，Inc.，USA）完成，使用 Stratalinker 1800（Stratagene，La，Jolla，CA，USA）紫外交联仪在 600 mJ 的辐射剂量下进行交联。性能评估结果表明，该芯片具备良好的灵敏度（5 ng DNA）、特异性与定量性能。

（3）DNA 的荧光标记

将约 5 μg 基因组 DNA 与 1.5 μg 随机引物（Gibco BRL，Gaithersburg，Md.）均匀混合，置于 98 ℃变性 10 min 后立刻放置在冰上冷冻。向反应系统中加入 1×EcoPol buffer（New England Biolabs，Beverly，Mass.）；50 μmol/L dATP，dTTP，dGTP；20 μmol/L dCTP；10 μmol/L Cy3－dCTP（Amersham Pharmacia Biotech，Piscataway，N.J.）；2.5 mmol/L DTT；10 U DNA 聚合酶 I 的大片段 Klenow 酶（Invitrogen，U.S. A）。标记混合物在 37 ℃温浴 3 h 后，加热到 98 ℃变性处理 3 min 后，立即置于冰上冷却。标记好的 DNA 使用 QIAquick PCR 纯化试剂盒按厂家指南纯化，纯化液于 Eppendorf Concentrator 5301 旋转加速真空器（Eppendorf Inc.，Hamburg，Germany）中浓缩。

（4）芯片杂交

芯片杂交采用 TECAN HS4800 Pro 芯片杂交工作站（TECAN，US）在避光条件下进行，每个杂交反应做三次重复。将标记好的 DNA 样品重新溶解于 130 μL 杂交缓冲液中［65 μL］甲酰胺，19.5 μL SSC（20×），3.9 μL SDS（10%），9.1 μL Herring sperm DNA（10 $mg\cdot mL^{-1}$），1.1 μL DTT（0.1 M）］，待完全溶解后，转入 PCR 管，于 98 ℃变性 3 min，在 42 ℃下杂交 10 h。

（5）图像处理和数据分析

洗脱完成后的芯片使用 GenePix 4 000B 芯片扫描仪（AXON instruments，Inc，U. S. A）进行图像采集，采用光电倍增管（PMT）在 532 nm（Cy3）和 635 nm（Cy5）下进行扫描，获取荧光信号。扫描图像保存为 16 bit 的 TIFF 格式，芯片上的杂交点使用 GenePix Pro 6.0 软件（AXON instruments，Inc，U.S.A）进行分析。将每一荧光点所获得的荧光信号强度减去局部背景信号荧光强度得到信号平均值，作为杂交强度最后的定量值。信噪比（SNR）按照公式 SNR=（信号强度－背景信号强度）/背景标准偏差计算，其标准为信噪比（阈值）不小于 2（SNR≥2）。本研究采用 3 作为最小信噪比，信噪比低于 3 的数据视为无效杂交。

4.5.2　结果分析

（1）不同酸度驯化下菌群群落分析

通过 16S 基因在 FGA－Ⅱ芯片杂交上的丰度分析，结果见表 4－12，2 $g\cdot L^{-1}$ 与 15 $g\cdot L^{-1}$ 不同酸度驯化下菌群结构存在较大差异，具体结果如下：

表 4–12　不同酸度（2 g·L^{-1}、15 g·L^{-1}硫酸）驯化下细菌群落分布

群落种类	基因丰度（2 g·L^{-1}硫酸）	基因丰度（15 g·L^{-1}硫酸）
Acidisphaera sp. 酸球形菌属	4 038.33	0
Acidithiobacillus ferrooxidans 嗜酸氧化亚铁硫杆菌	17 262.5	18 410.75
Acidithiobacillus ferrooxidans strain 1	2 560.25	0
Acidithiobacillus thiooxidans strain 8930P	10 026.75	7 179
Acidithiobacillus thiooxidans strain CASQ22 嗜酸氧化硫硫杆菌	1 175	0
Acidobacterium capsulatum，isolate 20 0D9 嗜酸荚膜组织胞浆菌	0	10 782
Acidocella sp. MM9 酸胞菌属	42 932.5	12 207.25
actinobacterium 8ev 放线菌	1 626.25	2 810.67
Alicyclobacillus sp. 脂环酸芽孢杆菌属	1 610.5	0
Alicyclobacillus sp. 脂环酸芽孢杆菌属	4 945.5	0
Alicyclobacillus vulcanalis	1 944.25	0
Arthrobacter globiformis 球形节杆菌	34 692.0	31 216.25
Leptospirillum sp.	4 047.25	6 689
Leptospirillum sp.	3 500	7 738
Leptospirillum sp. 钩端螺菌属	1 404.67	0
Leptospirillum sp. S–2 钩端螺菌属	50 162.75	0
Metallosphaera sp. clone SK63 金属球菌属	1 468.67	0
Thiomonas sp. 硫单胞菌属	1 911.5	6 105.33

1）在 2 g·L^{-1}酸度下，细菌种类有 17 种，而在 15 g·L^{-1}酸度下，细菌种类只有 9 种。

2）共有 8 种菌落均能在两种环境下生存，除了 Acidocella sp. MM9 酸胞菌属外，其他菌种活性相比差别不大。

3）在 2 g·L^{-1}酸度下主要菌落为 Acidithiobacillus ferrooxidans（嗜酸氧化亚铁硫杆菌）、Acidocella sp. MM9（酸胞菌属）、Arthrobacter globiformis（球形节杆菌）和 Leptospirillum sp. S–2（钩端螺菌属）。

4）在 15 g·L^{-1}酸度下主要菌落为 Acidithiobacillus ferrooxidans（嗜酸氧化亚铁硫杆菌）、Acidobacterium capsulatum，isolate 20 0D9（嗜酸荚膜组织胞浆菌）、Arthrobacter globiformis（球形节杆菌）、Thiomonas sp.（硫单胞菌属）。

5）在 15 g·L^{-1}酸度下，由于基因突变，产生了新的菌落 Acidobacterium capsulatum，isolate 20 0D9（嗜酸荚膜组织胞浆菌）。

6）Acidisphaera sp.（酸球形菌属）、Acidithiobacillus ferrooxidans strain 1、Acidithiobacillus thiooxidans strain CASQ22（嗜酸氧化硫硫杆菌）、Alicyclobacillus sp.（脂环酸芽孢杆菌属）、Alicyclobacillus sp.（脂环酸芽孢杆菌属）、Alicyclobacillus vulcanalis、Leptospirillum sp.（钩端螺菌属）、Leptospirillum sp. S–2（钩端螺菌属）和 Metallosphaera sp.

clone SK63（金属球菌属）这 9 中菌落只能存活在 2 g·L^{-1} 酸度下，随着酸度增加，他们会死亡。

总的来说：在低酸度下，菌落中细菌的成分比高酸度多，说明低酸度下细菌活性高。随着酸度的增加，菌落中适应不了环境变化的细菌发生了死亡，能适应高酸度环境的细菌有明显生长。随着酸度增加，细菌在生长过程发生了基因突变，产生了新的细菌，新生成的细菌能较好地适应高酸度环境。

为了更加清楚地了解菌落的种类分布，将表 4－13 中试验数据制成柱状分布图，见图 4－6。

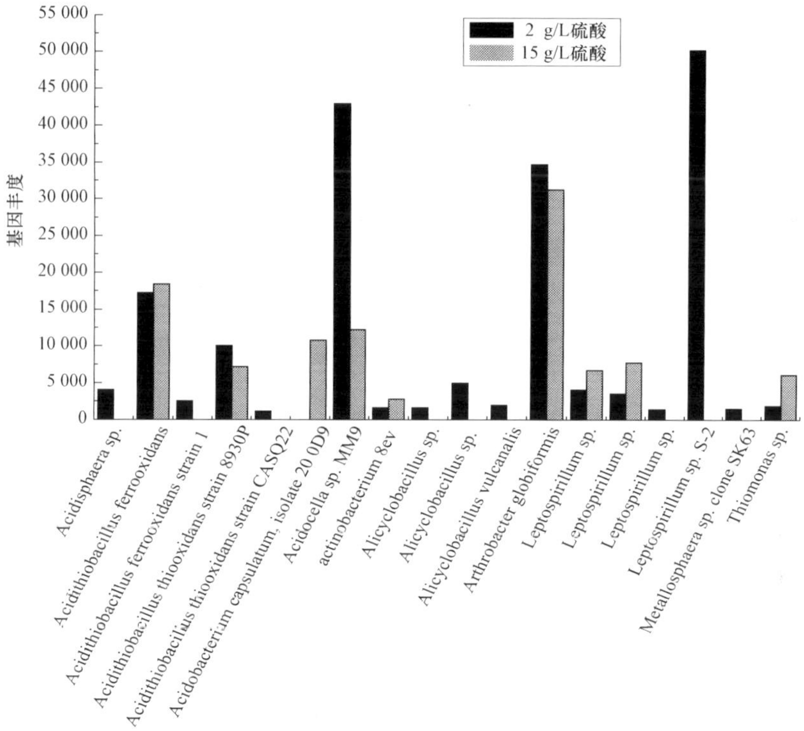

图 4－6　不同酸度（2 g·L^{-1}、15 g·L^{-1} 硫酸）驯化下菌群群落分布分析

（2）不同酸度驯化下功能基因丰度分析

FGA－Ⅱ功能基因芯片检测结果分析表明，不同酸度（2 g·L^{-1}、15 g·L^{-1} 硫酸）驯化下，细菌菌群的功能基因丰度存在较大差异，主要涉及铁氧化、碳代谢、氮代谢、抗性解毒等，见图 4－7、图 4－8。

从图 4－7 可以看出，对于铁氧化相关功能基因而言，ferrochelatase 亚铁螯合酶基因在不同酸度驯化下表现出较明显的差异，2 g·L^{-1} 硫酸驯化下该基因丰度大约是 15 g·L^{-1} 驯化的 2 倍。对于碳代谢相关的功能基因而言，2 g·L^{-1} 硫酸驯化下基因丰度较高，而 15 g·L^{-1} 驯化下基因丰度很低，说明低浓度酸驯化有利于浸矿微生物的碳循环。对于氮代谢相关功能基因而言，有的基因在 2 g·L^{-1} 硫酸驯化下基因丰度较高，有的基因在 15 g·L^{-1} 硫酸驯化下基因丰度较高，说明不同酸度驯化对浸矿微生物的氮循环并没有造成太大的影响。

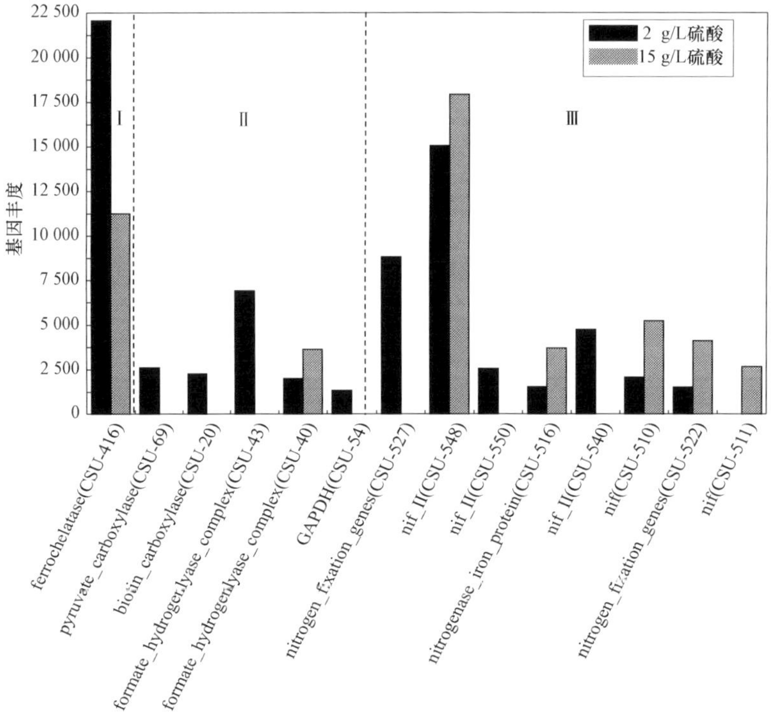

图 4–7　不同酸度（2 g·L^{-1}、15 g·L^{-1}硫酸）驯化下铁氧化、碳/氮代谢相关功能基因丰度分析（Ⅰ、铁氧化；Ⅱ、碳代谢；Ⅲ、氮代谢）

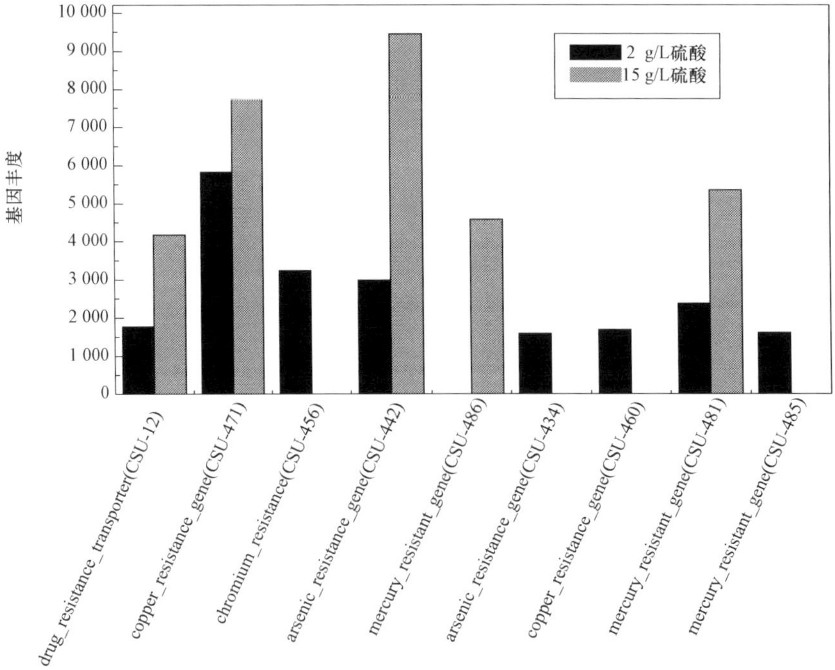

图 4–8　不同酸度（2 g·L^{-1}、15 g·L^{-1}硫酸）驯化下金属抗性相关功能基因丰度差异

从图 4－8 可以看出，就金属抗性相关功能基因而言，铬抗性基因 CSU－456 在 2 g·L^{-1} 硫酸驯化下的基因丰度较高；铜抗性基因 CSU－460 在 2 g·L^{-1} 硫酸驯化下的基因丰度较高，而 CSU－471 在 15 g·L^{-1} 驯化下的基因丰度较高；砷抗性基因 CSU－434 在 2 g·L^{-1} 硫酸驯化下的基因丰度较高，而 CSU－442 在 15 g·L^{-1} 驯化下的基因丰度较高；汞抗性基因 CSU－485 在 2 g·L^{-1} 硫酸驯化下基因丰度较高，而 CSU－481、CSU－486 在 15 g·L^{-1} 驯化下基因丰度较高；因此，金属抗性相关基因在不同酸度下基因丰度虽然不同，但相辅相成，互为补充，而对微生物的抗性功能影响不大。

对柱浸试验浸出液中细菌活性检验，没有发现活性细菌，原因在于浸出液中游离 F^- 离子浓度较高。说明在溶液液体环境与矿石与溶液的液固环境均不适合细菌生长、繁殖，所以，细菌不能直接发生氧化浸出作用。

不同酸度细菌群落基因分析结果表明，试验所用的混合菌中在低硫酸浓度下细菌种类较多；但在较高硫酸浓度条件下，存活的细菌群落很少，最主要为嗜酸氧化亚铁硫杆菌和球形节杆菌，只有嗜酸氧化亚铁硫杆菌能氧化 Fe^{2+}。因此，在铀矿浸出工艺过程中，因酸度较高，主要浸矿细菌为嗜酸氧化亚铁硫杆菌。

根据 FGA－Ⅱ芯片功能基因检测结果分析，在 2 g·L^{-1}、15 g·L^{-1} 硫酸驯化下，细菌菌群的功能基因丰度存在较大差异。低浓度酸驯化可以强化浸矿微生物的铁氧化与碳循环功能，同时不同酸度驯化对氮循环和金属抗性基因丰度的影响并不是很大。

4.6　小　结

综合铀矿物存在形态、铀矿石化学成分和铀的浸出工艺，结合铀矿石细菌柱浸试验和基因芯片分析结果认为，细菌浸铀主要菌株为嗜酸氧化亚铁硫杆菌，细菌浸铀机理为间接作用。

（1）铀矿石主要包括：铀的简单氧化物、铀和钛的复杂氧化物、铀的硅酸盐、铀和钼的矿物以及铀的磷酸盐矿物。铀矿物的存在形式表明，不存在单一的铀硫化矿物，只存在与铀矿物伴生的硫化矿物，细菌浸铀过程中细菌不能与铀矿物直接发生氧化作用，而是通过其他氧化剂（如 Fe^{3+}）的间接氧化作用。

（2）研究我国目前开发利用的代表性铀矿石化学成分发现，我国硬岩铀矿中大多含有一定量的 F，有的高达 1.33%，在酸法浸出工艺过程中，溶液中 F^-离子浓度高达 3 g·L^{-1}，从而对细菌活性造成很大影响。尽管由于阳离子的络合作用使得游离 F^-浓度降低，但细菌在有的溶浸液中仍然无法存活。所以，在进行细菌浸铀之前需要弄清铀矿石中 F 含量和酸法浸出时溶液中游离 F^-浓度。

（3）U^{4+}需要被氧化为 U^{6+}才能被浸出，至今尚无细菌直接氧化 U^{4+}的报道，细菌的作用是通过氧化 Fe^{2+}为 Fe^{3+}，再由 Fe^{3+}氧化 U^{4+}为 U^{6+}，所以，从铀的浸出工艺过程分析，细菌浸铀为间接作用。

（4）某铀矿石细菌柱浸试验结果表明，浸出液中游离 F^-浓度较高，浸出液中细菌无活性，细菌浸铀表现为氧化 Fe^{2+}为 Fe^{3+}的间接作用；采用基因芯片分析技术，对细菌不同酸度耐受试验菌落进行分析，结果表明，在较高酸度（如 15 g·L^{-1}）条件下，具有氧化 Fe^{2+}

能力的主要为嗜酸氧化亚铁硫杆菌。

（5）不同酸度细菌群落基因分析结果表明，试验所用的混合菌中低硫酸浓度下细菌种类较多；较高硫酸浓度条件下，存活的细菌群落很少，最主要为嗜酸氧化亚铁硫杆菌和球形节杆菌，只有嗜酸氧化亚铁硫杆菌能氧化 Fe^{2+}。因此，在铀矿浸出工艺过程中，因酸度较高，主要浸矿细菌为嗜酸氧化亚铁硫杆菌。

参考文献

［1］王德荫，傅永全. 铀矿物学［M］. 北京：原子能出版社，1986：9－15.

［2］张成江. 铀矿物学［M］. 北京：原子能出版社，2007：9－23.

［3］刘健，樊保团，张传敬. 抚州铀矿细菌堆浸半工业试验研究［J］. 铀矿冶，2001，20（1）：15－26.

［4］王清良，胡鄂明，李锦鹏，等. 地浸采铀细菌浸出试验研究［J］. 矿业工程，2010，30（4）：5－8.

［5］王清良，刘迎九，杨金辉，等. 721铀矿石细菌渗滤浸出及细菌驯化培养研究［J］. 金属矿山，2003（10）：37－39.

［6］王清良，胡鄂明，冯志刚，等 铀矿原地破碎细菌浸出现场试验研究［J］. 矿业工程，2008，28（2）：47－49.

［7］朱曙光，王清良，刘书衡，等. 高氟铀矿石提铀降氟工艺研究［J］. 中国矿业，2009，18（4）：74－77.

［8］丁德馨，李广悦，刘玉龙，等. 沥青铀矿石细菌浸出机理的实验研究［J］. 过程工程学报，2008，8（5）：859－865.

［9］刘健，樊保团，张传敬. 抚州铀矿细菌堆浸半工业试验研究［J］. 铀矿冶，2001，20（1）：15－26.

［10］樊保团，孟运生，刘建. 赣州铀矿草桃背分矿细菌堆浸工业试验［J］. 铀矿冶，2002，20（3）：151－155.

［11］王清良，王振军，胡凯光，等. 细菌在赣州铀矿原地爆破浸出中的应用研究［J］. 铀矿冶，2001（3）：172－177.

第 5 章

生物反应器设计与优化

细菌浸出工艺过程中生物反应器是决定细菌浸出工艺是否可行、经济是否合理的重要因素，细菌浸铀生产实践要求生物反应器具有高的氧化 Fe^{2+}效率和氧化 Fe^{2+}速率。生物反应器氧化 Fe^{2+}效率和速率与生物反应器的结构、载体种类、通气量、温度等因素密切相关。结合生物反应器的特点，研究载体、通气量对细菌氧化 Fe^{2+}的影响，进行固定床、移动床生物反应器的设计、加工、参数优化，并进行生物反应器中细菌氧化模拟溶浸采铀吸附尾液中试验。

5.1 载体选择

5.1.1 试验方法

选择ϕ120×1 000 mm 塑料圆柱 5 个，底部密封，设置一通气口，选择六角蜂窝状塑料管、聚氯乙烯屑、立体弹性尼龙三种不同载体，用 10 $g \cdot L^{-1}$ H_2SO_4 浸泡处理后用自来水清洗干净，备用。菌液接种比例 1:10，用分析纯 H_2SO_4 调节溶液 pH，接种后充分混匀，取样分析接种后溶液成分为：Fe^{2+} 0.97 $g \cdot L^{-1}$，TFe 1.03 $g \cdot L^{-1}$，pH 1.86，Eh－394 mV。1～4 号柱加入接种后菌液，5 号柱加入未接种的相同体积培养基，通入压缩空气，用气体流量计控制通气量，定时取样测量电位和 Fe^{2+}浓度，对其氧化 Fe^{2+}效果进行比较。

5.1.2 试验结果

试验结果见表 5－1。

表 5－1 载体选择试验结果

柱编号		1	2	3	4	5
时间/h	测量参数	六角蜂窝状塑料管	立体弹性尼龙载体鹅卵石	聚氯乙烯屑	接种菌液（无载体）	空白培养基（无载体）
2.5	Fe^{2+}/（$g \cdot L^{-1}$）	0.647	0.330	0.316	0.733	0.970
	Eh/－mV	434	449	467	431	396

续表

柱编号		1	2	3	4	5
时间/h	测量参数	六角蜂窝状塑料管	立体弹性尼龙载体鹅卵石	聚氯乙烯屑	接种菌液（无载体）	空白培养基（无载体）
5.0	Fe^{2+}/（$g·L^{-1}$）	0.517	0.015	0.012	0.700	0.965
	Eh/－mV	445	485	490	433	398
7.5	Fe^{2+}/（$g·L^{-1}$）	0.395	0	0	0.700	0.965
	Eh/－mV	459	591	584	436	398
10	Fe^{2+}/（$g·L^{-1}$）	0.215	0	0	0.700	0.965
	Eh/－mV	477	593	586	439	398
12.5	Fe^{2+}/（$g·L^{-1}$）	0.093	0	0	0.700	0.965
	Eh/－mV	510	590	589	438	398
15.0	Fe^{2+}/（$g·L^{-1}$）	0	0	0	0.700	0.960
	Eh/－mV	588	591	586	431	400
20	Fe^{2+}/（$g·L^{-1}$）	0	0	0	0.700	0.960
	Eh/－mV	596	607	605	439	400
30	Fe^{2+}/（$g·L^{-1}$）	0	0	0	0.672	0.960
	Eh/－mV	583	601	598	449	400
48	Fe^{2+}/（$g·L^{-1}$）	0	0	0	0.639	0.958
	Eh/－mV	577	592	590	459	403
72	Fe^{2+}/（$g·L^{-1}$）	0	0	0	0	0.941
	Eh/－mV	580	593	586	561	411

表 5－1 结果可以看出：① 载体种类对细菌氧化 Fe^{2+}效果影响很大，立体弹性尼龙载体和聚氯乙烯屑作载体时细菌氧化 Fe^{2+}效果均很好，接种后菌液电位迅速升高，在 5～7 h 内可以把菌液中 Fe^{2+}全部氧化为 Fe^{3+}；② 蜂窝状塑料管作载体时细菌氧化 Fe^{2+}效果一般，接种菌液中 Fe^{2+}经过 15 h 后才被全部氧化；③ 没有加入载体的接种菌液，其电位在 24 h 后有一定幅度上升，但需要 72 h 后 Fe^{2+}才被完全氧化，与添加载体的菌液中 Fe^{2+}氧化效果相差甚远；④ 空白培养基的电位和 Fe^{2+}浓度在 48 h 内基本不变，72 h 后有小幅变化，说明空白培养基中的溶解氧氧化 Fe^{2+}速度很慢。

立体弹性尼龙载体和聚氯乙烯屑作载体时细菌氧化 Fe^{2+}试验效果均较好，分析原因在于其具有非常大的表面积，能给细菌的固定化提供足够场所，且具有耐酸、耐腐蚀、有一定机械强度等特点；所以，立体弹性尼龙载体和聚氯乙烯屑均可作为生物反应器的载体。

5.2 通气量对生物反应器连续氧化 Fe^{2+}的影响

生物反应器进入正常运行之前需要进行细菌固定化，细菌固定化完成以后，影响细菌氧化 Fe^{2+}速率的主要因素为氧和二氧化碳，氧和二氧化碳最方便、有效的、最廉价的提供方式为压缩空气，可以通过空压机提供一定流量的空气，即通气量。通气量对生物反应器中细菌连续氧化 Fe^{2+}影响很大。为此，进行了不同通气量对生物反应器氧化 Fe^{2+}影响试验。

5.2.1 试验方法

在现场设计、制作、安装$\Phi 1\times 1.5$ m 的 PVC 圆柱形生物反应器，底部安装通气装置，试验期间温度为 20～30 ℃，尾液中 Fe^{2+}浓度为 0.3～0.5 $g\cdot L^{-1}$，pH 1.5～2.0，试验过程中定期测量溶液 pH、电位和 Fe^{2+}浓度。细菌生长所需营养物质由吸附尾液提供，不再添加新的营养物质。试验载体为现场加工塑料套管时产生的聚氯乙烯屑。通气量对细菌连续氧化 Fe^{2+}影响试验装置示意图如图 5－1。

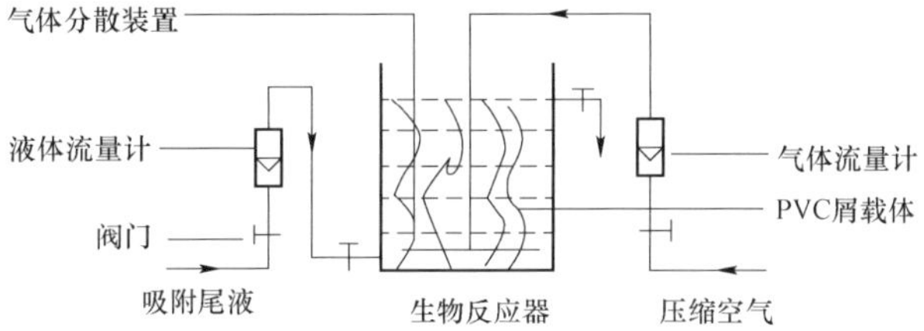

图 5－1　通气量影响试验装置示意图

如图 5－1 连接生物反应器，打开进液阀门，尾液经液体流量计进入生物反应器，待尾液充满生物反应器时，关闭进液阀门，接入菌种，打开通气阀门，调节通气量，通气至 Fe^{2+}全部氧化。打开进液阀门，吸附尾液以低流量进入生物反应器，吸附尾液氧化后溢流至配液池，监测流出液电位、Fe^{2+}浓度，保持流出液中 Fe^{2+}氧化率超过 90%，连续氧化至生物反应器载体上出现黄色膜，挂膜完成。保持吸附尾液流量不变，调节气体流量，每隔一定时间取样分析生物反应器流出液 Fe^{2+}、电位，至生物反应器流出液中 Fe^{2+}浓度、电位基本不变，并稳定在 3 h 以上。

改变吸附尾液流量，重复上述步骤，得到不同尾液流量时不同通气量对生物反应器连续氧化 Fe^{2+}的影响。

5.2.2 试验结果

吸附尾液流量分别为 0.4、1.0、1.4、1.8 $m^3\cdot h^{-1}$ 结果见表 5－2。

表 5－2　通气量影响试验结果

尾液流量/（$m^3\cdot h^{-1}$）	0.4		1.0		1.4		1.8	
通气量/（$L\cdot min^{-1}$）	Fe^{2+}/（$g\cdot L^{-1}$v	Eh/－mV	Fe^{2+}/（$g\cdot L^{-1}$）	Eh/－mV	Fe^{2+}/（$g\cdot L^{-1}$）	Eh/－mV	Fe^{2+}/（$g\cdot L^{-1}$）	Eh/－mV
12.5	0.020	550	0.042	498	0.144	465	0.185	455
25	0	575	0.028	511	0.102	475	0.143	465
37.5	0	576	0.021	526	0.085	500	0.102	475
60	0	573	0.010	536	0.054	525	0.086	495
100	0	578	0.007	542	0.042	526	0.063	501
150	0	577	0.007	543	0.042	525	0.064	499
200	0	580	0.007	542	0.042	527	0.063	503

从表 5－2 结果可以看出，当尾液流量为 0.4 $m^3·h^{-1}$，通气量达到 25 $L·min^{-1}$ 时，生物反应器流出液中 Fe^{2+} 已被全部氧化，氧化还原电位大于 550 mV，继续增大通气量意义不大；当尾液流量为 1.0 $m^3·h^{-1}$，通气量达到 60 $L·min^{-1}$ 时，生物反应器流出液中 Fe^{2+} 为 0.17～0.20 $g·L^{-1}$，且基本保持稳定，继续增大通气量对流出液 Fe^{2+} 浓度和氧化还原电位影响不大；尾液流量为 1.4 和 1.8 $m^3·h^{-1}$ 时，试验结果基本相似。所以，对某一固定生物反应器和选定的菌种，完成挂膜后，通气量对生物反应器氧化 Fe^{2+} 效果影响较大，在一定尾液流量条件下有对应的最适通气量，流量不同，最适通气量不同；流量越大，最适通气量也越大。

5.3 生物反应器的设计与模拟试验

目前，细菌浸铀工艺中，生物反应器的研究和应用主要集中于用立体弹性载体的生物反应器（池），占地面积大、菌体密度小、保温困难和氧化 Fe^{2+} 效率低。针对这一问题，考虑到活性炭相对于立体弹性载体、硅石、玻璃、聚氨酯泡沫，具有更大的比表面积，且价格较便宜，在参考前人的研究结果[1-2]基础上，设计并加工了活性炭作载体的固定床生物反应器，吸附固定细菌，模拟铀矿地浸、堆浸矿山溶液 Fe^{2+} 浓度和 pH 条件，对影响生物反应器氧化 Fe^{2+} 效率的相关条件进行探究。

5.3.1 材料和方法

（1）材料

1）菌种与培养

模拟地浸采铀矿山溶浸液 Fe 浓度和 pH 条件[3-5]，将 100 mL 菌液与 100 mL 培养基混合，转入 500 mL 锥形瓶中，Fe^{2+} 浓度 1 $g·L^{-1}$，测定 pH 和 Eh，放入水浴恒温摇床中，定时测量 pH 和 Eh，经过多次扩大培养，得到与地浸采铀工艺 Fe 浓度相近的菌液。

采用上述菌液，模拟堆浸采铀矿山溶浸液 Fe 浓度和 pH 条件[6-7]，培养基 Fe^{2+} 浓度调整为 5 $g·L^{-1}$，按照上述方法继续接种培养，经过若干次接种培养后，菌液中 Fe 浓度接近 5 $g·L^{-1}$，最后接种至 3 000 mL 锥形瓶中，继续进行扩大培养，得到与堆浸采铀工艺 Fe 浓度相近的菌液。

2）固定床生物反应器

固定床生物反应器为 PVC 圆柱，高 1 000 mm，Φ90 mm。生物反应器共两个，编号为 1 号和 2 号，1 号为固定床生物反应器，内有三段用酸预处理后的活性炭作细菌载体，每段下面安装一个曝气头；2 号为无载体生物反应器，用 PVC 多孔挡板将其分成三部分，底部安装曝气头，9 K 培养基从生物反应器上部进入，菌液从底部流出。探究两个生物反应器

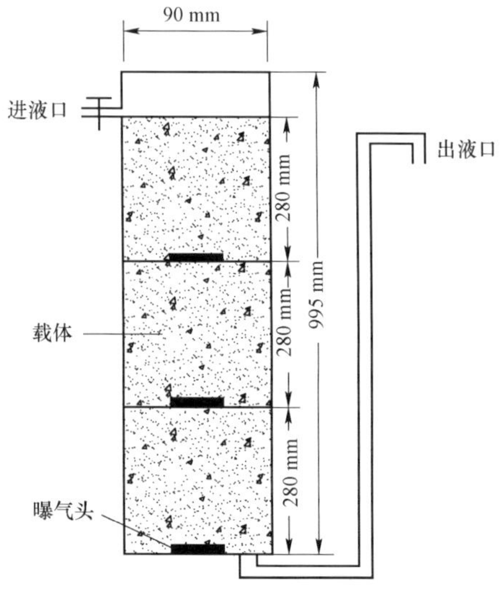

图 5－2 固定床生物反应器结构示意图

不同条件下细菌氧化 Fe^{2+}情况，固定床生物反应器结构见图 5－3。

（2）试验方法

1）细菌固定

生物反应器用 5 $g \cdot L^{-1}$ 硫酸预处理后用自来水洗净，按 1:1 比例接入菌液，通气条件下进行细菌固定和氧化 Fe^{2+}，电位达到 550 mV 左右即完成第一次细菌固定；按相同接种比例和培养方法，进行多次接种、固定，当多次接种后完成 Fe^{2+}全部氧化所用时间基本恒定时，即认为细菌固定完成。

2）连续氧化 Fe^{2+}

不同流量条件下进行两个生物反应器连续氧化 Fe^{2+}试验，对比两个生物反应器氧化 Fe^{2+}效率。在底层通气和上、中、下全通气条件下，进行不同流量、不同 Fe^{2+}浓度细菌连续氧化 Fe^{2+}试验，测定固定床生物反应器的各项参数。

5.3.2　结果讨论

（1）细菌固定对氧化 Fe^{2+}的影响

底部通气条件下，培养基 Fe^{2+} 5 $g \cdot L^{-1}$，研究不同溶液流量对生物反应器流出菌液电位影响，结果见图 5－3。

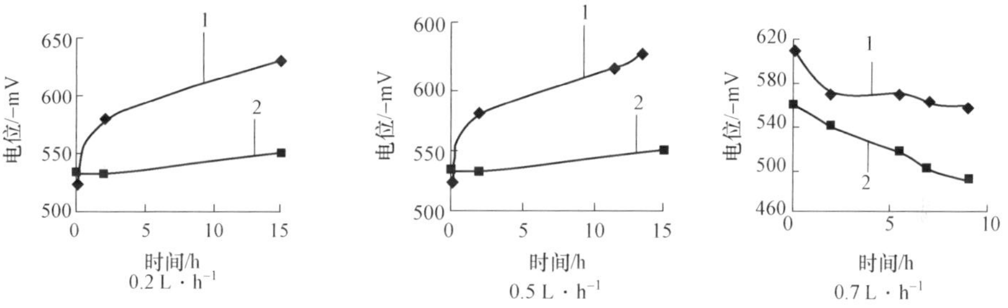

图 5－3　细菌固定化对细菌氧化 Fe^{2+}的影响

1—固定床生物反应器；2—无载体生物反应器

图 5－3 中结果表明，当溶液流量为 0.2～0.7 $L \cdot h^{-1}$时，固定床生物反应器相对于无载体生物反应器的流出液始终具有较高电位。电位越高，说明流出液中 Fe^{3+}比例越高，Fe^{2+}氧化率越大。活性炭载体的填充，增大了细菌的附着面积，细菌固定在载体上，相对于无载体生物反应器中菌体密度更大。菌体密度越大，相同时间内氧化 Fe^{2+}速度越快，活性炭填充的生物反应器氧化 Fe^{2+}效率更高。当溶液流量为 0.5 $L \cdot h^{-1}$时，无载体生物反应器氧化后溶液电位达到－550 mV 时，Fe^{2+}氧化率达到 90%，生物反应器氧化 Fe^{2+}速率为 0.5 $g \cdot L^{-1} \cdot h^{-1}$；流量增大至 0.7 $L \cdot h^{-1}$时，Fe^{2+}氧化不充分，无载体生物反应器氧化 Fe^{2+}最大速率为 0.5 $g \cdot L^{-1} \cdot h^{-1}$，固定床生物反应器氧化 Fe^{2+}速率最大可达 1.20 $g \cdot L^{-1} \cdot h^{-1}$。

（2）通气方式、溶液流量对固定床生物反应器细菌氧化 Fe^{2+}速率影响

配制 5 $g \cdot L^{-1}$ Fe^{2+}培养基，进行固定床生物反应器全通气和仅底部通气条件下不同流量、不同通气方式对生物反应器氧化 Fe^{2+}速率、流出液电位影响试验，结果见图 5－4。

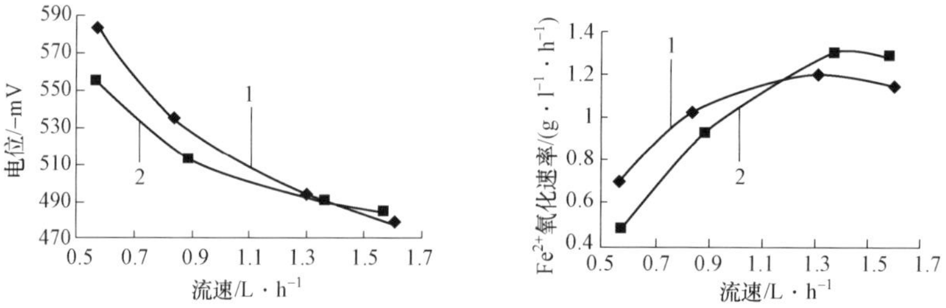

图 5－4　通气方式对固定床生物反应器细菌氧化 Fe^{2+}速率的影响

1—底层通气；2—全通气

溶液流量从 0.5 L·h^{-1} 增加到 1.7 L·h^{-1} 过程中，流出液电位均从高于 550 mV 逐渐降到低于 500 mV，Fe^{2+}氧化率从接近 100%逐渐降低。随着溶液流量增加，Fe^{2+}未被细菌完全氧化而流出，Fe^{2+}不被充分氧化。图 5－5 结果可知，氧化 Fe^{2+}速率先快速增大，达到最大值，然后缓慢降低。底部通气溶液流量为 1.30 L·h^{-1} 时，氧化 Fe^{2+}速率最大为 1.20 g·L^{-1}·h^{-1}；全通气溶液流量为 1.36 L·h^{-1} 时，氧化 Fe^{2+}速率最大为 1.31 g·L^{-1}·h^{-1}。流量接近 1.5 L·h^{-1} 时，流出液电位已降至低于 500 mV，如继续增加流量，大量 Fe^{2+}将不被氧化。因此，1 号生物反应器在培养基 5 g·L^{-1} Fe^{2+}条件下，适宜培养基流量为 1.2～1.4 L·h^{-1}。

从图 5－4 中可知，流量小于 1.2 L·h^{-1}，底层通气氧化 Fe^{2+}速率大于全通气氧化 Fe^{2+}速率；随流量增加，两种方式氧化 Fe^{2+}效果接近；当流量大于 1.3 L·h^{-1} 时，全通气 Fe^{2+}氧化速率更大。小流量时大通气量会使溶液搅动过大，剪切力增大，影响细菌氧化 Fe^{2+}速度，导致小流量下底层通气氧化 Fe^{2+}速率更高。低流量条件下，底部通气完全能满足细菌对氧气的需要，而全通气会造成能源浪费。流量增加会减小细菌与 Fe^{2+}的接触，更大的通气量有利于细菌氧化 Fe^{2+}，有更快的氧化 Fe^{2+}速率，相对于底层通气表现出更好的氧化 Fe^{2+}效果。

（3）Fe^{2+}浓度对固定床生物反应器细菌氧化 Fe^{2+}速率的影响

配制 1 g·L^{-1} Fe^{2+}培养基，底部通气，得到培养基流量与氧化 Fe^{2+}速率的关系，结果见图 5－5，并与 5 g·L^{-1} Fe^{2+}培养基试验结果（图 5－4）进行比较。

图 5－5 结果表明，1 g·L^{-1} Fe^{2+}培养基流量低于 4 L·h^{-1} 时，氧化 Fe^{2+}速率随流量增加而迅速提高，Fe^{2+}氧化率近 100%；当流量增大到 4 L·h^{-1} 左右时，氧化 Fe^{2+}速率增长减缓，Fe^{2+}氧化率开始下降；当流量超过 5.5 L·h^{-1} 时，氧化 Fe^{2+}速率从 1 g·L^{-1}·h^{-1} 开始下降，Fe^{2+}氧化率也随之下降；当流量为 6 L·h^{-1} 时，Fe^{2+}氧化率已降至 70%。比较图 5－4 可知，Fe^{2+}浓度为 5 g·L^{-1} 时生物反应器氧化 Fe^{2+}速率更高，因为 Fe^{2+}浓度高时，Fe^{2+}与细菌接触概率多，提高了 Fe^{2+}氧化速率。所以，较高浓度 Fe^{2+} 有利于提高生物反应器氧化 Fe^{2+}速率，但会影响 Fe^{2+}氧化率。

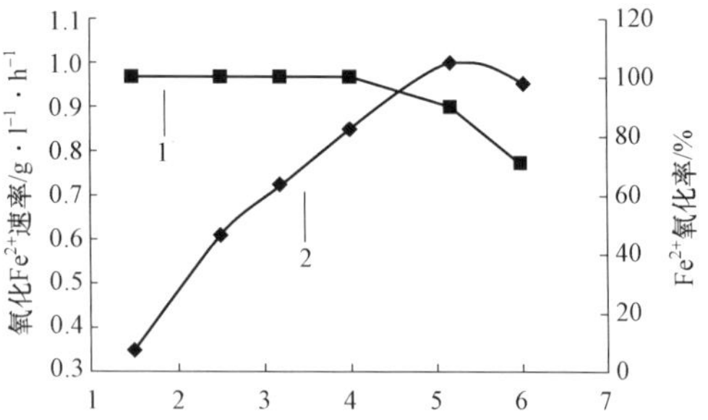

图 5－5　Fe^{2+}浓度对固定床生物反应器 Fe^{2+}氧化率和氧化速率的影响

1—Fe^{2+}氧化率；2—Fe^{2+}氧化速率

（4）固定床生物反应器细菌氧化 Fe^{2+}过程中总 Fe 变化

分析发现，流出液中总 Fe（ΣFe）浓度降低，说明 Fe 在生物反应器中积累，得到细菌氧化试验过程中反应器积累的 Fe 占ΣFe 比例的变化情况见图 5－6。

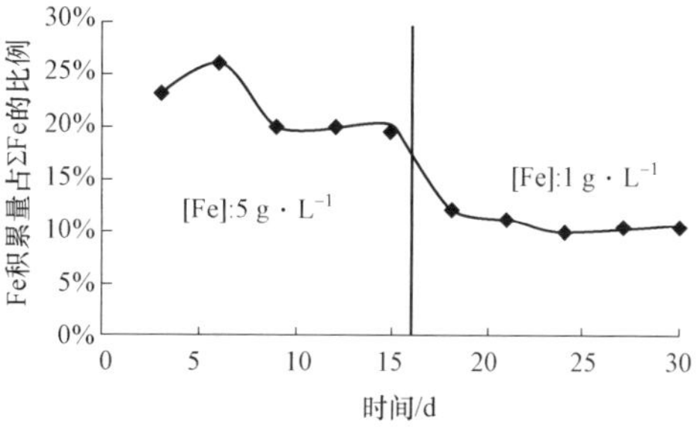

图 5－6　细菌氧化 Fe^{2+}过程中固定床生物反应器内 Fe 的积累

图 5－6 结果表明，生物反应器氧化 Fe^{2+}过程中均存在 Fe 的积累，开始阶段ΣFe 的消耗先增大后减小，稳定在 20%左右；当流入液 Fe^{2+}浓度从 5 $g·L^{-1}$ 降低为 1 $g·L^{-1}$ 时，Fe 消耗稳定在 10%左右。生物反应器氧化 Fe^{2+}过程中伴随有铁矾［$NH_4Fe_3(SO_4)_2(OH)_6$］生成[8–10]，存在 Fe 的消耗，随着 Fe^{2+}浓度降低，Fe 消耗减少。由于铁矾的结晶与氧化 Fe^{2+}速率正相关，低 Fe^{2+}浓度下，一方面氧化 Fe^{2+}速率较慢；另一方面，随着流量增加，Fe^{2+}在反应器中停留时间缩短，制约了铁矾的结晶。为保证生物反应器正常、稳定运行，需要对生物反应器中积累的 Fe 进行定期处理；也需要定期补充 Fe，维持溶液中一定ΣFe 浓度。

5.4　移动床生物反应器

5.4.1　结构设计

细菌浸铀经过长期的基础研究和现场试验，已从室内试验、扩大试验，进入到了现场工业试验，取得了很大进展，试验结果表明，采用细菌堆浸，比常规堆浸节省硫酸 20%～30%，可缩短浸出周期。但仍没有得到推广应用，分析原因主要在于细菌浸铀技术在工业应用过程中面临着生物反应器氧化 Fe^{2+}速率低，导致生物反应器投资大、生产成本增加，现有生物反应器难以满足细菌浸铀工艺要求。因此，快速氧化亚铁的高效生物反应器的设计与应用，提高细菌氧化 Fe^{2+}效率和速率、减小生物反应器资金投入，最终提高细菌浸铀效率，具有非常重要的现实意义。

为了克服现有技术的上述不足而提供一种快速氧化 Fe^{2+}的移动床生物反应器及快速氧化 Fe^{2+}的方法，在保持固定床快速氧化 Fe^{2+}的基础上，通过载体的定期移动处理，解决载体板结影响细菌氧化 Fe^{2+}速率、影响通气和运行稳定的问题，达到生物反应器快速氧化 Fe^{2+}的目的。

固定床生物反应器连续运行一段时间后，氧化 Fe^{2+}速率逐渐下降，后来氧化 Fe^{2+}速率还将显著下降，为保证固定床生物反应器的稳定、高效运行，需要定期对生物反应器进行清洗。采用可移动的生物陶粒作为细菌吸附载体，该载体廉价易得，比表面积较大，对酸碱均有耐受性，载体在反应器中循环移动，可解决同类反应器中黄钾铁矾的生产导致载体结块的问题，实现菌液的高效低成本生产，快速氧化 Fe^{2+}。

设计的细菌快速氧化 Fe^{2+}的生物反应器结构装置见图 5–7，包括四个部分，即生物反应器主体、进液部分、进气部分和集液部分，具体结构和组成如下：

生物反应器主体部分为一底端用 8–阀门封闭、上端敞口的圆筒体，内部填充 9–陶粒（Φ3～5 mm）。筒体近底部 120° 角安装有三个进气口，另有一个菌液出口，与筒体连接的各部位用环氧树脂密封。筒体上部连接培养基输入管道，陶粒填充到距离筒体顶端约 20 cm 处。

进液部分由 4——培养基储存罐、3——恒流泵、2——阀门和管道组成。

进气部分由 5——充气泵、6——气体流量计、7——阀门和空气输送管道组成。

集液部分由管道、10——阀门和 11——集液槽组成。

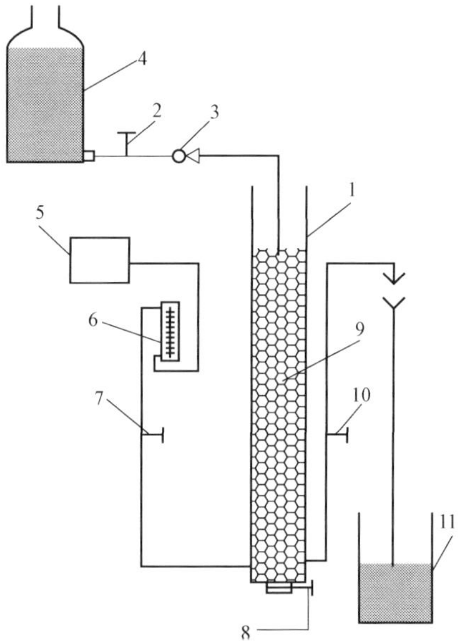

图 5–7　生物反应器及相关配套装置

1—生物反应器柱体；2，7，8，10—阀门；3—恒流泵；4—培养基储存罐；5—充气泵；6—气体流量计；9—陶粒；11—集液槽

5.4.2　试验方法与步骤

（1）生物反应器装置安装连接。

按图 5–8 所示安装生物反应器，对装置进行密封性检查，保证各部位无漏气、漏液等现象，检查完成后关闭 2、7、8、10 阀门。

（2）配置培养基。

用硫酸调节培养基 pH 2.00 左右，培养基配方如表 5–3。

表 5–3　培养基配方

名称	$MgSO_4 \cdot 7H_2O$	$(NH_4)_2SO_4$	KCl	$Ca(NO_3)_2$	K_2HPO_4	$FeSO_4 \cdot 7H_2O$	自来水	浓 H_2SO_4
质量/g	0.50	3.0	0.10	0.01	0.50	5.00	1 000 mL	—

（3）陶粒预处理。

取陶粒过筛，得到Φ3～5 mm 的陶粒，用 pH 2.00 的硫酸溶液浸泡，定时搅拌并补加硫酸维持溶液 pH 为 2.00。当溶液 pH 基本不变时，取出陶粒，用自来水洗净。

（4）挂膜。

（a）将预处理后的陶粒装入生物反应器筒体内，陶粒装入量以离反应器顶部 20 cm 为准。

（b）将驯化后的细菌和培养基按 1:1 接种混匀后倒入生物反应器中（以溶液刚好漫过陶粒为宜）。

（c）打开空气泵，再打开转子流量计和阀门，将空气通入生物反应器内，控制一定空气流量。

（d）定期取样分析生物反应器内菌液氧化还原电位（挂膜前期可每隔 4～5 h 分析一次，重复挂膜两到三次后每隔一小时分析一次，后期每隔半小时分析一次），当其达到 550 mV 时，关闭阀门和空气泵。

（e）菌液在生物反应柱内静置 2 h。

（f）半开底部阀门将菌液放出，按 5.0 $g·L^{-1}$ Fe^{2+}的量加入 $FeSO_4$ 并混匀。同时将生物反应器中陶粒从底部阀门处放出总陶粒量的 1/5，用培养基冲洗陶粒。

（g）关闭底部阀门，将冲洗后的陶粒从生物反应器顶部加入生物反应器中，将 f）中补充了 $FeSO_4$ 的菌液重新加入生物反应器中。

重复步骤（c）～（g），当每次菌液氧化还原电位达到 550 mV 所需时间基本稳定时，视为挂膜完成。挂膜完成后，打开阀门和恒流泵。控制培养基流入生物反应器的速度为 0.25 $L·h^{-1}$，每隔一小时测定一次流出液的氧化还原电位、亚铁浓度和总铁浓度，计算 Fe^{2+}氧化速率。直至流出液中 Fe^{2+}氧化速率不变，此时增大流量，重复上述过程，每次加大流量的幅度不应超过 200 $mL·h^{-1}$，增加进液流量直到反应器氧化 Fe^{2+}速率达到最大。根据生物反应器氧化 Fe^{2+}效果和是否存在板结情况，可每隔一段时间将陶粒从底部阀门处放出一小部分，将陶粒上的黄钾铁钒洗净后再从生物反应器顶部加入，并及时清洗排出细菌的代谢产物，防止陶粒结块。

5.4.3　试验结果

移动床生物反应器经过一个多月的连续运行，效果良好，运行期间未出现载体板结影响溶液流量的现象，溶液流量、Fe^{2+}氧化速率和流出液中 Fe^{2+}氧化率等结果见图 5－8 和图 5－9。

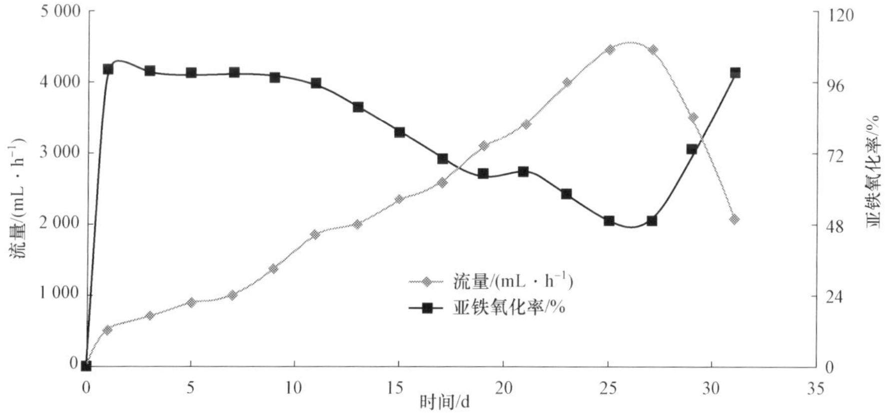

图 5－8　溶液流量与 Fe^{2+}氧化率的关系

从图 5－8 和图 5－9 可以看出，随着流量增大，Fe^{2+}氧化率降低，Fe^{2+}氧化速率增大，试验条件下 Fe^{2+}氧化速率最大达到 6.58 $g·L^{-1}·h^{-1}$，远大于不加载体（0.50 $g·L^{-1}·h^{-1}$）或固定床（1.20 $g·L^{-1}·h^{-1}$）的氧化 Fe^{2+}速率。

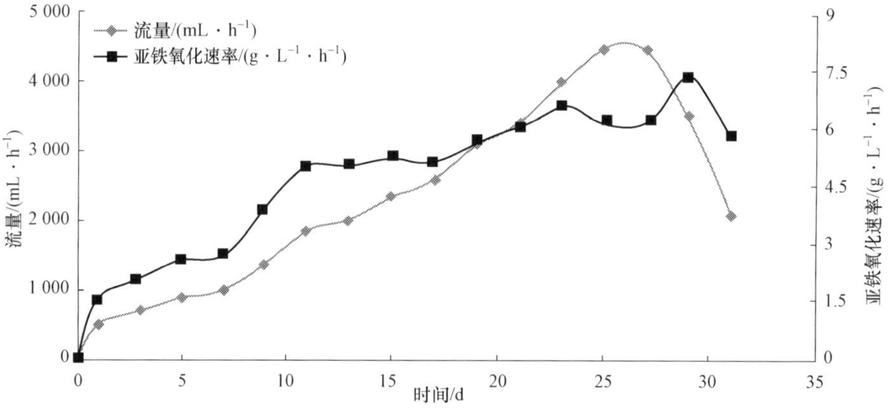

图 5-9　溶液流量与 Fe^{2+}氧化速率的关系

5.4.4　陶粒再生

快速氧化 Fe^{2+}的移动床生物反应器运行一段时间后，需要定期从氧化塔底部排放部分陶粒至载体再生槽中，运行期间，每隔一段时间排放一次，排放量为总量的 1/8～1/6，实现陶粒在氧化塔中的相对移动。对置于载体再生槽中的陶粒，加入一定浓度的硫酸溶液，溶液体积以能浸没陶粒为准，通入压缩空气搅拌，对陶粒进行再生处理。

再生处理后，将陶粒上脱落的板结物和洗涤液排出，加入清水，通入压缩空气洗涤；若洗水 pH 低于 1.50，则将洗水外排，继续通水通气洗涤；若洗水 pH 高于 1.50，则排除洗水，将处理后的陶粒送回氧化塔内，实现循环利用。

5.5　小　结

（1）为保持生物反应器氧化 Fe^{2+}的速率和效率，必须添加载体，且要求载体具有价格便宜、比表面积大、具有一定强度和耐酸、耐腐蚀等特点。

（2）生物反应器连续氧化溶液中 Fe^{2+}时每一溶液流量有最适通气量，用活性炭作载体的固定床生物反应器相对无载体生物反应器而言，因载体具有非常大的比表面积，为细菌的固定提供了非常好的场所，提高了生物反应器中细菌浓度，氧化 Fe^{2+}速率更快。

（3）对固定床生物反应器细菌氧化 Fe^{2+}过程中，采用底部通气更合适，空气中的氧气可以得到充分利用，能耗较低。

（4）对同一生物反应器，随着进液 Fe^{2+}浓度升高，细菌氧化 Fe^{2+}速率加快；5 $g \cdot L^{-1}$ Fe^{2+}溶液在 1.3 $L \cdot h^{-1}$ 流量下，固定床生物反应器细菌氧化 Fe^{2+}速率为 1.20 $g \cdot L^{-1} \cdot h^{-1}$；1 $g \cdot L^{-1}$ Fe^{2+}溶液在 5.4 $L \cdot h^{-1}$ 流量下，细菌氧化 Fe^{2+}速率为 0.98 $g \cdot L^{-1} \cdot h^{-1}$。

（5）生物反应器氧化 Fe^{2+}过程中部分 Fe 会积累在生物反应器中，Fe 浓度越高，Fe 积累的比例越大；为保持溶液中一定的 Fe 浓度，需要定期补充，并对生物反应器底部铁矾进行清理。

（6）移动床生物反应器氧化 Fe^{2+}速率最大达到 6.58 $g \cdot L^{-1} \cdot h^{-1}$，远大于不加载体

（0.50 $g \cdot L^{-1} \cdot h^{-1}$）或固定床（1.20 $g \cdot L^{-1} \cdot h^{-1}$）的氧化速率，且可解决黄钾铁矾与载体粘结成团，影响氧化 Fe^{2+}的问题，确保生物反应器长期、高效、稳定运行。

参考文献

［1］郑辉杰，陈洵，邸进申. 固定床生物反应器中氧化亚铁硫杆菌氧化 Fe^{2+}的研究［J］. 石油化工，2008，37（6）：628－632.

［2］Grishin S I. Tuovinen O H. Fast Kinetics of Fe^{2+} oxidation in packed－bed reactors. Appl environ Microbiol，1988，（54）：3092－3100.

［3］胡凯光，王清良，黄银屏，等. 地浸矿山细菌作氧化剂的探索性研究［J］. 世界采矿快，1998，14（2）：40－44.

［4］王清良，胡凯光，刘迎九，等. 伊宁铀矿 512 矿床地浸中细菌代替过氧化氢初步试验研究［J］. 铀矿冶，1999，18（4）：262－268.

［5］胡凯光，王清良，刘迎九，等. 381 地浸工艺中细菌氧化作用扩大试验［J］. 铀矿冶，1999，18（2）：90－97.

［6］刘健，樊保团，张传敬. 抚州铀矿细菌堆浸半工业试验研究［J］. 铀矿冶，2001，20（1）：15－26.

［7］樊保团，孟运生，刘建. 赣州铀矿草桃背分矿细菌堆浸工业试验［J］. 铀矿冶，2002，20（3）：151－155.

［8］Sergei I，Grishin J M. Bigham O H. Characterization of Jarosite Formed upon Bacterial Oxidation of Ferrous Sulfate in a Packed－Bed Reactor［J］. Appliedn and Environmental Microbiology，1988（12）：3101－3106.

［9］周顺桂，周立祥，黄焕忠. 黄钾铁矾的生物合成与鉴定［J］. 光谱学与光谱分析，2004，24（9）：1140－1143.

［10］朱长见，陆建军，陆现彩. 氧化亚铁硫杆菌作用下形成的黄钾铁矾的 SEM 研究［J］. 高校地质学报，2005，11（2）：234－238.

第 6 章

细菌堆浸采铀

6.1 堆浸采铀工艺

堆浸是堆置浸出法的简称，将铀矿石破碎至一定粒度（如 –6 mm 或 –10 mm），采用机械方式进行筑堆，配制一定浓度的溶浸剂，从矿堆上部喷淋，溶液流经矿石表面，并由矿石裂隙进入矿石内部，溶液与矿石表面和内部铀矿物接触并发生化学反应，选择性地溶解浸出矿石中的目标成分，形成离子或络合离子并使之转入溶液，反应后产物又经矿石裂隙迁移扩散至矿石表面，把矿石中的铀浸出。矿石中铀矿物与化学试剂发生作用，矿石中的铀以络离子（铀酰离子）形式从固相（铀矿石）转入到液相，浸出液中的铀通过离子交换（或溶剂萃取）工艺进行回收处理，得到合格液，用碱沉淀得到铀产品，矿石尾渣经水洗、中和后转移至尾矿库。堆浸的一个最明显的特点是：矿石必须先进行爆破、破碎，并经机械运输至堆场，然后进行浸出。堆浸的铀矿石仅需破碎，省去了磨矿和固液分离工序，降低了生产成本，适于处理低品位易浸矿石。我国堆浸提铀技术研究始于 20 世纪 60 年代，经过几代铀矿冶科技工作者的不断探索，已经在许多技术领域取得了突破，一大批科研成果已成功应用于堆浸提铀工业生产，并且取得了显著的经济效益[1-2]。堆浸提铀工艺是我国铀矿冶生产的重要工艺之一，工艺流程示意图见图 6–1。

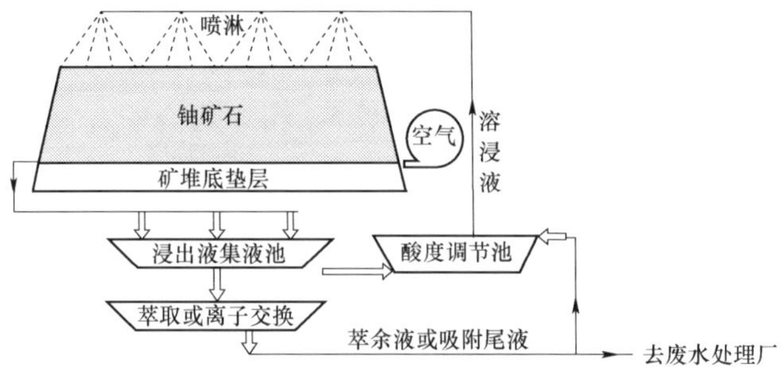

图 6–1 铀矿堆浸工艺流程示意图

在铀矿堆浸的研究和实践过程中发展了：浓酸熟化—高铁淋滤、低渗透性矿石制粒、串联、细菌氧化和渗滤浸出等堆浸工艺技术。

（1）浓酸熟化—高铁淋滤堆浸

该技术的特点是首先将破碎矿石进行浓酸熟化预处理，使矿石中的二价铁氧化为三价铁，由三价铁氧化四价铀，铀大部分转化为六价铀，然后采用含硫酸高铁的清水进行淋浸。此工艺既缩短了铀矿石的浸出周期，也提高了浸出液的铀浓度。

（2）低渗透性矿石制粒堆浸

低渗透性含泥矿石化学粘合进行酸法制粒，该粘合剂通过参与化学反应，可在矿粒内部形成以水化物晶核为基础的结晶结构网，从而大幅度提高矿堆的渗透性。

（3）串联堆浸

为了尽可能提高矿石堆浸液铀浓度，降低原材料消耗，针对多种铀矿石进行了系统的串联堆浸技术试验研究，开发了计算矿石串联堆浸各阶段操作参数的数学模型。

（4）细菌氧化堆浸

我国细菌氧化堆浸提铀技术的研究始于 20 世纪 60 年代，主要是利用氧化亚铁硫杆菌把矿石中的黄铁矿或吸附尾液中的 Fe^{2+}氧化成 Fe^{3+}，再由 Fe^{3+}氧化 U^{4+}为 U^{6+}，铀从矿石中转入至溶液中，从而完成对矿石中低价铀的氧化浸出。细菌氧化堆浸工艺流程如图 6－2 所示。

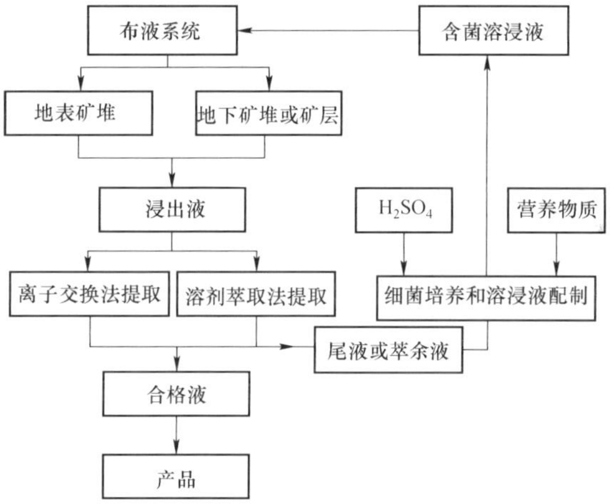

图 6－2　细菌氧化堆浸工艺流程示意图

（5）渗滤浸出

对于一些铁、镁、钙、铝等杂质含量高的复杂铀矿石，常规堆浸过程中，堆内溶液的酸度随着溶液的运移会不断消耗，导致铁、镁、钙、铝在堆内不断迁移—积累—沉淀，使铀矿堆板结，降低了矿堆的渗透性。渗滤浸出工艺由于改变了溶液与矿石的接触方式，可保持溶液酸度的相对稳定，有效地避免矿堆板结。

（6）伴生铀矿综合堆浸回收

目前已探明的铀矿资源中，铀、钼共生矿床占有一定的比例，此类型矿床在常规浸出时往往浸出时间长、浸出率低，且浸出液中铀钼的分离难度大，分离效果不理想。

（7）原地爆破堆浸

原（就）地爆破浸出开采是利用井巷工程和挤压爆破技术，就地崩落矿石，构筑矿石微细裂隙发育、级配合理、孔隙度均匀适度、渗透性良好的采场矿堆，然后向矿堆布洒溶浸剂，有选择性地浸出矿石中的有价金属，浸出的含金属溶液被收集转运至地面加工回收金属，矿渣留在采场就地处置，兼有地浸与堆浸的优点，是在地浸与堆浸的基础上发展起来的。其特点是：80%左右的矿石留在原采场就地布液浸出，20%左右的矿石出窿至地面堆浸。采切工程量少，废石、尾渣排放量少，是一种少废料的矿床开采方法；减少了矿石搬运和破碎工作量，减少了放射性对地表环境的污染；由于与矿体靠近的表外矿石很容易与矿体一道浸出来，从而可以提高资源回收率；生产成本在堆浸的基础上还可降低约1/3[3-4]。但满足原地破碎进出工艺开采的铀资源不多。

原地破碎工艺流程示意图见图6－3。

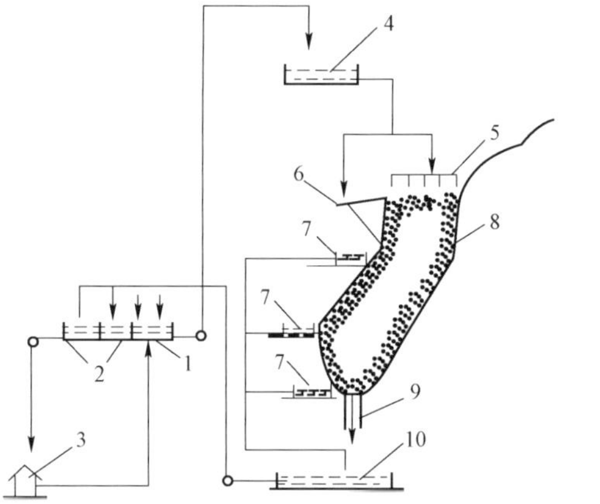

图6－3　原地爆破浸出采铀工艺示意图

1—溶浸液配制池；2—浸出液中转计量池；3—水冶车间；4—高位池；5—布液管；6—注液孔；7—分段集液池；8—地下矿堆；9—导液井；10—总集液池

我国20世纪60年代末开始在铀矿山开展3 000 t级的浅孔落矿筑堆的原地爆破浸出开采试验研究，80年代末在爆破落矿筑堆、采场布液浸出和集液防渗堵漏三大关键技术及相关理论有所突破之后，在陕西某铀矿进行了万吨级的中深孔爆破落矿筑堆的原地爆破浸出开采工业性试验，并将该矿山建成我国第一座全溶浸型原地爆破浸出开采矿山。

铀矿细菌堆浸工艺中，细菌主要充当氧化剂（如 H_2O_2）的作用，即在配制溶浸剂的时候不加化学氧化剂，利用细菌氧化溶液中 Fe^{2+} 为 Fe^{3+}，再由 Fe^{3+} 氧化 U^{4+} 为 U^{6+}；当铀矿石中含有黄铁矿时，细菌会对其进行氧化，产生硫酸，起到节省硫酸的作用。

铀矿细菌堆浸已进行了多年的研究，并取得了较大进展，针对江西某堆浸铀矿山，进行室内试验和现场试验，围绕细菌浸出的相关问题进行了较系统研究，探索了细菌堆浸的基本工艺过程及可行性研究方法。

6.2　细菌浸出柱浸试验

6.2.1　矿石成分

细菌浸出柱浸试验所用矿石来自江西某堆浸铀矿山，试验前矿石均破碎至－10 mm，并取样进行化学分析，分析结果见表6－1。

表6－1　矿石化学成分分析结果（%）

矿石成分	U^{6+}	U^{4+}	S	FeS_2	FeO	Fe_2O_3	F^-	SiO_2	Al_2O_3	P
含量	0.108	0.084	0.29	0.21	0.53	1.44	0.29	73.69	9.23	0.389

表 6－1 中数据表明：试验所用铀矿石含有少量黄铁矿，有利于细菌的生长、繁殖，并能产生硫酸，降低酸耗，对细菌浸出有利；但矿石中 F^- 含量较高，可能对细菌活性造成不利影响，应考虑对细菌进行驯化培养。但从前面 Al^{3+} 与 F^- 共存时细菌活性试验结果可以看出，溶液中如果有 Al^{3+} 存在时，F^- 对细菌活性影响明显减小，这需要对浸出液中 Al^{3+} 和 F^- 的浓度进行分析，并通过细菌活性试验结果进行验证。

6.2.2　试验方法

柱浸试验选用 Φ100×1 000 mm 有机玻璃柱，矿石破碎至－10 mm，有机玻璃柱底部装入砾石和细砂作过滤层，高度 3～5 cm，并用 3～5 g·L^{-1} H_2SO_4 进行预处理，然后装入矿样，装入矿样后，分别用细菌＋硫酸、硫酸铁＋硫酸和仅用硫酸进行柱浸对比试验，硫酸浓度为 5～6 g·L^{-1}。细菌浸出每次均采用新培养的菌液，细菌培养参照 9 K 培养基成分，调整培养基 Fe^{2+} 浓度为 1 g·L^{-1}，菌液培养后调节硫酸浓度为 5～6 g·L^{-1}。硫酸铁浸出时，控制溶液中 Fe^{3+} 浓度为 1 g·L^{-1}。柱浸试验过程中，取浸出液分析铀浓度，测量氧化还原电位和 pH（或硫酸浓度）。

6.2.3　结果与分析

经过 45 天的浸出试验，试验结果见表 6－2。

表 6－2　柱浸试验结果

溶浸剂种类	细菌＋硫酸	硫酸铁＋硫酸	硫酸
浸出液氧化还原电位/－mV	398～560	351～443	329～400
浸出时间/d	45	45	45
液固比	4:1	4:1	4:1
硫酸耗量/%	2.53	2.79	2.79
铀浸出率/%	93.00	91.50	88.17

表 6－2 中试验结果表明：江西某铀矿石浸出性能良好，酸耗低，小于 3%；浸出周期短，仅为 45 天；浸出液硫酸浓度为 5～6 g·L^{-1} 时，在较短时间内铀浸出率即可达到近 90%；加氧化剂比不加氧化剂铀的浸出率高出 4%～5%，且细菌浸出比硫酸铁浸出效果更好，酸耗也更低。

6.2.4　细菌活性检验

浸出液和吸附尾液中细菌活性关系到细菌浸出的可行性和浸出效果，如果浸出液和吸附尾液中细菌均具有活性，经过一段时间后可能不需要每次加入新菌液，通过溶液中具有活性的细菌循环氧化溶液中 Fe^{2+} 即可。为此，对三个不同条件下柱浸试验的浸出液和吸附尾液分别进行了摇瓶试验，检验细菌活性，检验结果见图 6－4 和图 6－5。

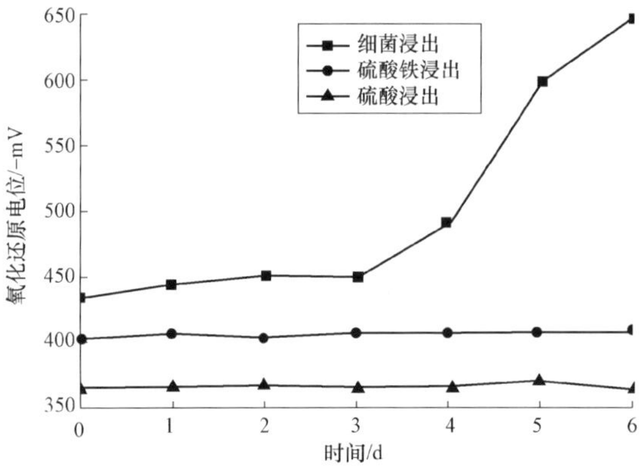

图 6－4　柱浸试验浸出液电位随时间变化曲线

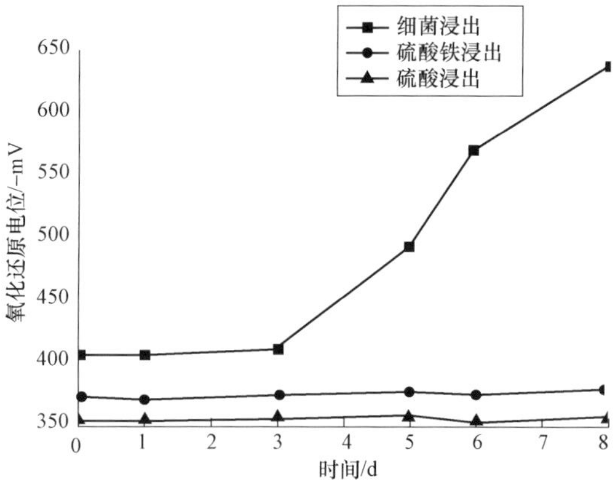

图 6－5　柱浸试验吸附尾液电位变化曲线

从图 6－2 和图 6－3 中试验数据可以看出：细菌浸出的浸出液和吸附尾液电位逐渐升高较大，其他基本无变化，说明细菌浸出时，浸出液和吸附尾液中均存在活性细菌。

虽然浸出液和吸附尾液中 F^-浓度均超过 0.2 $g \cdot L^{-1}$，但由于溶液中 Al^{3+}浓度为 0.4～0.8 $g \cdot L^{-1}$，Al^{3+}可以与 F^-络合，降低了溶液中游离 F^-的浓度，减弱了 F^-对细菌活性影响。

通过对江西某铀矿石的室内细菌浸出试验，得到初步结论如下：该矿石中 U^{6+}/ U^{4+}比值大于 1，U^{6+}比例较大，容易浸出；但加入氧化剂仍能提高铀的浸出率，细菌作氧化剂浸出效果更好，细菌浸出能提高铀的浸出率 4%～5%。通过对浸出液、吸附尾液中细菌活性进行检测，发现该铀矿石柱浸试验浸出液中细菌具有活性，该类型铀矿石适合细菌浸出，在此基础上进行了现场细菌堆浸试验。

6.3　细菌堆浸现场试验

6.3.1　试验方法

通过原地爆破方法将铀矿石破碎至粒度－150 mm 约占 75%，矿石爆破后自然成堆，细菌溶液从矿堆上部喷淋，渗入矿石，浸出矿石中的铀。含铀溶液从铀矿堆底部流出，汇入至集液池，用不锈钢泵输送至地表浸出液中转池，通过离子交换塔进行离子交换吸附，吸附尾液中 Fe^{2+}被生物反应器中细菌氧化为 Fe^{3+}，补加硫酸作溶浸剂，循环浸出；定期取样和分析浸出液中铀浓度、氧化还原电位、硫酸浓度以及细菌活性。根据现场条件对生物反应器进行设计、加工，生物反应器位于溶浸剂配制池旁边，吸附尾液直接进入生物反应器。因吸附尾液中 Fe^{2+}浓度低，需补加 $FeSO_4 \cdot 7H_2O$，故在生物反应器旁边修建了 $FeSO_4 \cdot 7H_2O$ 溶解池，细菌堆浸工艺流程见图 6－6。

细菌浸出从浸出中后期开始，采用间歇喷淋方式（即停止喷淋 5～10 天后继续喷淋），浸出液铀浓度处于下降过程中，其他条件保持不变，加入细菌，进行细菌浸出，监测浸出液铀浓度变化。试验矿石规模为矿石量 9 500 t，矿石化学成分分析结果见表 6－3。

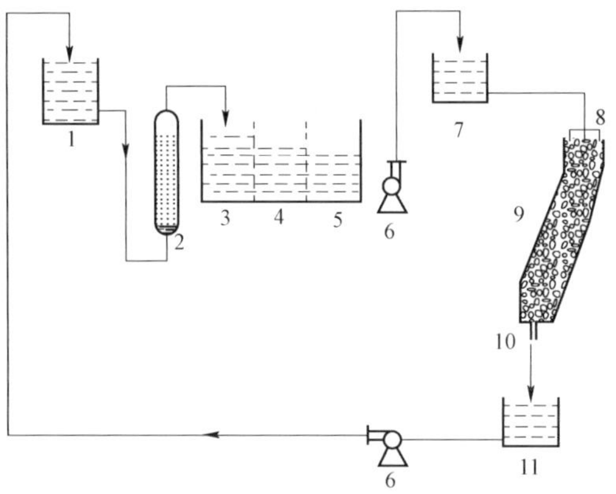

图 6-6　细菌堆浸工艺流程示意图

1—浸出液中转池（高位槽）；2—离子交换吸附塔；3—$FeSO_4·7H_2O$ 溶解池；4—生物反应器；5—溶浸剂配制池；6—不锈钢泵；7—高位槽；8—喷淋网络；9—地下矿堆；10—导液井；11—集液池

表 6-3　铀矿石成分分析结果（%）

化学成分	U	U^{6+}	U^{4+}	S	FeS_2	FeO	Fe_2O_3	Al_2O_3	F^-
含量	0.088	0.048	0.040	0.16	0.21	0.54	1.02	9.23	0.28

表 6-3 中矿石化学成分分析结果表明，现场试验矿石中含有黄铁矿、氟和铝，与室内试验矿石成分相近。

6.3.2　试验结果

（1）浸出液铀浓度变化

铀矿原地破碎细菌浸出现场试验浸出中期浸出液铀浓度较高，经过一段时间后，铀浓度逐渐降低。当铀浓度降低至 130～150 mg·L^{-1} 时，停止喷淋 10 天，然后恢复喷淋，当浸出液铀浓度较低时加入细菌，每天对浸出液进行取样分析，得到浸出液铀浓度（U）与时间关系曲线如图 6-7 所示。

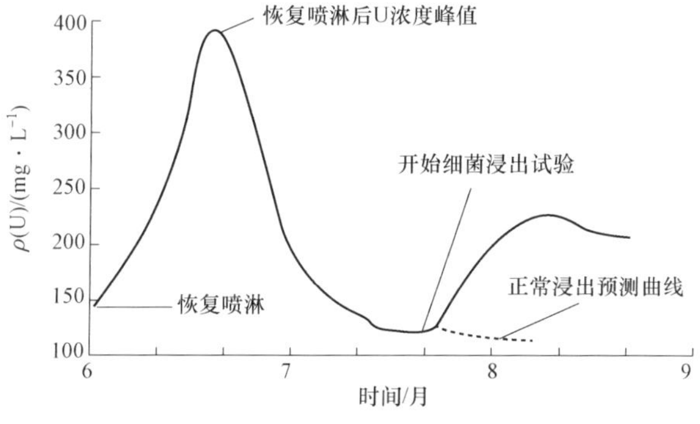

图 6-7　浸出液铀浓度（U）与时间关系曲线

图 6-7 结果表明，在铀矿石堆浸过程中，当浸出液铀浓度降低到一定值时，采取间歇喷淋方式，浸出液铀浓度升高，节省了人力、原材料以及能源等，能带来一定经济效益。

恢复喷淋开始时浸出液铀浓度仅为 150～170 mg·L^{-1}，恢复喷淋一段时间后浸出液铀浓度很快从 170 mg·L^{-1} 上升到 400 mg·L^{-1}。但铀浓度高峰值持续时间不长，从高峰值很快降下来。当浸出液铀浓度下降至 120～140 mg·L^{-1}，而且还处于下降趋势时开始细菌浸出试验，加入细菌后浸出液铀浓度快速上升至 220 mg·L^{-1}，并在此浓度附近维持了较长时间，浸出液铀浓度提高约 50%，图 6－5 中曲线可以明显看出细菌所起的作用。

（2）酸耗量

细菌浸出试验前后对硫酸消耗进行估算，研究细菌浸出时硫酸耗量。通过溶浸剂硫酸浓度与浸出液余酸浓度差值对硫酸消耗进行估算，估算结果为，细菌浸出前平均酸耗量为 2.9 g·L^{-1}，细菌浸出试验期间为 1.7 g·L^{-1}，即细菌浸出酸耗降低 1.2 g·L^{-1}，节省硫酸耗量约 40%。结合细菌氧化机理，对含黄铁矿的铀矿石细菌浸出可以节省硫酸的观点，在现场细菌浸出试验中得到了进一步证实。

（3）浸出液成分析

试验期间对浸出液成分进行监测，结果见表 6－4。

表 6－4　浸出液成分分析（g·L^{-1}）

U	SO_4^{2-}	Ca^{2+}	Fe^{3+}	Fe^{2+}	Mg^{2+}	Mn^{2+}	Al^{3+}	SiO_2	F^-
0.210	9.76	0.356	0.10	0.42	0.197	0.040	0.748	0.369	0.388

6.4　小　结

（1）自行设计的生物反应器能满足铀矿堆浸现场试验需求，载体能有效固定细菌，细菌能快速氧化溶液中 Fe^{2+}；

（2）江西某铀矿石的细菌浸出试验结果表明，加入氧化剂能提高铀的浸出率，细菌作氧化剂能提高铀浸出率，降低酸耗；

（3）虽然铀矿石中含有 F，且在浸出过程中会进入到溶液中，但由于溶液中 Al^{3+}浓度较高，降低了溶液中游离 F^-的浓度，减小了 F^-对细菌活性影响。

（4）对浸出液、吸附尾液中细菌活性检测发现，浸出液和吸附尾液中细菌活性较好，进一步验证该类型铀矿石适合细菌浸出。

（5）针对浸出液中总 Fe 浓度过低的情况，考虑加入 $FeSO_4$ 至溶液中总 Fe 浓度为 1～1.5 g·L^{-1}，以提高溶浸剂中氧化剂（Fe^{3+}）的浓度，满足堆浸所需氧化剂强度要求。

参考文献

［1］曾毅君，牛玉清，张飞凤，等. 我国铀矿冶生产技术进展综述［J］. 铀矿冶，2003，22（1）：24－27.

［2］李尚远，陈明阳，李丛奎. 铀、金、铜矿石堆浸原理与实践［M］. 北京：原子能出版社，1997.

［3］全爱国，欧阳建功. 我国原地爆破浸出开采及其发展前景［J］. 铀矿冶，2001（1）：1－4.

［4］杨仕教，杨建明，李广悦，等. 原地破碎浸铀理论与实践［M］. 长沙：中南大学出版社，2003，3.

第 7 章

细菌地浸采铀

7.1 地浸采铀

简称地浸，是一种在天然埋藏条件下，通过施工的注液钻孔将按一定比例配制好的溶浸液注入至含矿层，注入的溶浸液与铀矿石中的有用成分铀矿物接触发生化学反应，生成可溶性离子或化合物，在扩散和对流作用下离开化学反应区，进入沿矿层渗透迁移的溶液液流中形成浸出液；浸出液从抽液井提升至地表，最后经过地表水冶工艺加工处理得到合格产品。地浸工艺一改过去常规铀矿山的生产模式，没有昂贵而繁重的井巷或剥离工程，也没有铀矿石运输、选矿、破碎和尾矿坝建设等工序；被采出的是含有有用组分的溶液。地浸开采具有工艺简单、基建投资少、生产成本低、环境保护和安防条件好等优点，这一采矿新工艺已受到世界采矿业的普遍关注。

在铀的地浸工艺中，注入的溶浸液与铀矿物接触，发生氧化、溶解反应，铀从固相转变为液相，进入含矿含水层中，经抽液钻孔抽至地表，抽出的浸出液输送至回收车间进行离子交换等工艺处理，在水冶厂加工成铀产品。铀的浸出过程中，铀矿石不产生位移，是集采、选、冶于一体的新型铀矿开采方法[1-3]。原地浸出采铀原理如图 7-1 所示，工艺流程见图 7-2，其他示意图见图 7-3～图 7-5。

地浸采铀技术的成功不仅有效降低了我国天然铀生产的投资和成本，提高了生产效率，而且扩大了我国铀矿资源的开发利用范围，拓展了我国可供开发的铀资源量。但是，随着核电对天然铀需求持续增长，铀矿开采难度加大和成本上升，以及铀资源分布特点，我国对地浸采铀的工艺技术、生产规模、劳动生产率等提出了越来越高的要求。新疆和内蒙古铀矿生产基地均采用地浸开采工艺，从目前掌握的情况来看，地浸采铀大基地建设条件虽然已基本具备，但一些关键技术和流程还需要突破。因此，只有依靠地浸采铀技术、工艺、设备、材料的不断进步，才能逐步拓展我国可供开发的铀资源量，提高我国砂岩型铀矿资源利用率，提高地浸采铀生产能力，改善我国天然铀生产结构。

我国地浸采铀技术的研究始于 20 世纪 70 年代初，经过 40 多年的试验研究与生产实践，地浸采铀技术已成为我国铀矿开采的重要技术手段，其主要工艺技术水平和指标已达到或领先国际先进水平。形成了一套以地浸铀资源评价、溶浸剂配制和使用方法、地浸钻孔结构设计与施工工艺、钻孔排列方式和钻孔间距的优化、溶浸范围模拟与控制、浸出液处理工艺技术、地浸矿山环境保护等为主体的地浸采铀技术体系[3]。

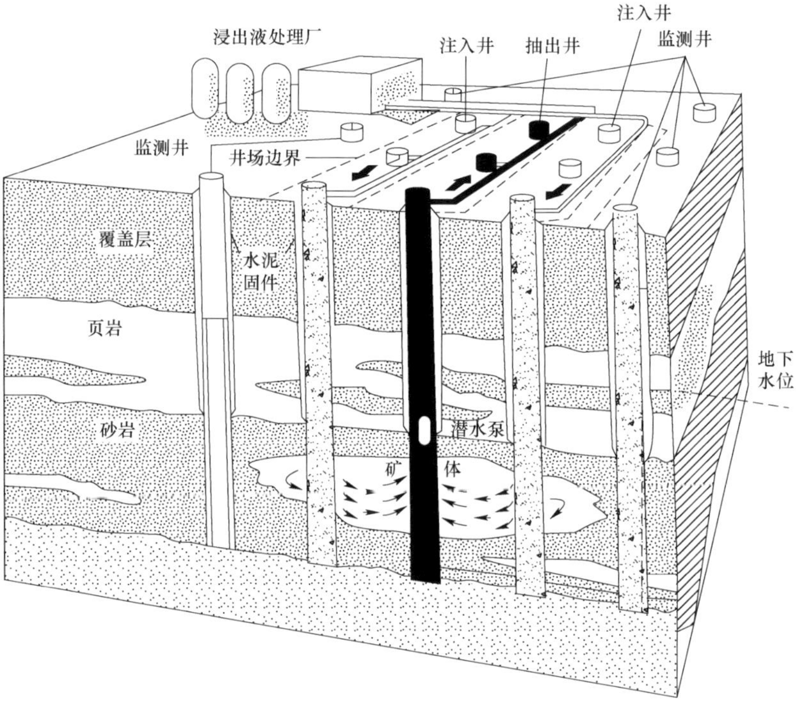

图 7－1　原地浸出采铀原理示意图

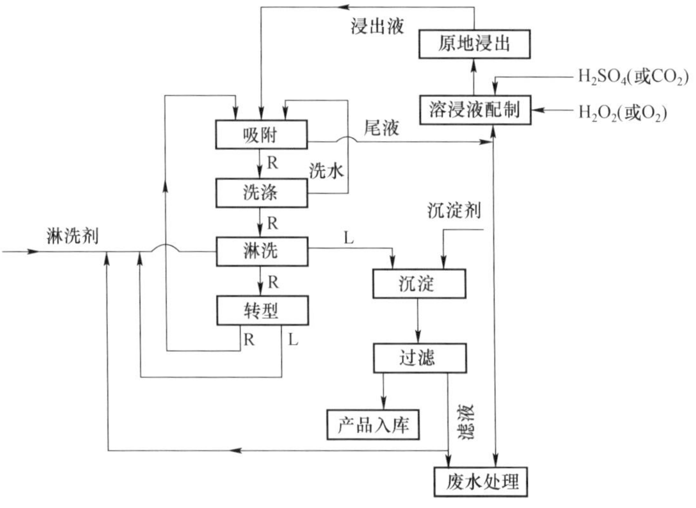

图 7－2　地浸采铀工艺流程

地浸采铀技术的成功应用为我国北方砂岩铀矿的开发提供了技术保障；地浸采铀技术先后经历了酸法、碱法浸出的研究与实践，尤其是酸法地浸采铀工艺在新疆、内蒙古得到了很好的推广应用，产生了巨大的经济效益。近年研发出的 CO_2+O_2 地浸采铀工艺已成功实现工业化应用，产生了巨大的经济效益和环境效益，作为绿色开采工艺的示范，2015 年获得国家科技进步二等奖，并已得到推广应用。

在铀的原地浸出过程中，铀矿物中 U^{4+} 不溶于酸和碱，需要加入氧化剂（如 H_2O_2 或 O_2）氧化为 U^{6+} 才能被浸出。

图 7－3　某 CO_2+O_2 地浸采铀矿山

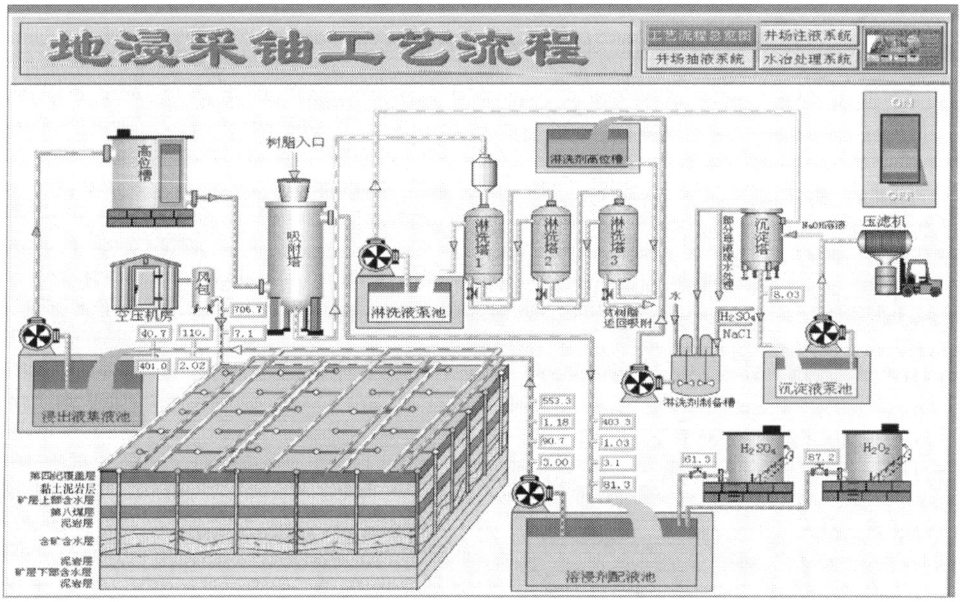

图 7－4　地浸采铀工艺系统图（酸法）

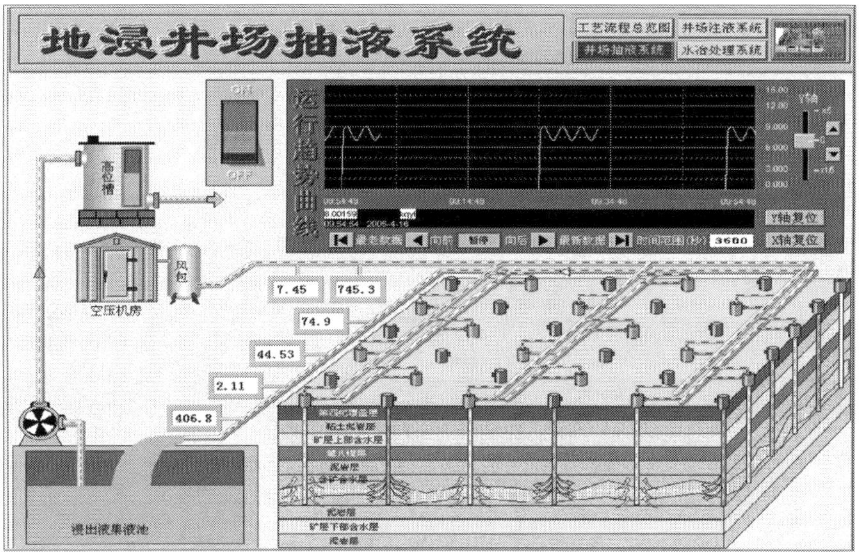

图 7-5　地浸采铀井场抽注系统图

细菌地浸采铀中细菌主要充当氧化剂的作用，利用细菌把溶液中的 Fe^{2+}氧化为 Fe^{3+}，再由 Fe^{3+}氧化 U^{4+}为 U^{6+}。当然，细菌也可以随溶浸液进入到地下含矿层氧化黄铁矿。细菌地浸采铀试验研究起步较早[4-5]，但离应用还有距离，结合新疆、内蒙古、云南等现场环境特点，进行了细菌地浸采铀室内、外试验，取得了阶段性成果。

7.2　细菌浸出室内试验

7.2.1　试验材料

（1）菌种

与细菌堆浸试验所用菌株相同。

（2）培养基

在细菌活化阶段和前期驯化阶段，细菌培养均采用标准培养基，成分见表 7-1。本次浸出试验在新疆某地浸采铀矿山现场的室内完成，柱浸试验期间，细菌培养由现场吸附尾液作培养基给细菌提供营养，吸附尾液成分见表 7-2。

表 7-1　培养基成分（$mg \cdot L^{-1}$）

名称	$MgSO_4 \cdot 7H_2O$	$(NH_4)_2SO_4$	KCl	$Ca(NO_3)_2$	K_2HPO_4	$FeSO_4 \cdot 7H_2O$	H_2SO_4
浓度	500	3 000	100	10	500	5 000	5 000

表 7-2　吸附尾液成分（$mg \cdot L^{-1}$）

组分	SO_4^{2-}	PO_4^{3-}	Cl^-	Fe^{2+}	ΣFe	Ca^{2+}	Mg^{2+}	NH_4^+	K^+	Na^+	NO_3^-
浓度	13 500	1.85	250	450	976	640	520	68	28.5	456	720

从表 7–1 和表 7–2 中数据可以看出，吸附尾液中含有细菌培养所需要的基本营养物质，可以根据情况进行适当的添加和调整，也可以不加。

（3）矿石性质

试验铀矿石取自新疆某地浸采铀矿山，通过扫描电镜和电子探针对该砂岩铀矿样进行分析，结果表明矿石中铀主要以钛铀矿形式存在；胶结物中含有有机质和粘土矿物，其他金属矿物为黄铁矿和少量菱铁矿，试验矿样的主要成分含量见表 7–3。

表 7–3　矿样成分含量（%）

成分	U	U^{6+}	U^{4+}	C	FeS_2	Ca	Mg	Ni	Sc	Na
含量	0.031 7	0.028 5	0.003 2	0.23	0.126	0.24	0.220	0.002 6	0.004 8	0.068
成分	Al	FeO	Fe_2O_3	Mn	Cu	P	B	Ti	N	S
含量	4.96	0.74	1.23	0.025	0.003	0.011	0.061	21.0	0.026	0.02

从表 7–3 数据可知，该铀矿石中钛含量很高，高达 21.0%，铀主要以钛铀矿形式存在，属难浸铀矿石。铀矿石中含有对细菌浸出有利的少量黄铁矿，矿石中 FeO 比例较大，可能需要加氧化剂改善浸出效果。

7.2.2　试验方法

细菌经过针对性驯化后用于地浸采铀工艺模拟柱浸试验，柱浸试验采用新疆某地浸采铀矿山现场新采集的混合砂岩铀矿样，设计试验柱 4 个，规格为：外径 Φ88 mm，内径 DN80 mm，高 1 000 mm，有效高度 840 mm。矿样经人工捣碎、混匀后取化学分析样，剩余矿样分别装入四个试验柱。试验柱底部装填砾石层，四个试验柱装铀矿样分别 6.7 kg、6.6 kg、6.7 kg 和 6.7 kg，U 0.031 4%，柱浸试验装置见图 7–6。

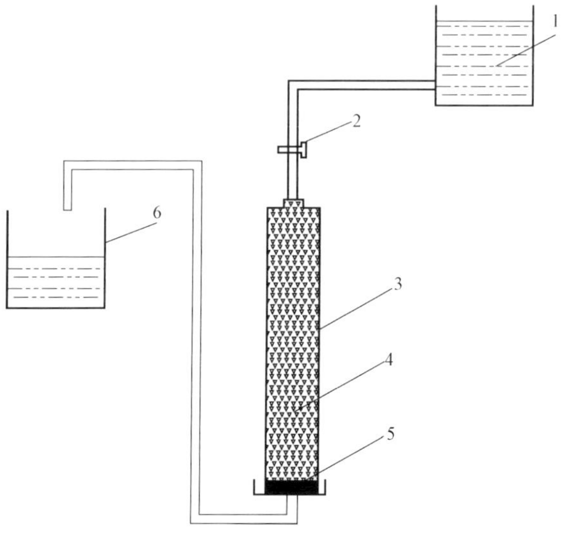

图 7–6　柱浸试验装置

1—高位槽；2—调节阀；3—PVC 柱；4—矿石；5—过滤层；6—集液槽

柱浸试验包括三个阶段，第一阶段：水洗。该阶段主要测试装柱矿样的渗透性和有效孔隙体积。第二阶段：酸化。硫酸浓度为10～12 $g\cdot L^{-1}$，当浸出液 pH 为3～4时，酸化结束，主要考察矿石的酸化情况。第三阶段：正常浸出。硫酸浓度调整为5～7 $g\cdot L^{-1}$，考察矿石的浸出性能。当浸出液铀浓度低于10 $mg\cdot L^{-1}$时，停止试验。试验设计三个浸出条件，1号柱：过氧化氢加硫酸浸出；2号柱：硫酸浸出；3号柱：细菌浸出。

7.2.3 试验结果

柱浸试验开始的第一、二阶段浸出条件相同，第三阶段调整为各自不同浸出条件，得到试验结果见表7－4。

表7－4 柱浸试验结果

柱号	1	2	3
矿样重量/kg	6.7	6.6	6.7
浸出条件	吸附尾液＋硫酸＋0.6 $g\ L^{-1}$ 过氧化氢	吸附尾液＋硫酸	吸附尾液＋细菌＋硫酸
铀浸出率/%	95.8	93.7	99.8
酸耗，kg/kgU	23.64	22.98	22.99

表7－4中试验数据表明，三种浸出条件，酸耗相差不大，加入氧化剂和细菌后铀的浸出率提高，说明氧化剂的加入对铀的浸出效果有一定影响，过氧化氢浸出和细菌浸出铀的浸出效果均较好，比仅用硫酸浸出时铀浸出率高2%～6%，细菌浸出铀浸出率最高为99.8%。

7.3 细菌浸出现场试验

先后于1995年、1996年和2007年在新疆、云南等地的地浸采铀矿山开展了多次细菌作氧化剂现场试验，试验结果均表明，细菌氧化 Fe^{2+}效果和铀的浸出效果明显。

7.3.1 新疆细菌浸出现场试验

（1）试验方法

1）细菌耐受性试验

为了使细菌能更好地适应新疆地浸采铀溶液环境，结合地浸采铀工艺特点，采用从铀矿山酸性矿坑水中选育获得的氧化亚铁硫杆菌，进行细菌耐受性试验。由于浸出液中含有U、SO_4^{2-}、NO_3^-、Cl^-、Zn^{2+}、Cu^{2+}、Mn^{2+}、Cr^{3+}等离子，见表7－5，分别进行了细菌对各种离子的耐受性试验。试验方法是：采用9 K培养基，Fe^{2+}浓度1 $g\cdot L^{-1}$，调节摇床温度35 ℃，转速140 $r\cdot min^{-1}$，按1:10接种，分别调整各种离子浓度，于摇床上培养，每天测量溶液氧化还原电位，检测细菌氧化 Fe^{2+}活性，以检验细菌对各种离子的耐受程度。

表 7－5　新疆某地浸铀矿山浸出液成分分析结果

元素名称	U	ΣFe	Cr^{3+}	Mn^{2+}	Cu^{2+}	Zn^{2+}	Cl^-	NO_3^-	SO_4^{2-}
浓度/（$mg \cdot L^{-1}$）	126	860	1.09	2.55	0.56	1.54	129	743	12 600

2）现场试验

生物反应器的设计

结合地浸采铀矿山现场试验情况，设计了 3 个生物反应器，见图 7－7，均采用下挖地势，反应器主体部分位于地表以下，出露地表约 20 cm，池体为混凝土，用沥青防腐。每个生物反应器长 5.5 m，宽 1.5 m，深 2 m，单个反应器有效容积约 12 m^3。生物反应器连接通气装置和管路后，安装载体，空气由鼓风机提供，分流后平均加入每个生物反应器中。每个生物反应器底部安装通气管，通气管上安装曝气头，每个生物反应器安装曝气头 24 个，分三排。生物反应器与菌液池串联，最后，经生物反应器氧化后的溶液从溢液口流入配液池，经配液池补加硫酸配成溶浸液，由注液泵从注液孔注入含矿层。

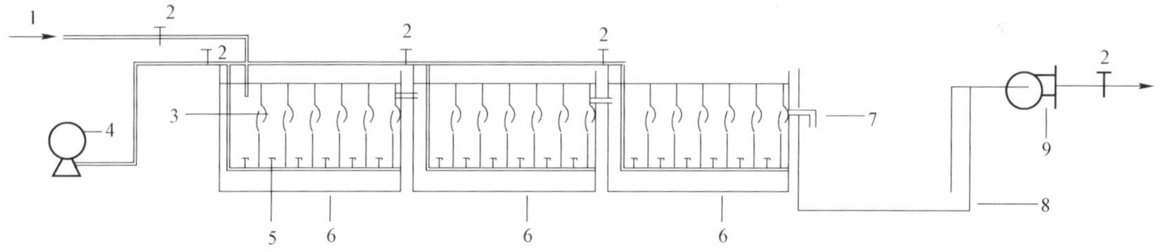

图 7－7　生物反应器示意图

1—吸附尾液进口；2—阀门；3—载体；4—鼓风机；5—曝气装置；6—生物反应器；7—溢流口；8—配液池；9—注液泵

试验方法

在现场试验区附近建造生物反应器，利用细菌将溶浸液中 Fe^{2+}氧化为 Fe^{3+}，并将培养好的菌液补加一定量的硫酸，通过注液管道从注入孔注入地下铀矿体，参与铀的浸出过程，再从抽出孔抽出，进入集液池，从吸附塔流出的吸附尾液进入生物反应器，利用细菌氧化 Fe^{2+}为 Fe^{3+}，如此不断循环。试验是在现场自然气候条件下进行，无加热设施，生物反应器上部加盖保温层保温。细菌浸出试验过程中，吸附尾液不断进入生物反应器，培养好的菌液连续不断注入地下含矿层。细菌所需营养物质来自吸附尾液，不再另外补加。适当调节尾液流量，以保证 3 号反应器流出溶液的氧化还原电位达到 500 mV 以上。

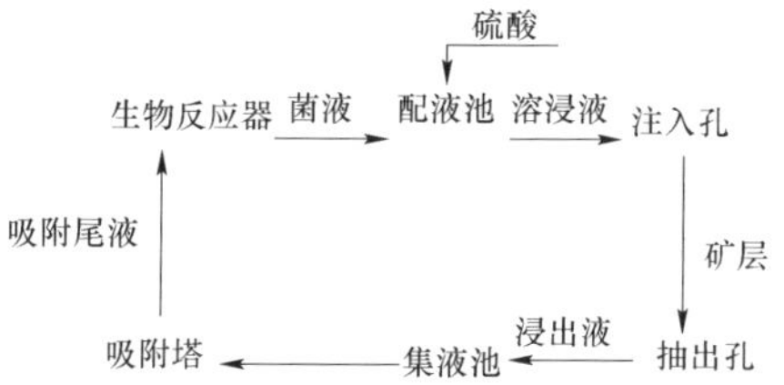

图 7－8　细菌浸出试验工艺流程

细菌浸出现场试验工艺流程见图 7－8。

（2）现场试验结果

1）细菌耐受性试验结果

通过细菌对不同离子的耐受性试验，结果表明，SO_4^{2-}、NO_3^-、Cl^-、Zn^{2+}、Cu^{2+}、Mn^{2+}、Cr^{3+}的耐受浓度分别达到了 32 $g \cdot L^{-1}$、3.2 $g \cdot L^{-1}$、3.2 $g \cdot L^{-1}$、0.40 $g \cdot L^{-1}$、3.2 $g \cdot L^{-1}$、0.40 $g \cdot L^{-1}$、

0.40 g·L^{-1}，且尚未达到最大浓度；U 耐受浓度为 0.8 g·L^{-1}，当 U 浓度为 1.6 g·L^{-1} 时细菌失去活性或基本不能氧化 Fe^{2+}；F^-的影响最大，耐受浓度仅为 20 mg·L^{-1}，当 F^-浓度为 50 mg·L^{-1} 时细菌失去活性。

2）细菌连续培养试验结果

用细菌作氧化剂抽注试验进行了 2 个月，试验期间把细菌浸出结果与细菌浸出试验前过氧化氢浸出结果进行对比，结果见表 7－6；对细菌浸出试验期间生物反应器中溶液温度和电位进行了测量，结果见表 7－7。

表 7－6 细菌与过氧化氢浸出试验结果

项 目		浸出液			氧化后的溶液	
		电位/－mV	Fe^{2+}/（mg·L^{-1}）	铀浓度/（mg·L^{-1}）	电位/－mV	Fe^{2+}/（mg·L^{-1}）
0.5 g.L^{-1} 过氧化氢浸出	最高	393	1 132	12.13	434	867
	平均	355	987	10.09	397	768
	最低	350	890	6.09	378	878
细菌浸出	最高	428	1 032	18.77	586	628
	平均	370	608	17.60	467	282
	最低	351	586	16.56	424	91

表 7－7 细菌现场连续氧化结果（月平均值）

日期	项目	1 号反应器		2 号反应器		3 号反应器	
		T/℃	Eh/（－mV）	T/℃	Eh/（－mV）	T/℃	Eh/（－mV）
第 1 个月	月最高	20	462	20	530	19	556
	月平均	17	443	17	495	16	531
	月最低	15	409	15	482	14	478
第 2 个月	月最高	17	515	18	595	17	654
	月平均	15	455	15.2	508	14	546
	月最低	13	423	13	466	13	500

表 7－6 结果表明：改用细菌浸出后，浸出液铀平均浓度由 10.09 mg·L^{-1} 上升到 17.60 mg·L^{-1}，提高了浸出液中铀浓度；细菌浸出比过氧化氢浸出的氧化还原电位高，亚铁浓度低。随着细菌作氧化剂抽注试验的进行，浸出液铀浓度明显提高，亚铁浓度降低，氧化还原电位上升，加快了铀的氧化溶解，加快了铀的浸出速度。

表 7－7 结果表明：在细菌连续培养和氧化吸附尾液 Fe^{2+}过程中，细菌可以依靠吸附尾液成分作为其生长、繁殖所需的营养物质，外界不需补充。吸附尾液以 1.0～2.0 m^3·h^{-1} 的流量不断进入生物反应器，菌液依次由 1 号反应器进入 2 号反应器，再进入 3 号反应器，最后进入配液池。生物反应器中菌液电位依次升高，Fe^{2+}浓度逐渐降低，直到 Fe^{2+}全部被氧化。生物反应器在现场连续运行了 2 个月，培养的合格菌液超过上千立方米。并且在现

场气温较低，最低达 –15 ℃的环境下，溶液温度也能保持在 10～15 ℃，细菌能够保持一定的活性，可以继续氧化 Fe^{2+}为 Fe^{3+}，说明细菌已对现场低温环境有一定的适应能力。

（3）现场试验结论

经过新疆某地浸铀矿山 2 年多的细菌浸出室内、外现场试验，得到初步结论如下：

1）细菌经过驯化培养后能一定程度上适应现场溶液环境和低温环境；生物反应器在现场连续运行 2 个月，现场最低气温为 –15 ℃环境下，溶液温度也能保持在 10～15 ℃，细菌能够保持一定活性，可以继续氧化 Fe^{2+}为 Fe^{3+}，说明细菌已经能适应现场低温溶液环境。现场细菌浸出试验过程中，细菌可以利用吸附尾液成分作为细菌生长所需的养分，细菌氧化吸附尾液 Fe^{2+}外界不需补加营养成分。

2）采用自行设计的生物反应器能满足现场试验需求，细菌能够代替过氧化氢浸出铀；选用的载体固定细菌效果好、氧化 Fe^{2+}效率高、结构简单、操作方便，用细菌作氧化剂可以满足地浸工艺要求；采用细菌浸出能提高浸出液中铀浓度，节省氧化剂；细菌浸出的主要成本为生物反应器及载体等一次性投入的固定资产，以及运行过程中提供空气的鼓风机能耗、运行费等，其经济效益的合理参数需要经过更大规模和更长时间的扩大试验获得，本试验研究结果为下步扩大试验研究提供了参考依据。

（4）小结

1）新疆地浸采铀工艺中，细菌能够代替过氧化氢，节省氧化剂，细菌浸出能提高铀的浸出率；自行设计的生物反应器在现场连续运行超过 2 个月，现场气温最低为 –15 ℃，溶液温度保持在 10～15 ℃，细菌能够继续氧化吸附尾液中 Fe^{2+}为 Fe^{3+}。吸附尾液可为细菌生长、繁殖提供养分，外界不需补加。

2）选用的载体固定细菌效果好、氧化 Fe^{2+}效率高、结构简单、操作方便，自行设计的生物反应器能满足现场地浸采铀试验要求。

3）细菌浸出增加的主要成本为生物反应器建造和一次性投入的载体，加上运行过程中鼓风机能耗和维修、维护运行费等，其合理的经济效益参数需要经过更大规模和更长时间的扩大试验获取。

4）浸出液中总 Fe 浓度达到 0.976 $g \cdot L^{-1}$，主要依靠细菌作氧化剂氧化吸附尾液中 Fe^{2+}为 Fe^{3+}，建议不补加 $FeSO_4$ 提高 Fe^{3+}至较高浓度，主要原因是一方面砂岩铀矿中铀及还原性物质含量不高，不需要太高浓度的氧化剂，氧化剂浓度太高会使得氧化剂利用效率降低，增加生产成本；另一方面，高浓度 Fe^{3+}在砂岩矿层中容易产生铁矾沉淀，在矿物表面形成一层致密的膜，具有机械阻碍作用，对矿层渗透性和矿石浸出的影响将是致命的，且是长期和不可逆的。

5）细菌浸出能改善铀的浸出效果，细菌柱浸试验可以提高铀浸出率约 10%；现场细菌浸出试验中，浸出液平均铀浓度由 10.09 $mg \cdot L^{-1}$ 上升到 17.60 $mg \cdot L^{-1}$。

7.3.2　云南 381 地浸采铀细菌作氧化剂

针对地浸细菌作氧化剂问题，在室内试验[4]、中间试验[5]基础上，进行了现场试验，在整个云南 381 地浸采铀矿区进行了细菌作氧化剂扩大试验，目的是对地浸采铀工艺中细菌的氧化效果、浸出效果进行试验研究。

（1）生物反应器

云南某地浸采铀矿山现场试验所用生物反应器由 4 部分组成：外壳、通气装置、筛板和载体，其结构示意见图 7－8，试验生物反应器工艺参数见表 7－9，Eh 为溶液氧化还原电位。

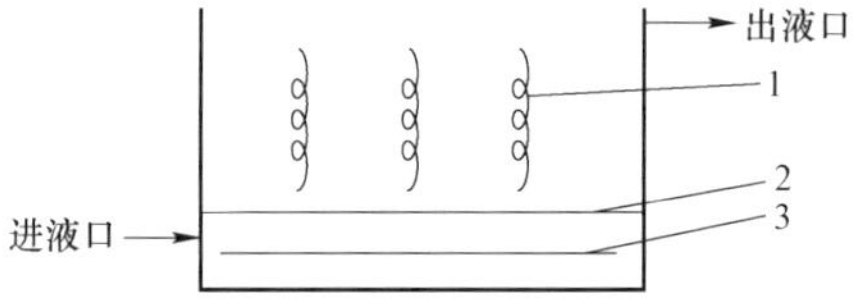

图 7－9　生物反应器结构示意图

1—载体；2—筛板；3—通气装置

表 7－8　生物反应器工艺参数

生物反应器		通气量/（$m^3 \cdot h^{-1} \cdot m^{-3}$）	进入反应器溶液		
总体积/L	有效体积/L		Fe^{2+}浓度/（$g \cdot L^{-1}$）	Eh/－mV	尾液流量/（$m^3 \cdot h^{-1}$）
10 090	6 900	4.64	0.200～0.600	400～430	11.5
进入反应器溶液			细菌氧化后溶液		亚铁氧化速率/（$g \cdot m^{-3} \cdot h^{-1}$）
停留时间/min	pH	温度/℃	ρ（Fe^{2+}）/（$g \cdot L^{-1}$）	φ/－mV	
34.5	1.56～2.73	17～29	微量	>510	667

（2）细菌作氧化剂工艺流程

细菌作氧化剂工艺流程见图 7－10。

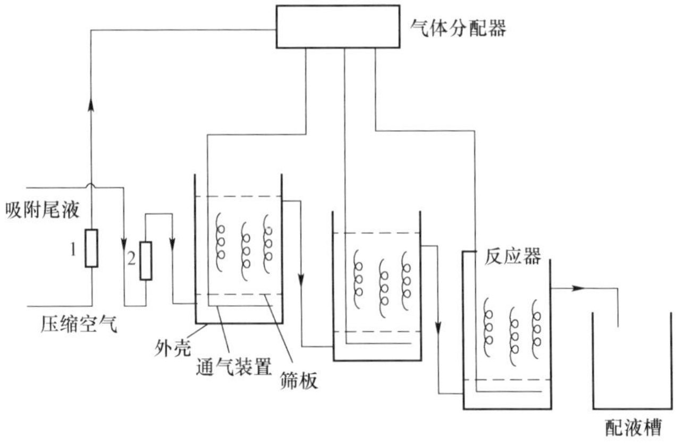

图 7－10　细菌作氧化剂工艺流程

（3）细菌作氧化剂抽注试验工艺流程

试验共选用抽孔 20 个、注孔 24 个，细菌作氧化剂抽注试验工艺流程如图 7－11。

（4）现场细菌氧化试验方法

生物反应器中充满尾液，调节尾液 pH 在 1.6～2.5，加入 10 kg $Fe_2SO_4 \cdot 7H_2O$ 和 300 L 培养好的菌液，通气培养至反应器中 Fe^{2+}全部氧化。以一定体积流量加尾液到生物反应器中，同时以相同流量把细菌氧化后的吸附尾液补加硫酸作溶浸液，用泵注入注孔。随

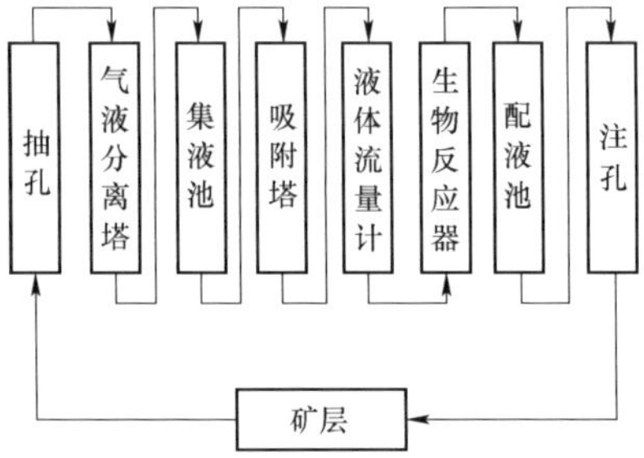

图 7－11　抽注试验工艺流程

着反应器中细菌浓度增大，氧化能力增强，逐步加大注液流量和进入反应器的尾液流量，直至动态平衡。定时分析配液池中 Fe^{2+}浓度，并根据分析结果，调节吸附尾液流量，使溶浸液中 Fe^{2+}全部氧化。

（5）细菌活性检验

从浸出液中取 2 份溶液，各 75 mL，分别放入 250 mL 锥形瓶中，其中一份经过杀菌处理，另一份不作处理，然后分别测定 2 份溶液 Eh、pH、Fe^{2+}浓度，再分别放在摇床上振荡培养，定期测定相关参数。

（6）细菌浸出液对后处理的影响

用培养好的菌液和 0.4 $g·L^{-1}$ 过氧化氢溶浸液，配制相同酸度，分别进行柱浸试验，浸出液分别用 201×7 阴离子交换树脂吸附，饱和树脂用 0.9 $mol·L^{-1}$ NaCl + 0.05 $mol·L^{-1}$ H_2SO_4 进行淋洗。

7.3.3 试验结果

（1）细菌作氧剂氧化试验结果

细菌作氧化剂氧化试验结果见表 7－9。

表 7－9 细菌作氧化剂氧化试验结果

月份			6	7	8	9	10	11	12
吸附尾液	Eh/－mV	月平均	393	415	425	436	442	440	425
		月最高	400	434	438	445	453	445	440
		月最低	383	396	417	427	430	430	419
	pH		1.56～2.73						
	ρ（Fe^{2+}）/（$mg·L^{-1}$）		560～684	400～600	385～540	287～448	200～280	250～280	250～350
溶浸液	Eh/－mV	月平均	576	570	566	560	535	550	560
		月最高	600	606	612	590	580	584	568
		月最低	540	554	532	530	510	518	525
	pH		1.05～2.40						
	ρ（Fe^{2+}）/（$mg·L^{-1}$）		0	0	0	0	0	0	0
	V/m^3		3 456	4 406	4 218	5 130	5 732	5 780	5 536

从表 7－9 数据看出，随细菌作氧化剂抽注试验进行，吸附尾液电位上升，Fe^{2+}浓度降低；细菌氧化后溶浸液中 Fe^{2+}全部氧化。试验期间，细菌氧化后的溶浸液的氧化还原电位均大于 510 mV。

（2）细菌作氧化剂抽注试验结果

细菌作氧化剂抽注试验结果见表 7－10。

表 7-10　细菌作氧化剂抽注试验结果

月份	溶浸液						浸出液				
	Eh/-mV	$\rho(Fe^{2+})$/(mg·L^{-1})	$\rho(\sum Fe^{2+})$/(mg·L^{-1})	$\rho(H^+)$/(g·L^{-1})	Q/(m^3·h^{-1})	V/m^3	Eh/-mV	pH	$\rho(Fe^{2+})$/(mg·L^{-1})	$\rho(\sum Fe^{2+})$/(mg·L^{-1})	$\rho(U)$/(mg·L^{-1})
6	576	0	840	2.0	6.0	3 456	383	2.66	651	848	19.3
7	570	0	710	3.1	9.0	4 406	411	2.17	464	768	25.5
8	566	0	742	4.0	10.5	4 218	420	1.80	435	751	27.6
9	561	0	673	3.1	10.3	5 130	431	2.09	368	774	28.6
10	535	0	670	3.3	9.0	5 732	441	2.00	247	711	32.5
11	550	0	690	2.9	9.0	5 780	440	2.10	305	732	32.4
12	560	0	682	3.5	9.2	5 542	420	2.15	289	720	31.7

从表 7-10 看出，随着用细菌作氧化剂抽注试验的进行，浸出液中 Fe^{2+}浓度降低，电位上升，铀浓度升高。

7.3.4 分析与讨论

（1）单孔浸出液铀浓度、亚铁浓度、电位随时间变化

图 7-12～图 7-14 为 DK9002、DK252 抽孔抽出液铀浓度、亚铁浓度、电位随时间变化曲线。

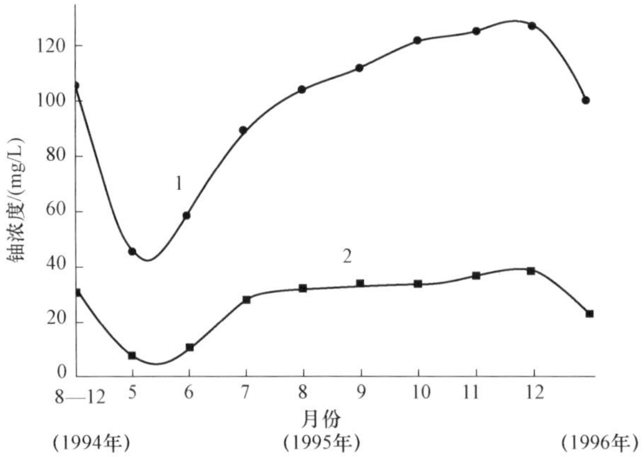

图 7-12　DK25、DK9002 抽孔铀浓度随时间变化曲线

1—DK25；2—DK9002

从图 7-12 可以看出，1994 年 8～12 月过氧化氢作氧化剂期间，DK25、DK9002 抽孔浸出液铀浓度较高，1995 年 1～5 月停加过氧化氢后，浸出液铀浓度降低；1995 年 6～12 月细菌作氧化剂，浸出液铀浓度随抽注试验时间的延长而升高；1996 年 1 月不加过氧化氢，停止用细菌作氧化剂后，浸出液中铀浓度明显下降。

从图 7-13、图 7-14 看出，1994 年 8～12 月过氧化氢作氧化剂期间，DK25、DK9002 抽孔浸出液电位较高，Fe^{2+}浓度较低；1995 年 1～5 月，停加过氧化氢后 DK25、DK9002 抽孔浸出液电位降低，Fe^{2+}浓度升高；1995 年 6～12 月细菌作氧化剂时，DK25、DK9002

抽孔浸出液随抽注试验时间的延长，电位升高，Fe^{2+}浓度降低；1996 年 1 月不加过氧化氢，停止用细菌作氧化剂后，DK25、DK9002 抽孔浸出液电位降低，Fe^{2+}浓度升高。其余抽孔浸出液电位、Fe^{2+}浓度随时间变化有相似情况。

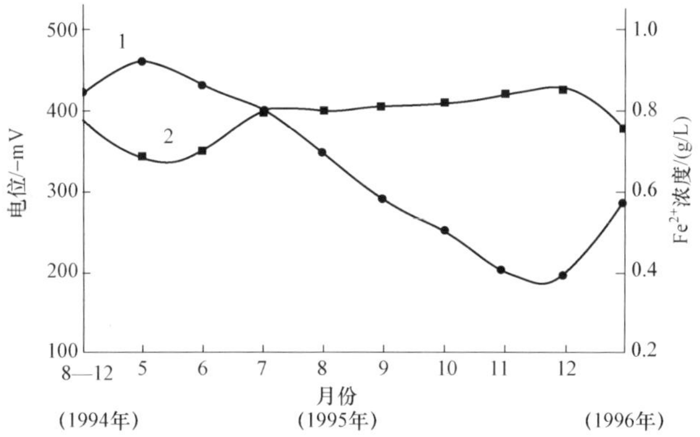

图 7－13　DK9002 抽孔电位、亚铁浓度随时间变化曲线

1—亚铁浓度；2—电位

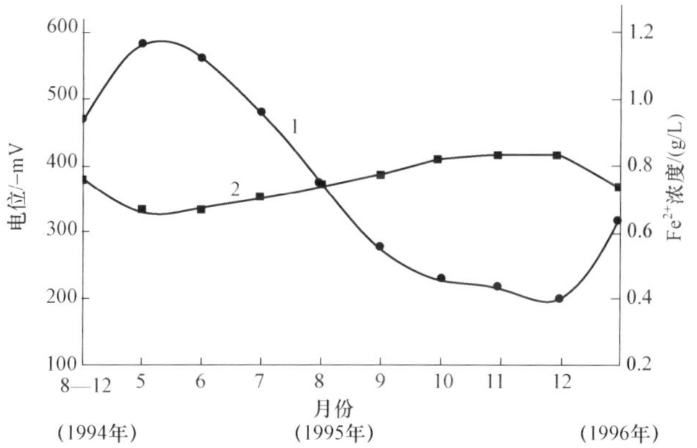

图 7－14　DK25 抽孔电位、亚铁浓度随时间变化曲线

1—亚铁浓度；2—电位

（2）细菌活性检查

用细菌作氧化剂抽注试验进行到一定时候，浸出液、吸附尾液电位上升，Fe^{2+}浓度降低，而总铁浓度几乎没有变化。据此认为含菌溶液经注液孔注入，从抽液孔抽出后仍有部分细菌存活，为此进行如下验证试验。

1）浸出液集合样中细菌活性检测

试验结果见表 7－11。

表 7－11　浸出液中细菌活性检测

累计培养时间/h		0	5	15	35	45	60	70
A	Eh/－mV	436	434	436	438	437	433	434
	pH	1.59	1.60	1.65	1.67	1.65	1.68	1.68
	ρ（Fe^{2+}）/（$mg \cdot L^{-1}$）	448	452	469	476	467	462	462

续表

累计培养时间/h		0	5	15	35	45	60	70
B	Eh/－mV	428	435	460	510	550	570	595
	pH	1.70	1.65	1.67	1.67	1.69	1.69	1.70
	ρ（Fe^{2+}）/（$mg\cdot L^{-1}$）	469	448	126	14	0	0	0

注：1）A—浸出液经过杀菌处理；B—浸出液未经杀菌处理；

2）培养条件：温度 32 ℃，转速 200 $r\cdot min^{-1}$。

从表 7－11 可以看出，经过一段时间的培养，没有杀菌的浸出液中，亚铁全部氧化，电位上升到 595 mV；而杀菌对照样经过一段时间培养后，Fe^{2+}浓度、电位几乎没有变化。这说明浸出液中存在细菌，且有一定活性。

2）吸附尾液中细菌活性检测

经过上述检测试验，浸出液中存在活细菌，经离子交换吸附后尾液中是否存在活细菌，为此进行如下试验，试验方法同前，试验结果见表 7－12。

表 7－12　吸附尾液细菌活性检测

累积培养时间/h	A			B		
	Eh/（－mV）	pH	ρ（Fe^{2+}）/（$mg\cdot L^{-1}$）	Eh/（－mV）	pH	ρ（Fe^{2+}）/（$mg\cdot L^{-1}$）
0	438	1.68	434	436	1.65	448
15	438	1.69	434	470	1.65	126
30	437	1.70	434	500	1.67	21
45	438	1.69	434	550	1.68	0
70	439	1.69	434	580	1.67	0

注：1）A—尾液经过杀菌处理；B—尾液未经杀菌处理；

2）培养条件：温度 32 ℃，转速 200 $r\cdot min^{-1}$。

从表 7－12 可以看出，未杀菌尾液经 45 h 振荡培养后，亚铁全部氧化，溶液电位达 550 mV；而杀菌尾液对照样经过 70 h 振荡培养后，Fe^{2+}浓度、电位没有变化。说明吸附尾液中存在活性较好的细菌。

（3）细菌浸出对后处理的影响

1）细菌浸出对吸附的影响

云南 381 地浸矿山试验前一直用过氧化氢作氧化剂浸出，4 个吸附塔对浸出液进行三级吸附，一个塔淋洗。对 1994 年用过氧化氢作氧化剂与 1995 年用细菌作氧化剂试验期间树脂吸附容量进行了对比，其结果见表 7－13。

表 7－13　树脂吸附容量对比

氧化剂	浸出液		每 mL 湿树脂吸附铀的质量/mg
	ρ（U）/（$mg\cdot L^{-1}$）	Q/（$m^3\cdot h^{-1}$）	
过氧化氢	29～33	9～12	20～23
细菌	25～33	9～11	20～23

从表 7－13 可以看出，树脂吸附容量基本不变，浸出液中细菌对树脂吸附容量没有影响。

2）细菌浸出对淋洗的影响

试验期间仍用 0.9 $mg \cdot L^{-1}$ NaCl＋0.05 $mg \cdot L^{-1}$ H2 SO4 作淋洗剂进行淋洗，并作淋洗曲线，与试验前淋洗曲线对比，结果见图 7－15。

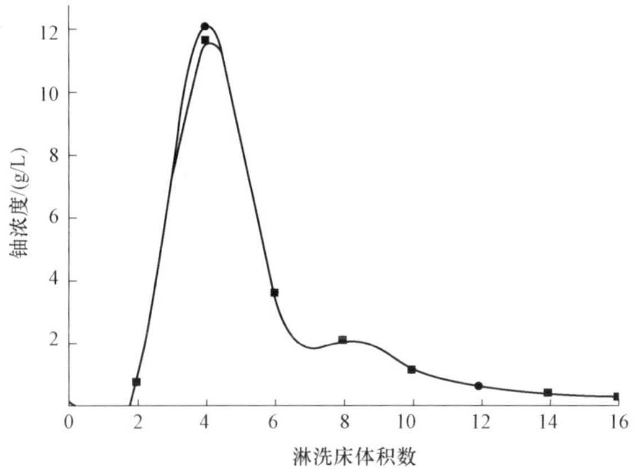

图 7－15　淋洗曲线

1—细菌浸出；2—过氧化氢浸出

图 7－14 中两条淋洗曲线基本重合，说明细菌对淋洗结果没有影响。

3）细菌浸出对产品沉淀以及对产品质量的影响

细菌浸出液经树脂吸附、淋洗之后所得合格液，用氢氧化钠沉淀，对沉淀碱耗量、沉淀速度以及产品质量与试验前进行了对比，结果见表 7－14。

表 7－14　细菌浸出对产品质量、产品沉淀的影响

氧化剂	沉淀每 kg 铀碱耗/kg	沉淀时间/min	产品指标	
			U 含量/%	水份/%
过氧化氢	2.49	30～40	50～52	64～67
细菌	2.53	30～40	50～52	63～68

表 7－14 结果表明：浸出液中细菌对产品质量、产品沉淀没有影响。

地浸矿山现场试验证明：浸出液中细菌对树脂吸附淋洗等后处理均无影响。

（4）细菌、过氧化氢作氧化剂时的经济效益对比

1）过氧化氢作氧化剂费用

根据试验前过氧化氢用量统计，得知过氧化氢的加入质量为每 L 吸附尾液 0.4 g，在 1995 年 6～12 月共 7 个月试验期间细菌氧化吸附尾液 34 258 m^3，若用过氧化氢氧化所需过氧化氢质量为：

$$34\,258 \times 10^3\ L \times 0.4 \times 10^{-3}\ kg \cdot L^{-1} = 13\,703\ kg$$

1995 年过氧化氢市场价加运费每吨价格为 3 260 元，故所需过氧化氢费用为：

$$13\,703\times10^{-3}\ \text{t}\times3\,260\ 元/\text{t}=44\,672\ 元$$

2）细菌作氧化剂费用

细菌作氧化剂 7 个月增加费用见表 7–15。

表 7–15　与过氧化氢作氧化剂相比细菌作氧化剂增加的费用

名称	电费用	空压机费用	载体费用	塑料板材	化学试剂	安装费	合计
金额/元	11 319	1 080	95	267	382	38	13 182

节约氧化剂费用百分率：（44 672 – 13 182）/44 672 × 100% = 70.5%。

7.3.5　小结

1）云南 381 地浸工艺中用细菌作氧化剂的试验结果表明，自行设计加工的生物反应器中固定化细菌在外界不补加营养物质的自然条件下，通气流量为 4.6 m^3/（$m^3\cdot h$），反应器有效容积为 6.9 m^3 时，每小时能氧化地浸吸附尾液 9.5～11.5 m^3，氧化后溶液电位大于 510 mV，细菌氧化与过氧化氢氧化的试验效果以及两者的抽注效果基本相同。

2）对云南 381 铀矿现场，细菌作氧化剂的抽注试验进行到一定程度，浸出液和尾液中均存在细菌，且有较好活性，这对细菌氧化 Fe^{2+} 更为有利。

3）随着细菌作氧化剂的抽注试验时间的延长，浸出液中铀浓度增加，Fe^{2+} 浓度降低，电位上升。几个月试验结果表明，浸出液中铀浓度与用过氧化氢作氧化剂相当，但停止细菌和过氧化氢氧化后浸出液铀浓度又会下降。

4）细菌氧化后的浸出液对后处理没有影响。

5）细菌作氧化剂可比过氧化氢作氧化剂节约成本约 70%。

参考文献

［1］王海峰，叶善东. 原地浸出采铀工程技术［M］. 北京：原子能出版社，2011.7

［2］IAEA. Guide book on environmental impact assessment for in situ leaching in projects［M］. Vienna：IAEA – TECDOC – 1428，2005：36 – 38.

［3］苏学斌，杜志明. 我国地浸采铀工艺技术发展现状与展望［J］. 铀矿冶，2012，21（9）：79 – 83.

［4］胡凯光，王清良，史文革. 生物反应器及细菌快速氧化亚铁工艺研究［R］. 核工业铀矿开采研究所科技报告，1994.

［5］胡凯光，王清良，刘迎九. 381 矿床地浸工艺中细菌代替双氧水试验研究［R］. 核工业铀矿开采研究所科技报告，1996.

第 8 章

低品位铀矿石生物柱浸体系浸出动力学与微生物群落演替规律

8.1 前　言

对于低品位铀矿的开采，传统的提取工艺由于效率低、对环境污染大已不能满足当今绿色、高效的要求，而微生物冶金作为一种低成本、绿色环保、适合低品位矿的金属提取技术，在国内外得到了越来越广泛的研究和应用。

由于低品位矿在搅拌槽的浸出方式是不经济的，随着日益增长的低品位矿开采，渗滤浸出方式取代搅拌浸出方式。柱浸遵循渗滤浸出的规律而通常被当成堆浸过程的模型或者堆浸之前的预试验，由于柱浸可以反映堆浸过程中的大量信息，如浸出参数的优化等而被广泛采用。

微生物浸出，如同涉及生命体的其他工艺，受环境、生物、物理化学的因素影响，这些因素决定着金属的浸出效率。首先，理想的湿度、pH、温度、能源与营养物质存在，同时不存在可能的抑制剂，对于系统中的微生物生长与金属的浸出具有非常积极的作用。其次，为了让渗透浸出体系更好发挥作用，必须满足正确的物理和化学条件：适当的通气性与渗透性，矿石表面适当的氧气和湿度，细菌氧化倾向的硫化物，尽可能的消除矿表面的钝化膜，钝化膜很可能堵塞液体的渗出通道，抑制金属的浸出。

据报道，关于铀矿生物浸出多种工艺因素调控的研究少之又少。然而，生物冶金体系中发生着相当复杂的化学、物理、生物的反应，尤其是矿物—微生物—溶液间的界面反应非常复杂，因此有关铀矿多因素作用的机理以及如何调控其间的反应仍知之甚少。相关性分析软件（Canoco for Windows）是一种集合数值回归与矩阵排列方法学的数值统计分析软件，通过对多变量的大量矩阵测试，可以解释多变量间复杂的相互关系。该方法已在环境生态学、生物进化学、市场经济学等领域有广泛的应用。

生物浸出环境中的分子生态学研究能评价体系循环中微生物种群的系统发育关系，而且分子生态学和浸出过程中的物化工艺因素密切相关。而且在微生物浸出体系中，矿石表面的微生物活动比浸出液中的微生物活动发挥着更加重要的作用。可是，大量研究仅注重了溶液中的微生物群落变化，也只是极有限的研究，同时进行了溶液和矿物表面两者的微生物群落变化研究。探明微生物群落演替规律能在一定程度上揭示微生物活动对铀浸出的影响，尤其是游离和吸附微生物之间的一种生长规律和动态平衡，有助于解释微生物与矿物的作用机理，因为游离微生物未接触矿物更倾向于间接作用，而吸附微生物直接接触矿物更有可能是直接作用。

关于微生物群落演替的研究技术近年发展非常迅速，包括基因指纹图谱法、分子杂交法、基因序列系统发育分析法和定量 PCR 法等几大类。而扩增 rDNA 限制性酶切图谱分析技术（amplified rDNA restriction analysis，ARDRA）是微生物群落结构分析最为常用的技术之一。该方法是应用 DNA 测序技术直接将目标基因进行序列测定，并与基因文库中已有的序列进行比较分析来确定微生物的分类地位及其系统发育关系。该方法能提供单个克隆分类地位的可靠信息，可严格区分微生物的种属甚至菌株，具有高度可靠性，因而是科研学者所普遍认可的微生物群落结构分析的研究手段。

因此，本章节的研究针对低品位铀矿石，富集并驯化了适合铀矿浸出的常温微生物，研究了该微生物群落在柱浸体系中的浸铀性能，分析了浸出过程中工艺因素的动态变化，并应用相关性分析软件（Canoco for Windows）分析了多参数间的相互关系，进而揭示了工艺因素对铀浸出效率的影响规律，对该铀矿生物浸出工艺的调控与优化具有一定的指导意义。另外，采用 ARDRA 技术检测了低品位铀矿柱浸体系中游离微生物（溶浸液与浸出液）及吸附微生物（矿物表面）的群落演替规律，分析了溶液中和矿物表面的微生物多样性，为该铀矿生物浸出的微生物群落优化提供了依据。

8.2 材料与方法

8.2.1 浸矿微生物的富集与驯化

实验所用菌种来自江西多个铀矿区酸性矿坑水的富集微生物。菌种富集所用培养基为改良后的 9 K 基本盐培养基，其成分、浓度为：$(NH_4)_2SO_4$ 3.0 $g·L^{-1}$，Na_2SO_4 2.1 $g·L^{-1}$，$MgSO_4·7H_2O$ 0.5 $g·L^{-1}$，K_2HPO_4 0.05 $g·L^{-1}$，KCl 0.1 $g·L^{-1}$，$Ca(NO_3)_2$ 0.01 $g·L^{-1}$，初始 pH 为 1.8。采用亚铁作为能源物质，向 9 K 基本盐培养基加入 24.8 $g·L^{-1}$ $FeSO_4·7H_2O$。培养温度为室温，大约为 25～30 ℃，摇床的转速设为 175 $r·min^{-1}$。将所采集的矿坑水单个进行富集培养，然后将富集培养好的培养物混合到一起，于 20 L 的通气罐内进行多次扩大培养。细菌浓度达到 10^8 左右，三价铁浓度达到 5 $g·L^{-1}$，并且铁氧化速率达到稳定（Eh 达到 550 mV 左右）时，进行下一步的驯化培养。

驯化培养采用矿样酸化的预浸液于 50 L 的通气桶内进行。当矿样酸化的预浸液的 pH 为 2.0 左右时，加入 24.8 $g·L^{-1}$ $FeSO_4·7H_2O$，进行菌种的连续驯化，并且根据实验需要进行扩大驯化培养，作为下一步铀矿柱浸实验的所用菌种。

8.2.2　矿样的采集与处理

铀矿石样品为多矿点混合样，采于江西抚州乐安县沙洲、邹家山、山南的低品位混合矿（U 0.164%）。所用铀矿石破碎后，分别用孔径 10 mm、5 mm、2 mm、1 mm、0.5 mm、0.125 mm 的矿石筛由大到小筛分，筛分后将粒径>10 mm 的矿石重新碎样筛分，然后将筛分后的矿样按粒径大小加入之前筛分的各粒径矿石中，最后筛分出六个不同粒级的矿样：<0.125 mm 51.87%，0.125～0.5 mm 22.82%，0.5～1 mm 11.83%，1～2 mm 7.07%，2～5 mm 5.8%，5～10 mm 0.61%，采用四分缩分法取样。矿物物相分析显示，含矿主岩为花岗斑岩，矿石矿物以沥青铀矿为主，钛铀矿和铀钍矿次之；其他金属矿物包括黄铁矿、辉钼矿、方铅矿等；主要脉石有石英、方解石、斜长石、正长石、钠长石、磷灰石、云母、绿泥石、萤石等。另外，矿石化学成分分析结果如表 8－1。

表 8－1　矿石成分质量分数（%）

成　分	含　量	成　分	含　量
P_2O_5	1.28	CO_2	0.834
TiO_2	0.27	SiO_2	59.84
U（IV）	0.145	Al_2O_3	18.95
U（VI）	0.019	K_2O	2.91
FeO	3.055	Na_2O	3.03
Fe_2O_3	0.493	MgO	0.61
S	0.664	CaO	4.35
烧失量	3.386		

8.3　柱浸试验

柱浸试验系统由浸出柱和树脂吸附柱组成，每个浸出柱对应一套串联吸附柱进行铀的吸附淋洗，见图 8－1；浸出柱由 5 mm 厚的 PVC 塑料柱制造，高 200 cm，内径 10 cm；树脂吸附柱由 3 个单柱串联组成，每个单柱直径 1 cm，树脂床高度 170 cm。

浸出试验在室温环境下进行，称取筛分好的各种粒径矿样，统一搅拌混匀准备装柱。装柱前，在柱子底部装铺约 5 cm 厚的过滤用的砾石，平放一塑料小孔滤网，以防小颗粒矿石漏出矿柱，以及辅助通气与排液；然后将所称取的 24.75 kg 矿石逐步地装入柱子；之后为了均匀布液，于矿柱顶部放一塑料小孔滤网，并铺 5 cm 左右厚的砾石，在其上再放一张滤纸，再铺约 2 cm 厚的砾石。溶浸液喷淋强度与通过吸附柱的浸出液速度通过蠕动泵来合理调控。浸出液通过吸附柱回流到培养槽中，需补充适当的硫酸与亚铁。

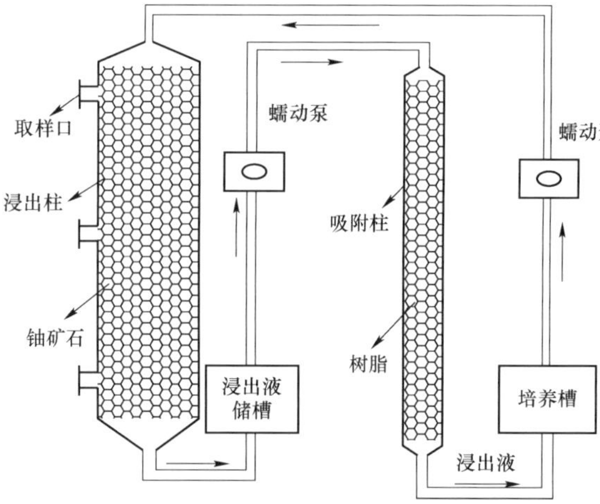

图 8－1　柱浸试验装置示意图

整个浸出过程分为酸预浸和微生物浸出两个阶段。酸预浸阶段是为了酸化矿样中的碱性或者中性矿物来保证浸矿细菌的良好活性。此阶段采用 pH 1.0 的稀硫酸溶液酸化矿石，至浸出液 pH 3.5 左右时，进入细菌浸出阶段。此时向浸出液中接种驯化好的细菌（接种量为 20%左右），并补充硫酸至 pH 1.5 左右，补充适当的亚铁作为能源物质；当细菌浓度达到 10^8 左右，三价铁浓度达到 5 $g \cdot L^{-1}$ 时进行喷淋。

浸出试验过程中，每天检测溶浸液（进入浸出柱的溶液）和浸出液（流出浸出柱的溶液）的 pH、Eh 值，Fe^{2+}、Fe^{3+}、UO_2^{2+}浓度，喷淋强度，每天补充的硫酸量，过柱溶液量，以及取样时间等。pH 通过 pH S－3C 酸度计测得；Eh 通过铂电极（Ag/AgCl 作为参比电极）测得；Fe^{3+}和总 Fe 通过 EDTA 滴定法（甲基紫和磺基水杨酸作为指示剂，过硫酸按作为氧化剂）测定；UO_2^{2+}通过亚钛还原钒酸铵滴定法测定。

8.4　工艺因素与铀浸出效率的相关性分析（CCA）

为了探讨工艺因素对铀浸出效率的影响规律，应用相关性分析软件 Canoco for Windows（version 4.5）对每天所测的工艺因素和铀浸出速率来进行典范对应性分析（canonical correspondence analysis，CCA）。首先采用 Canoco 软件中的除趋势对应分析（Detrended Correspondence Analysis，DCA）单独分析每一个工艺因素与浸出效率的相关性，然后选择显著相关的工艺因素指标做多因素对应分析。CCA 分析被用来对这些因变量和自变量进行诊断，并利用进一步选择程序将工艺因素变量的重要性按其单独解释浸出效率的方差值的大小排出次序，其解释的显著性由蒙特卡洛测验（Monte Carlo test）来检验，被挑选的工艺因素变量（$p < 0.05$）用于最终的 CCA 分析。

8.5　微生物群落分析

（1）游离/吸附微生物的 DNA 提取与 PCR 扩增

对于溶液中游离的微生物，取 150 mL 菌液，12 000 g 离心 10 min 收集菌体；然后用 pH 为 2.0 的稀硫酸洗涤，再用 TE 缓冲液（10 mmol/L Tris–HCl，1 mmol/L EDTA，pH 8.0）冲洗菌体 2 次，后续步骤采用周集中等所述的高盐—SDS—热裂解 DNA 提取方法，采用 1%的琼脂糖凝胶电泳检测其质量。

对于矿物表面吸附的微生物，取 20 g 矿石，加入 4 g 灭菌的玻璃珠后，用 50 mL pH 为 2.0 的稀硫酸反复涡旋振荡洗涤 5 min；之后 2 000 *g* 低速离心 2 min 后得到矿渣和溶液，矿渣放回离心瓶，而溶液 12 000 *g* 离心 10 min 收菌后，上清液继续用来洗涤离心瓶中的矿渣，如此循环五次，来收集吸附在矿物表面的微生物。之后用 TE 缓冲液冲洗菌体 2 次，后续步骤采用周集中等所述的高盐—SDS—热裂解 DNA 提取方法，采用 1%的琼脂糖凝胶电泳检测其质量。

所提的基因组 DNA 用作模板来进行 16S rDNA 基因扩增，引物采用 27F（5'－AGA GTT TGA TCC TGG CTC AG－3'）和 1492R（5'－GGT TAC CTT GTT ACG ACTT－3'）。PCR 扩增程序为：94 ℃，5 min；（94 ℃，45 s；55 ℃，45 s；72 ℃，90 s）32 循环；72 ℃，7 min。扩增产物采用 2%的琼脂糖凝胶电泳检测，对目的片段（约 1 460 bp）进行割胶后，采用凝胶回收试剂盒（OMEGA，USA）进行纯化。

（2）16S rDNA 的克隆及其限制性酶切图谱分析（ARDRA）

纯化的 PCR 产物克隆到 pGEM－T 载体（Promega，USA）中，然后转入 Escherichia coli DH5α 感受态细胞，通过抗性和蓝白筛选挑出白色的阳性克隆，挑选足够的阳性克隆使用载体引物 M13－F（5'－CAG GAA ACA GCT ATG AC－3'）和 M13－R（5'－GTA AAA CGA CGG CCA G－3'）对插入片段进行 PCR 扩增。扩增的 PCR 产物采用 Hin6I 和 Msp1（Fermentas，Thermo Fisher Scientific Inc.）进行酶切（37 ℃水浴进行限制性酶切 6 h）。酶切产物使用 EB 染色的 3%琼脂糖凝胶电泳，进行 ARDRA 图谱分析。

（3）16S rDNA 序列测定及系统发育分析

将 ARDRA 图谱上不同的 OTU（operational taxonomic unit，可操作分类单元）进行归类分析，挑选具有代表性的克隆子进行测序分析（上海生工测序）。并且，所测 16S rDNA 序列提交到 GenBank，核苷酸序列登记号为 HQ622611～HQ622617。

所获得的序列首先采用 NCBI（http：//www.ncbi.nlm.nih.gov/BLAST/）的 BLASTN 工具进行分类鉴定，并下载与目的序列相似性较高的 16S rDNA 基因序列作为参照序列。然后采用 CLUSTALX 1.8 程序中的 Neighbor－Joining 对所有目的序列和参照序列进行的系统发育分析，最后采用 MEGA 5.0 程序生成系统发育树。

8.6 结果与讨论

8.6.1 酸预浸阶段的工艺因素分析

为了获得柱浸体系的微生物接种最佳时期，分析了酸预浸阶段的各种工艺因素的动态。从矿物成分分析（表 8–1）显示，大量的碱性脉石（如钠、钾、钙、镁等含量大于10.5%）在浸出过程中导致 pH 上升，对微生物的生存相当不利，因此需要采用硫酸酸化矿石到适合微生物生长的条件。

酸预浸对于微生物浸出非常重要，有以下几点原因。首先，浸矿微生物适合在酸性环境（最佳 pH 1.5～2.5）下生存，且在酸性环境下才能表现出氧化活性，相反地，有研究表明一些浸矿微生物如 A. thiooxidans 等在 pH 为 4.0 的条件下能将 U（Ⅵ）还原为 U（Ⅳ）；其次，低 pH 的质子势能保持高的氧化电位；同时，低 pH 能在一定程度上抑制矿物表面钝化膜的形成。鉴于以上几点，酸预浸对于之后微生物浸出有着不可忽视的作用。因此，本研究用 pH 大约为 1.0 的稀硫酸将柱内的矿石酸化 33 天后，pH 降至约 3.35（图 8–2），为随后的微生物浸出创造最佳条件。

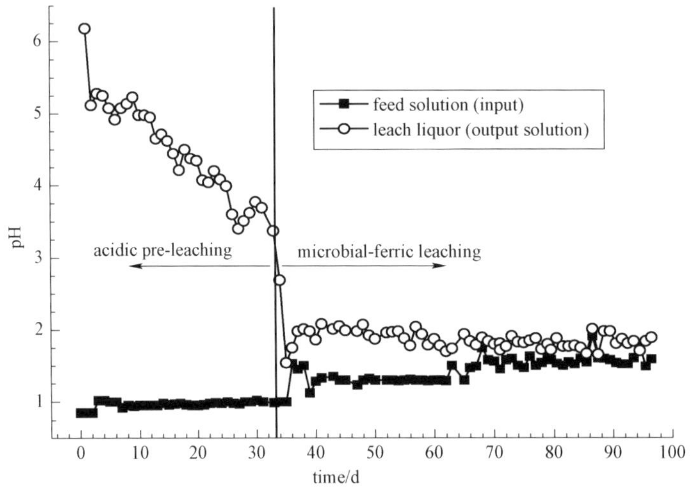

图 8–2 铀矿柱浸过程中溶浸液与浸出液的 pH 变化曲线

在 33 天预浸阶段，酸耗比较大，达到 41.7 g H_2SO_4/kg 矿石，平均每天消耗硫酸约 1.26 g·kg^{-1} 矿石（图 8–3）。在此阶段，不仅酸化了浸出体系，满足了之后微生物浸出的条件，而且在溶浸液不断的喷淋下，体系的液固比也相应地上升，矿石持水度逐渐增加，促进了矿物的溶解（图 8–4）。同时，随着硫酸溶液的不断喷淋，一些金属离子如 Fe^{3+} 等逐渐溶出（图 8–5），使浸出液中的氧化还原电位逐渐升高，从 50 mV 升到了 193 mV（图 8–6），因此矿物慢慢溶解。在此阶段，部分铀被溶解浸出，尽管浸出速率还比较慢，平均约为 90.8 mg·L^{-1}·d^{-1}（图 8−7），但铀浸出百分率也达到了 22.3%（图 8−8）。由此表明，硫酸的作用除了可以酸化一些碱性脉石外，还对 U（Ⅵ）有明显的浸出效果，当然这仅仅是硫酸化学作用的效果，并没有微生物的参与。其反应方程式如下：

$$UO_3 + 2H^+ \xrightarrow{\text{chemical}} UO_2^{2+} + H_2O$$

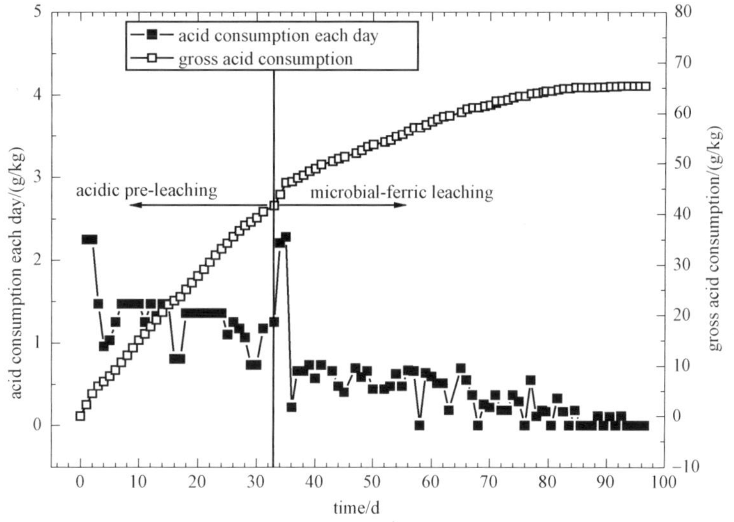

图 8−3　铀矿柱浸过程中单天耗酸及总耗酸变化曲线

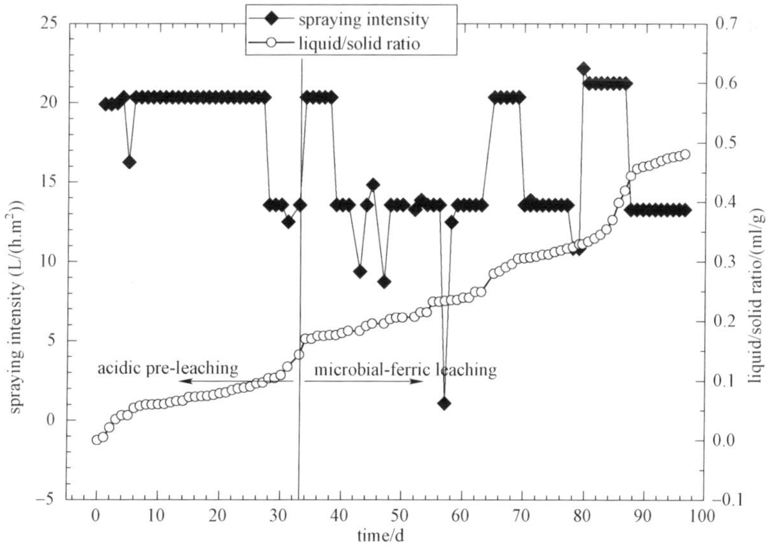

图 8−4　铀矿柱浸过程中喷淋强度与柱内液固比变化曲线

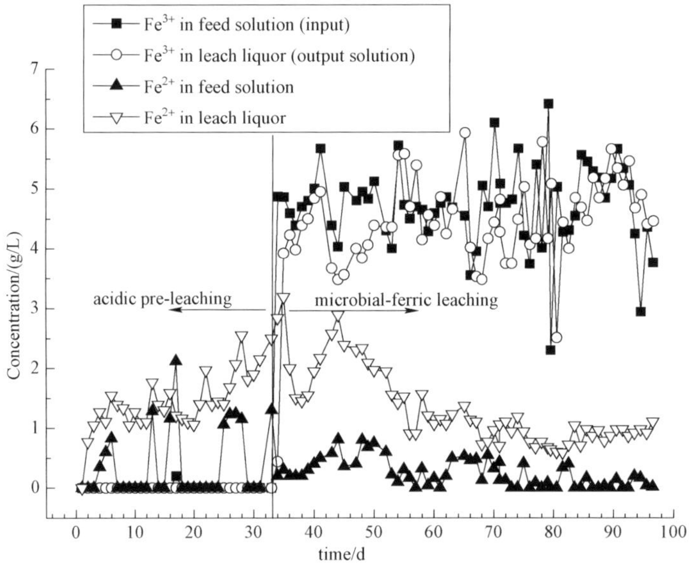

图 8-5　铀矿柱浸过程中溶浸液与浸出液 Fe^{2+}和 Fe^{3+}变化曲线

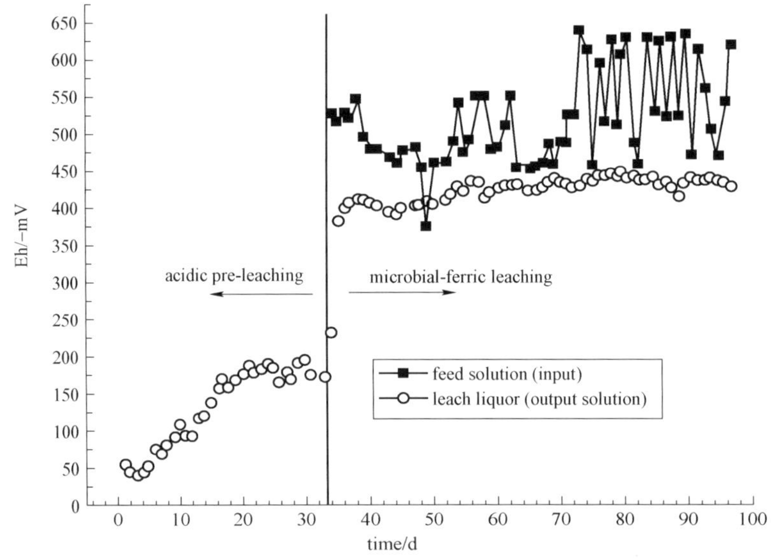

图 8-6　铀矿柱浸过程中溶浸液与浸出液氧化还原电位变化曲线

8.6.2　微生物浸出阶段的工艺因素分析

对于微生物参与的浸出过程，微生物的功能之一是创造一个适合金属离子浸出的化学环境。为了探明微生物的加入对浸出环境的作用，分析了接种微生物前后的 pH、氧化还原电位，以及 Fe^{3+}、Fe^{2+}、UO_2^{2+}浓度。

如图 8-2 所示，微生物浸出阶段，浸出液的 pH 基本保持在 2.0 左右，这说明了之前的酸预浸为微生物浸出创造了良好的酸性环境。在此阶段，Fe^{3+}浓度与氧化还原电位呈指数增长，随后 Fe^{3+}浓度在 2.51～5.93 $g \cdot L^{-1}$ 间波动，而电位保持在一个较为稳定的值，约

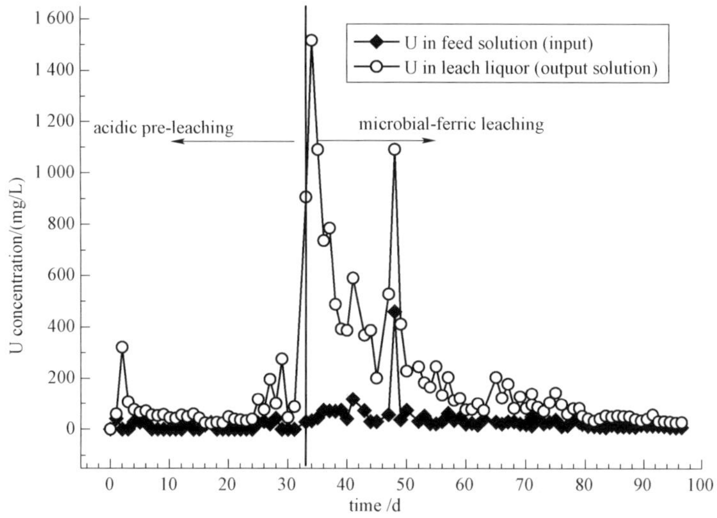

图 8－7　铀矿柱浸过程中溶浸液与浸出液 U 浓度变化曲线

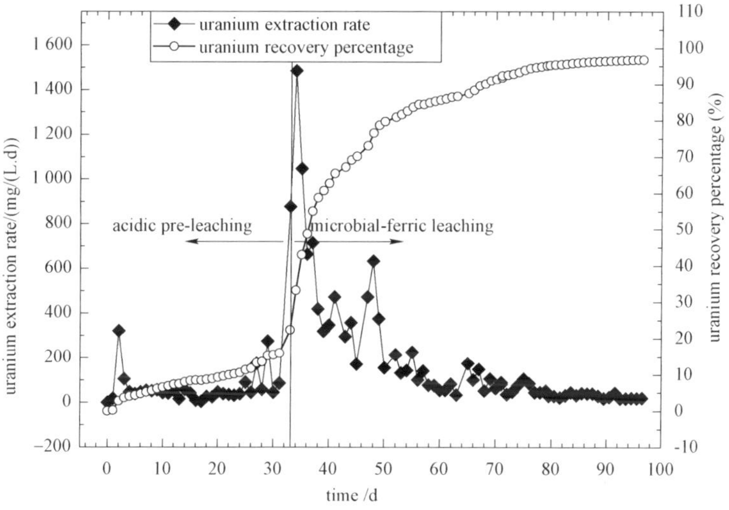

图 8－8　铀矿柱浸过程中铀浸出速率及浸出率变化曲线

为 420 mV（图 8－5、图 8－6）；与此同时，矿石的液固比也不断增大（图 8－4），表明矿石空隙越来越多，促进了矿物的溶解。因此，如图 8－7 所示，铀的浸出速率也出现一个高峰区，铀的浓度最高达到 1 517.6 mg·L^{-1}。不过第 36 天之后，浸出速率明显地下降，这可能与矿物的结构相关，因为这时浸出率已达到 48.7%。在微生物浸出的 15 天中，铀的浸出率从 22.3% 提高到 76.6%。从这些参数可以看出，高浓度的三价铁（图 8－5）导致了高的氧化还原电位（图 8－6），这成为 UO_2 转化为 UO_2^{2+}的一个驱动力，彰显了铀的生物渗透浸出体系中间接浸出作用方式的重要性，其中微生物的主要贡献是不断地再生三价铁，化学方程式如式（8－1）、式（8－2）。这些表明，可以通过适当控制溶浸液中的微生物群落结构，以及铁和其他杂质离子的含量，保障有利的微生物浸铀体系。一方面，可以让微生物更好地生长繁殖，保证有利于铀浸出的微生物体系；另一方面，更好地控制溶浸液的氧化还原电位，促进铀的加速溶解；再一方面，可以避免不利的杂质离子在浸出液中积累而影响浸出，以及吸附、萃取等后续工程的正常运行。

$$UO_2 + 3Fe^{3+} \xrightarrow{\text{chemical}} UO_2^{2+} + 3Fe^{2+} \quad (8-1)$$

$$2Fe^{2+} + 2H^+ + 0.5O_2 \xrightarrow{\text{bacteria}} 2Fe^{3+} + H_2O \quad (8-2)$$

在生物浸出的后期（第 50 天后），铀的浓度下降至 228 $mg \cdot L^{-1}$ 以下（图 8－7）。这可能由于以下几个原因所致。其一是因为一部分铀矿物被包裹在致密的脉石颗粒中，不易被溶解出来；其二是高浓度的 Fe^{3+}容易在矿物表面造成黄钾铁钒钝化膜的形成。

在整个微生物浸出阶段（共 64 天），酸耗仅为 23.7 g H_2SO_4/kg 矿石，平均每天为 0.37 g H_2SO_4/kg 矿石（图 8－3）。另外，尽管溶浸液的 pH 控制在 1.5 左右，但是浸出液的 pH 在 1.7～2.0（图 8－2）。这些表明在生物浸出阶段也需要补充适当的酸，这在一定程度上是因为该铀矿石中硫化矿含量比较低（硫含量为 0.664%），另外由于碱性脉石的溶解也是一个缓慢的过程，这也许对后期的生物浸出造成不良影响。

在 97 天柱浸过程中，每千克矿石的耗酸量为 65.4 g 硫酸（图 8－3），微生物的加入增强了铀的浸出率和浸出速率，最终铀的浸出率达到 96.82%（图 8－8）。

8.6.3 工艺因素对铀浸出的影响规律分析

表 8－2 统计了对铀浸出速率有明显影响的六个工艺因素（喷淋强度、耗酸量、pH、Eh、Fe^{3+}/Fe^{2+}、液固比）的加权平均值、标准差，反映了不同参数的重要性及其变化程度。结果表明，在这六个参数中，氧化还原电位与 pH 变化幅度最大，间接说明了这两个因素对铀的浸出效率起主导作用。

表 8－2 柱浸工艺因素的加权平均值与膨胀系数分析

Operating parameters	Weighted mean	Standard deviation
spraying intensity	16.287 7	4.111 5
acid consumption	12.985 8	9.579 6
pH	2.412 5	0.959 4
Eh	337.099 4	116.054 7
Fe^{3+}/Fe^{2+} ratio	2.003 5	1.781
liquid/solid ratio	0.189 9	0.077 7

为了探明这六个工艺因素与铀浸出效率的相关性，对 97 天浸出过程的工艺因素和铀浸出速率进行了 CCA 分析。如表 8－3 所示，这六个工艺因素与坐标轴 1 相关性较高（特征值为 0.03），解释了铀浸出速率 30.8%的变化率。尽管总共仅解释了 31.1%的铀浸出速率变化，却解释了 100%的浸出速率－工艺因素的相关性，表明铀浸出速率的大量变化可以归因于这六个工艺因素，他们相关系数很高也表明了这一点（对于轴 1 相关系数为 0.559，轴 2 为 0.438）。另外，Monte－Carlo 显著性测验表明浸出速率—工艺因素相关的显著性（$P<0.002$）。

CCA 图解分析如图 8－9 所示，其中空心圆圈代表每天的铀浸出速率，箭头代表不同的工艺因素，箭头的长度反映的是该工艺因素对于铀浸出速率的重要性，箭头间的夹角反映的是工艺因素间的相关程度。分析表明，97 天的柱浸过程大概可以分为三个时期：浸出初期（1～27 天）、浸出中期（39～87 天）、浸出后期（88～97 天）。pH、喷淋强度及耗酸量间的夹角较小，表明它们之间紧密相连，因为喷淋强度增强导致耗酸量增加，进而导致低的 pH 环境；而 Eh、Fe^{3+}/Fe^{2+}及液固比间的夹角较小，表明它们密切相关，这可能是由于高的 Fe^{3+}/Fe^{2+}比能导致高的氧化还原电位，同时高的液固比也能促进离子或电子的传导，进而利于氧化还原电位的升高。

表 8-3　柱浸过程中铀浸出速率与工艺因素的典范对应分析（CCA）统计结果

Axis	1	2
Eigenvalue	0.003	0.000
Cumulative percentage variance		
of uranium extraction	30.8	31.1
of uranium extraction – operating parameters relation	99.1	100.0
Uranium extraction – operating parameters correlations	0.559	0.438
Monte – Carlo significance test		for all axes
F – ratio	38.238	6.459
P – value	0.002	0.002

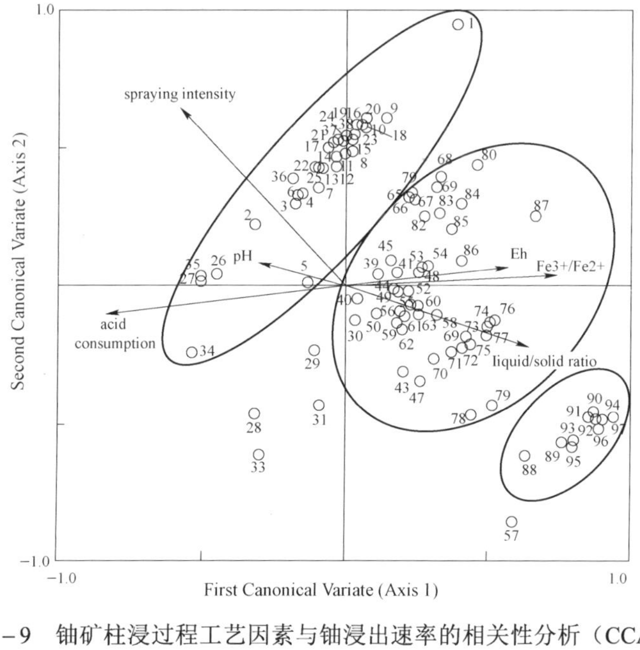

图 8-9　铀矿柱浸过程工艺因素与铀浸出速率的相关性分析（CCA）

注：箭头代表不同的工艺因素，空心圆圈代表每天的铀浸出速率。

在浸出初期，铀的浸出速率处于延缓阶段，pH、喷淋强度和耗酸量对铀浸出效率起主导作用（见图 8-9），这可能是由于初期矿石中碱性脉石较多所致，另外由于这段时期还只是硫酸的作用，并没有加入微生物。

在浸出中期，铀的浸出速率处于较为快速的阶段，Eh、Fe^{3+}/Fe^{2+}比值及液固比是对铀浸出效率的主要影响因素（见图 8－9），这有力地支持了间接作用机理浓度，高的 Fe^{3+}/Fe^{2+} 比导致高的氧化还原电位，这成为铀溶解的一个驱动力。另外，液固比在一定程度上反映了矿石的持水度及渗透性，在浸出快速期（39～87 天）矿石液固比从 0.17 增加到了 0.46（见图 8－4），有效地促进了铀的加速溶解。

在浸出后期，铀的浸出速率已经非常缓慢，受液固比的影响比较大（图 8－9）。进入这段时期时矿石中大部分铀已经被溶解出，剩下被包裹的部分，较为难溶解，所以增加矿石的液固比，增大矿石的孔隙度，有助于包裹铀的溶解。

另外，浸出的第 28、29、31、33 天，铀的浸出效率受这六个因素的综合影响，并不能分出主次，很可能这段时期溶浸液和矿物表面发生了复杂的反应，包括物理的、化学的、生物的反应，尤其是溶液－矿物－微生物间的界面反应极其复杂，有待进一步研究。

8.6.4　微生物群落演替规律分析

首先，采用细胞计数法分析溶浸液、浸出液和矿物表面的微生物量，结果显示，溶浸液中的微生物量约为 10^8 cells·mL^{-1}，而浸出液中仅为 10^6 cells·mL^{-1} 左右，吸附在矿物表面的微生物量也将近 10^6 cells·mL^{-1} 左右，这表明铀矿物中含有很多抑菌因素，因而微生物浓度在经过矿物后降低了很多，当然也有一部分微生物吸附在矿物表面。

然后采用 ARDRA 手段检测溶浸液、浸出液和矿物表面的微生物群落结构，从这三个样品的 16S rDNA 克隆文库中分别挑选了 59、43、68 个阳性克隆子。在这些克隆子中，总共检测到了 7 种不同的酶切图谱，即 7 种不同的 OTU（可操作分类单元），编号为：FZ－1、FZ－2、FZ－3、FZ－4、FZ－5、FZ－6、FZ－7。对这 7 种不同的 OTU 测序，参照 NCBI 文库进行了相似性比对与多样性分析（表 8－4），采用 CLUSTALX 1.8 和 MAGA 5.0 构建系统发育树（图 8－10）。相似性分析显示，FZ－1、3 分别与 A. ferrooxidans F1 和 A. ferrooxidans YTW 有 99%的相似性；FZ－2、4 分别与 L. ferriphilum BY 和 L. ferriphilum UBK03 呈 99%的相似性，而 FZ－5 与 L. ferriphilum UBK03 呈 93%的相似性；FZ－6 与 A. albertensis DSM 14366 有 99%的相似性；而 FZ－7 是一株未培育的菌株。

如表 8－4 和图 8－10 所示，在该铀矿柱浸体系中，仅检测到四种微生物，群落结构较为简单，可能归因于以下几点：1）铀有强的辐射性，对微生物就有很明显的抑制作用；2）矿物中抑制微生物生长的毒性离子较多，比如氟、钼等；3）微生物的能源物质单一，因为矿物中硫化矿含量低，主要靠补充亚铁来生存；4）持续处于单一的室温条件，也就只适合中温浸矿微生物的生长。事实上，只有很少的微生物能在这种极端环境中生存。所鉴定的能适应这种环境的微生物，一种是铁氧化细菌（L. ferriphilum），一种是硫氧化细菌（A. albertensis），还一种是常见的铁硫氧化细菌（A. ferrooxidans），另外是一株未培育的微生物，对其氧化特性并不明晰。这四种浸矿微生物的氧化活性很大程度上促进了铀矿物及其围岩矿物的溶解，紧密关系着铀的浸出效率的高低。

表 8-4　基于 ARDRA 图谱的 16S rDNA 序列分布频率及其相似性分析

OUT	Closest relative（accession no.）	Similarity	Frequency of 16S rRNA clones/%		
			Feeding solution	Leaching solution	Residual surface
FZ-1	Acidithiobacillus ferrooxidans F1（FJ154513）	99%	50.9	58.1	32.3
FZ-2	Leptospirillum ferriphilum BY（EF025341）	99%	18.6	16.3	48.6
FZ-3	Acidithiobacillus ferrooxidans YTW（DQ062116）	99%	16.9	25.6	1.5
FZ-4	Leptospirillum ferriphilum UBK03（DQ534052）	99%	10.2	0	8.8
FZ-5	Leptospirillum ferriphilum UBK03（DQ534052）	93%	3.4	0	0
FZ-6	Acidithiobacillus albertensis DSM 14366（NR_028982）	99%	0	0	2.9
FZ-7	Uncultured bacterium clone SLS-2（EU586025）	93%	0	0	5.9

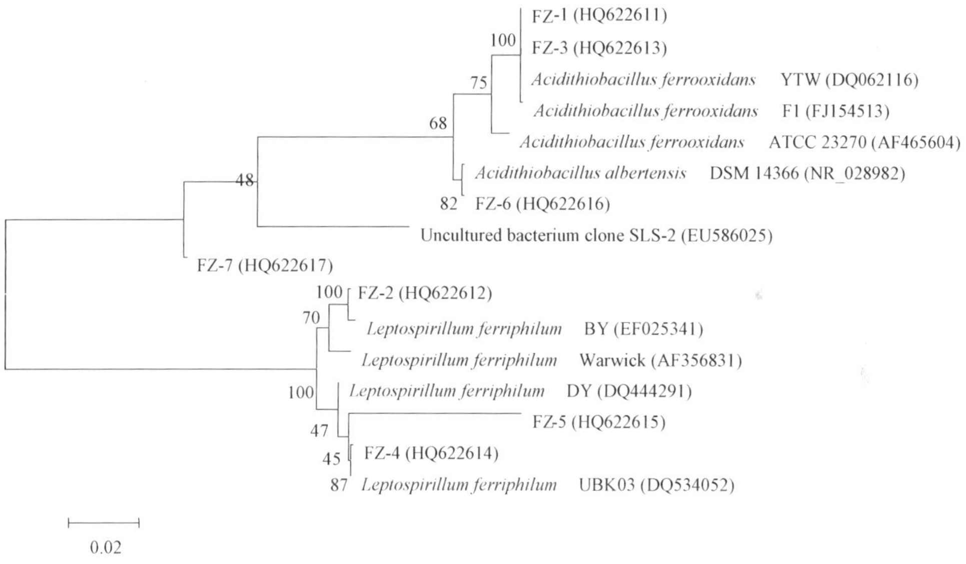

图 8-10　基于 16S rDNA 和 NCBI 参照序列的系统发育树

从表 8-4 可以看出，溶浸液和浸出液主要包含 A. ferrooxidans（FZ-1，3）与 L. ferriphilum（溶浸液有 FZ-2，4，5；而浸出液只有 FZ-2），而矿物表面除了这两种微生物（A. ferrooxidans FZ-1，3；L. ferriphilum FZ-2，4）外，还有一种硫氧化细菌 A. albertensis（FZ-6）和一种未培育菌株（FZ-7）。就微生物多样性而言，吸附在矿物表面的比游离在溶液中的更丰富，也许这是因为矿物表面的营养或者能源物质更加丰富所致。

另外，溶液和矿物表面的优势种群也有差异，溶液中的优势种群是 A. ferrooxidans，在溶浸液中占 67.8%，在浸出液中达到 83.7%，而吸附在矿物表面的优势种群是 L. ferriphilum，占 57.4%。有意思的是，两种特别的微生物，A. albertensis 和一种未培育的菌株只在矿物表面检测到，却没有在溶液中发现。这有两个推测可以解释这个现象，一个推测是，如一些文献所报道的那样，有一些细菌一种结合铀矿物的生物吸附特性，导致这些微生物只在矿物表面检测到；另一个推测是，某种微生物在样品中的相对含量百分比低于 2%时，这种劣势种群很难被 PCR 扩增所检测出来。可能正如所推测的这样，溶液中的一些劣势微生物种群没有被 ARDRA 技术所检测到，而在矿物表面所吸附累积之后而被检测出来。值得注意的是，不论在溶液中还是矿物表面，A. ferrooxidans 和 L. ferriphilum 一直都是铀矿浸出体系中的主要群落。

8.7 小 结

本章常温微生物富集培养物对低品位铀矿的柱浸研究表明，酸预浸对于微生物浸出效果有着不可忽视的作用，其一，可以保证浸矿微生物的良好生长及其氧化活性；其二，在一定程度上可以预防矿物表面黄钾铁钒钝化膜的形成。

常温微生物富集培养物对低品位铀矿展现出了良好的浸矿性能，97 天柱浸过程中（包括 33 天酸预浸和 64 天微生物浸出）铀的浸出率达到了 96.8%，其中微生物作用阶段铀的浸出率有 74.5%，占总浸出量的约 3/4，而耗酸量不到总量的 3/8。当微生物作用时铀的浸出速率马上进入了一个快速增长期，达到 1 517.6 $mg \cdot L^{-1}$。由于低品位铀矿中硫化矿含量比较低，浸出机理以间接作用为主。研究表明，高的微生物活性与高的氧化还原电位是铀快速浸出的有力保障。可以通过适当控制溶浸液中的微生物群落结构，以及铁和其他杂质离子的含量，来保障有利的微生物浸铀体系。一方面，可以让微生物更好地生长繁殖，保证有利于铀矿浸出的微生物体系；另一方面，更好地控制溶浸液的氧化还原电位，促进铀矿的加速溶解；再一方面，可以避免不利的杂质离子在浸出液中积累而影响浸出。

通过对工艺因素与铀浸出效率的相关性（CCA）研究表明，浸出初期（1～27 天），铀的浸出速率处于延缓阶段，pH、喷淋强度及耗酸量对铀浸出效率起到了主导作用；浸出中期（39～87 天），铀的浸出速率处于较为快速的阶段，Eh、Fe^{3+}/Fe^{2+}比及液固比是对铀浸出效率的关键因素；在浸出后期（88～97 天），铀的浸出速率已经非常缓慢，受液固比的影响比较大。另外，浸出的第 28、29、31、33 天，铀的浸出效率受这六个因素的综合影响，并不能分出主次，很可能这段时期溶浸液和矿物表面发生着复杂的反应，尤其是溶液–矿物–微生物间的界面反应极其复杂。

在该铀矿柱浸体系中，检测到了一种铁氧化细菌 L. ferriphilum、一种硫氧化细菌 A. albertensis、一种铁硫氧化细菌 A. ferrooxidans，以及一种未培育菌株。微生物群落分析结果表明，A. ferrooxidans 和 L. ferriphilum 一直都是铀矿浸出体系中的主要群落，不论在溶液中还是矿物表面；而吸附在矿物表面的微生物多样性比游离在溶液中的微生物更丰富，A. albertensis 和一种未培育的菌株只在矿物表面检测到；溶浸液和浸出液中的优势种群是 A. ferrooxidans，而吸附在矿物表面的优势种群是 L. ferriphilum。

参考文献

［1］ Czegledi B，Fekete L，Egyed J，Czako－ver K. Sodic processing of Hungarian low－grade and waste uranium ores by help of microbiological processes［R］. Vienna，Atomic Energy Authority. 1983：40.

［2］ Bruynesteyn A. The biological aspects of heap and in－place leaching of uranium ores［R］. 6th Annu. Uranium Seminar. SME－AIME，New York，1983：59－65.

［3］ McCready R G L，Wadden D，Marchbank A. Nutrient requirements for the in－place leaching of uranium by Thiobacillus ferrooxidans［J］. Hydrometallurgy，1986，17（1）：61－71.

［4］ Wadden D，Gallant A. The in－place leaching of uranium at Denison mines［J］. Canadian Metallurgical Quarterly，1985，2：127－134.

［5］ 刘健，樊保团，张传敬. 抚州铀矿细菌堆浸半工业试验研究［J］. 铀矿冶，2001，20（1）：15－26.

［6］ 王清良，胡凯光，阳奕汉. 伊宁铀矿 512 矿床地浸中细菌代替过氧化氢初步试验研究［J］. 铀矿冶，1999，18（4）：262－267.

［7］ 胡凯光，李传乙，黄爱武，史文革. 湖南某矿细菌浸铀［J］. 矿冶，2003，12（2）：10－13.

［8］ Spanish uranium ore，Part I：A review of the bacterial leaching in the treatment of uranium ores［J］. Hydrometallurgy，1995，38，39－57.

［9］ Muňoz J A，Ballester A，Gonzalez F，Blasquez M L. A study of the bioleaching of a Spanish uranium ore，Part II：Orbital shaker experiments［J］. Hydrometallurgy，1995，38：59－78.

［10］ Muňoz J A，Blasquez M L，Ballester A，et al. A study of the bioleaching of a Spanish uranium ore，Part III：column experiments［J］. Hydrometallurgy，1995，38：79－97.

［11］ Olson G J，Brierley J A，Brierley C L. Bioleaching review part B：Progress in bioleaching：applications of microbial processes by the minerals industries［J］. Applied Microbiology and Biotechnology，2003，63（3）：249－257.

［12］ Hansford G S，Vargas T. Chemical and electrochemical basis of bioleaching processes［J］. Hydrometallurgy，2001，59：135－145.

［13］ Johnson D B. Biohydrometallurgy and the environment：Intimate and important interplay［J］. Hydrometallurgy，2006，83：153－166.

［14］ Simate G S，Ndlovu S，Gericke M. Bacterial leaching of nickel laterites using chemolithotrophic microorganisms：Process optimisation using response surface methodology and central composite rotatable design［J］. Hydrometallurgy，2009，98：241－246.

［15］ Mousavi S M，Yaghmaei S，Vossoughi M，et al. The effects of Fe（II）and Fe（III）concentration and initial pH on microbial leaching of low－grade sphalerite ore in a column reactor［J］. Bioresource Technology，2008，99：2840－2845.

［16］ Cameron R A，Lastra R，Mortazavi S，et al. Elevated－pH bioleaching of a low－grade ultramafic nickel sulphide ore in stirred－tank reactors at 5 to 45 ℃［J］. Hydrometallurgy，2009，99：77－83.

［17］ Halinen A K，Rahunen N，Kaksonen A H，et al. Heap bioleaching of a complex sulfide ore Part I：Effect of pH on metal extraction and microbial composition in pH controlled columns［J］. Hydrometallurgy，2009，98：92－100.

［18］ Halinen A K，Rahunen N，Kaksonen A H，et al. Heap bioleaching of a complex sulfide ore：Part II. Effect of temperature on base metal extraction and bacterial compositions［J］. Hydrometallurgy，2009，98：101－107.

［19］ Nemati M，Lowenadler J，Harrison S T L. Particle size effects in bioleaching of pyrite by acidophilic thermophile Sulfolobus metallicus［J］. Applied Microbiology and Biotechnology，2000，53：173－179.

［20］ Olubambi P A，Potgieter J H，Ndlovu S，et al. Electrochemical studies on interplay of mineralogical variation and particle size on bioleaching low grade complex sulphide ores［J］. Transactions of Nonferrous Metals Society of China，2009，19：1312－1325.

［21］ Vilcáez J，Inoue C. Mathematical modeling of thermophilic bioleaching of chalcopyrite［J］. Minerals Engineering，2009，22：951－960.

［22］ Haghshenas D F，Alamdari E K，Bonakdarpour B，et al. Kinetics of sphalerite bioleaching by Acidithiobacillus ferrooxidans［J］. Hydrometallurgy，2009，99：202－208.

［23］ Batten K M，Scow K M. Sediment Microbial Community composition and methylmercury pollution at four mercury mine－impacted sites［J］. Microbial Ecology，2003，46：429－441.

［24］ Johnson D B. Importance of microbial ecology in the development of new mineral technologies［J］. Hydrometallurgy，2001，59：147－157.

［25］ Mousavi S M，Jafari A，Yaghmaei S，et al. Bioleaching of low－grade sphalerite using a column reactor［J］. Hydrometallurgy，2006，82：75－82.

［26］ Zeng W，Qiu G，Zhou H，et al. Community structure and dynamics of the free and attached microorganisms during moderately thermophilic bioleaching of chalcopyrite concentrate［J］. Bioresource Technology，2010，101：7068－7075.

［27］ Espejo R T，Feijoo C G，Romero J，et al. Page analysis of the heteroduplexes formed between PCR amplified 16S ribosomal RNA genes：estimation of sequence similarity and rDNA complexity［J］. Microbiology，1998，144：1611－1617.

［28］ Gargarello R M，Gregorio D D，Huck H，et al. Reduction of uranium（VI）by Acidithiobacillus thiooxidans and Acidithiobacillus ferrooxidans［J］. Hydrometallurgy，2010. 104：529－532.

［29］ Pal S，Pradhan D，Das T，et al. Bioleaching of low－grade uranium ore using Acidithiobacillus ferrooxidans［J］. Indian Journal of Microbiology，2010，50：70－75.

第 9 章

高效生物反应器快速氧化地浸尾液中 Fe^{2+}

9.1 前 言

9.1.1 国内外发展趋势

（1）细菌在酸法地浸采铀中作氧化剂研究进展

细菌在酸法地浸铀矿山作氧化剂是指依靠细菌（氧化亚铁硫杆菌、氧化硫硫杆菌、钩端螺旋菌等）氧化黄铁矿、砷铁矿等硫磺矿物中 Fe^{2+}以及吸附尾液中的 Fe^{2+}为 Fe^{3+}，再用 Fe^{3+}作氧化剂氧化铀矿石中 U^{4+}为 U^{6+}的过程[1]。细菌地浸采铀是通过对浸铀细菌在载体上固定化培养，从而直接氧化吸附尾液中 Fe^{2+}为 Fe^{3+}，细菌的生长环境相对单一和可控。所以本文旨在通过选取耐冷嗜酸硫杆菌和改进工艺流程来提高细菌氧化 Fe^{2+}的速率，从而增加溶浸液中的 Fe^{3+}浓度。

当细菌在吸附尾液中生长和繁殖时，Fe^{2+}能被细菌氧化成 Fe^{3+}，生成的 Fe^{3+}通过钻孔注入矿层中与矿石作用，将 U^{4+}氧化成 U^{6+}，U^{6+}易溶于稀酸。具体工艺流程：含 UO_2^{2+}和 Fe^{2+}的浸出液经离子交换树脂吸附铀后，剩下的吸附尾液进入生物反应器内，Fe^{2+}经固定化菌群重新氧化后流入配液池，再作为溶浸液注入矿层，此过程可以无限循环进行。

$$2Fe^{2+}+2H^{+}+\frac{1}{2}O_2\xrightarrow{\text{细菌}}2Fe^{3+}+H_2O$$

$$UO_2+2Fe^{3+}\longrightarrow UO_2^{2+}+2Fe^{2+}$$

在我国新疆伊犁地区酸法地浸采铀过程中，为了加快铀的浸出速率，需要提高溶浸液中 Fe^{3+}的浓度。因此，当溶浸液中 Fe^{3+}浓度不能满足生产工艺要求时，需要加入 H_2O_2 作氧化剂快速氧化溶液中 Fe^{2+}为 Fe^{3+}，从而提高溶液中 Fe^{3+}浓度，进而加快铀的浸出。但 H_2O_2 价格昂贵、易分解、利用率不高。为了降低酸法地浸采铀中氧化剂的成本，胡凯光、王清良等[2-3]在云南 381 地浸铀矿山用氧化亚铁硫杆菌代替 H_2O_2 作氧化剂进行了试验研究，结果表明：浸铀细菌对吸附尾液中 Fe^{2+}的氧化性好，浸铀细菌氧化与过氧化氢氧化的试验效果大致相同，并且对后期树脂吸附工艺无影响，并且比使用 H_2O_2 作氧化剂成本降低 70%左右。在以往研究工作的基础之上，王清良、胡凯光等[4]在新疆伊宁铀矿 512 酸法地浸矿床进行了细菌代替 H_2O_2 初步试验，结果表明：在 4～9 月不需要加热以及不补加营养物质的情况下，可用氧化亚铁硫杆菌代替过氧化氢氧化地浸吸附尾液中 Fe^{2+}，满足现场工艺要求，而在其他月份，需要通过外部加热装置，把吸附尾液温度加热到 16～20 ℃，才能满足该菌氧化 Fe^{2+}的要求。以往在酸法地浸矿山以及堆浸采铀中所用的细菌多为中温菌，最适生长温度为 25～40 ℃[5-7]。而李聪等[8]对新疆伊犁河谷地区近 50 年来的气候研究表明：该地区秋季平均气温为 8.6 ℃，冬季平均气温为－7 ℃，春季平均气温 9.9 ℃，夏季平均气温为 20.5 ℃。另据现场气温观测表明，该地区抽出的地下水和流动吸附尾液温度平均为 10～17 ℃，温度较低，且变化范围不大。因此，中温菌在低温现场试验和应用过程中出现生长活性不高、氧化 Fe^{2+}速率慢、甚至停止生长和繁殖等问题，以至于细菌浸铀技术并未在新疆酸法地浸采铀矿山中工业化推广应用。

针对上述问题，本试验采用耐冷嗜酸硫杆菌（Acidithiobacillus ferrivorans 简称 A.ferrivorans）作氧化剂，该菌为兼性厌氧菌，可在 5～30 ℃之间生长，属于耐冷菌[9-10]。Liljeqvist 等[11]指出 A.ferrivorans 是一种能够在 5～30 ℃范围内生长（最适温度为 25 ℃）的嗜酸菌，通过氧化 Fe^{2+}和硫化物获取满足生长繁殖必须的能量，并从二氧化碳获得有机碳。Amouric 等[12]对 A.ferrivorans 的运动性、鞭毛的有无、基因差异性等特征进行了详细研究。Christel 等[13]利用 RNA 转录测序揭示了 A.ferrivorans 对无机硫化合物氧化途径。González 等[14]通过基因组分析了 A.ferrivorans 的遗传变异性，为细菌应用于生物冶金以及含硫废水的处理提供理论依据。Pinar 等[15]从某矿山酸性废水中分离纯化了一株嗜酸硫杆菌，经 16 S rRNA 基因测序和做系统发育树，认为该菌是一株 A. ferrivorans，研究发现具有较强的脱硫效果以及氧化 Fe^{2+}的能力。Ccorahua 等[16]从秘鲁某铜矿山酸性矿坑中分离纯化了一株 A.ferrivorans，研究了该菌浸矿的最佳温度、pH 以及细菌生长动力学，表明该菌具有较好的应用前景。刘敏瑞等[17]采用 16S rRNA 基因、RubisCO 功能基因序列分析了筛选自新疆富蕴县的 A.ferrivorans，表明 A.ferrivorans 与其栖息环境有一定的联系。余水静等[18]利用生物信息学方法鉴定和分析了一株 A.ferrivorans 的双组分信号转导系统（TCS）结构特征，表明 A.ferrivorans 具有嗜酸类硫杆菌共有的 TCS 功能，比如氮素固定及代谢调节、柠檬酸、苹果酸代谢调节等功能，其 TCS 功能可能涉及如趋化性调控、重金属响应等。赵永红等[19]利用生物信息学方法挖掘出 A.ferrivorans 与其他嗜酸硫杆菌共 49 个抗砷基因，并且发现这类抗砷基因是嗜酸类硫杆菌所共有，说明这类基因为嗜酸硫杆菌抗砷性能所必需基因，有助于 A.ferrivorans 适应极端环境能力。莫晓兰等[20]通过对 4 株菌种在高氟环境下进行驯化，选育出了一株具有较高耐氟能力的菌种运用 16S rRNA 基因克隆文库技术分析得出该菌与 A.ferrivorans 菌相似度达到 99%，并且具有较强的抗氟性和嗜铁性，A.ferrivorans 菌将在含氟铀矿石的生物浸出中发挥重要作用。

（2）细菌固定化培养研究进展

游离态的细菌在生物反应器内容易伴随液体流出而流失，细菌固定化技术的出现和发展充分解决了这一问题。细菌固定化是指在生物反应器内，通过特定的技术手段将游离状态的细菌附着在特定挂膜载体上（内），从而减少活细菌或生物大分子在水中的自由运动，并保持菌群原有的各种特性，有利于该菌群的重复利用[21-22]。20 世纪 60 年代开始了对固定化酶的研究，直到 70 年代才逐渐应用于细菌的固定化。目前，细菌固定化技术在生活污水和工业废水处理、医药研究、食品工业以及生物冶金上得到广泛应用[23-26]。

固定化的细菌有以下优点：菌群的密度、稳定性、抗毒性、对外界环境变化的调节性明显增强，从而提高了整个反应器内的反应速率以及生产能力；提高了酶反应的稳定性，并且有利于整个反应能连续进行；可在高稀释率的情况下继续保持较高的氧化性，而不会因游离态细菌的流失影响生产；生产操作更简单，易于产品分离，成本低[27]。

细菌固定化的技术种类较多，任何一种限制游离态细菌自由活动的技术，都可用于制备固定化细菌，对于固定化技术的分类，目前国内外尚无统一的分类标准，但根据所固定的细菌与载体结合方式的不同，可大致分为：吸附法、包埋法、自絮凝法、交联法、载体结合法。吸附固定法是比较简单的固定化技术，具有操作简单方便、制备条件简单、固定的细菌活性高等优点。但是细菌与载体的结合力差，不耐水力冲击，且易受液体实际线速度、pH、温度、离子浓度等外界环境因数的变化，造成固定细菌脱离吸附载体[28]。包埋固定法是应用最广泛的固定化技术，包埋法简单易操作，包埋菌群数量大，固定微球的机械强度较高。包埋载体大致可以分为两大类：天然高分子包埋载体和有机合成高分子包埋载体。天然高分子包埋载体有琼脂、海藻酸钠等，有机合成高分子包埋载体有聚丙烯酰胺、聚亚安酯等，与天然高分子包埋载体相比，有机合成高分子包埋载体具有抗微生物分解性能好、机械强度较高、化学性能比较稳定等优点。被包埋的菌群可以阻碍或削弱外界不利因素，让供给细菌生长和繁殖和代谢的基质得以通过复合体的微小通道扩散进出，延长细菌的寿命、提高活性[29-30]。自絮凝固定法是指利用自然界中某些细菌具有自絮凝形成颗粒的能力，充分利用这类细菌自絮凝形成的颗粒作为一种固定化细胞的技术，又被称为无载体固定方法。自絮凝固定法操作更为简单，固定后的细菌群落能够形成一个较为适宜细菌生长繁殖的微生态环境，且絮凝颗粒的传质阻力较小[31]。交联法是指使用凝聚剂将细菌形成聚集菌群，然后再用双功能或多功能交联剂与细胞表面的活性基团发生生化反应，形成共价键使细菌细胞彼此交联成立体网状结构。该固定化技术可以避免菌体流失，菌群密集度高，使其细菌利用效果提高。常用的交联剂有异氰酸酯、戊二醛等有机溶剂[32]。载体结合法是利用细菌细胞表面上的特有的功能基团和固相挂膜载体支持物表面的反应基团之间会形成共价键来制得固定化细菌。因为固定化细菌与载体之间的连接键较为牢固，在使用生产过程中不会轻易发生脱落，稳定性比较好，但生化反应条件快，操作比较复杂，控制条件苛刻。所以利用此方法制备的固定化细菌，细胞大多死亡，导致该固定化技术在工业化生产中应用并不广泛[33-34]。

固定化细菌在载体上形成生物膜的过程是一个动态化过程，该形成过程大致可以分为：当带菌培养液（废水、活性污泥悬浮液、吸附尾液）流过载体时，培养液中的悬浮物及细菌被吸附在载体表面上，其中细菌利用培养液中的有机底物而生长繁殖，逐渐在载体表面布满一层层黏液状的生物膜，该生物膜具有生物和化学活性，从而进一步吸附、分解、氧化培养液中目标营养物，继续维持生物膜（内）上的菌群生长繁殖。以往学者研究了不同细菌生物的形成过程，并建立了细菌生物膜形成的动态模型[35-39]，认为在整个过程中大致分为图 9－1 所示几个阶段。

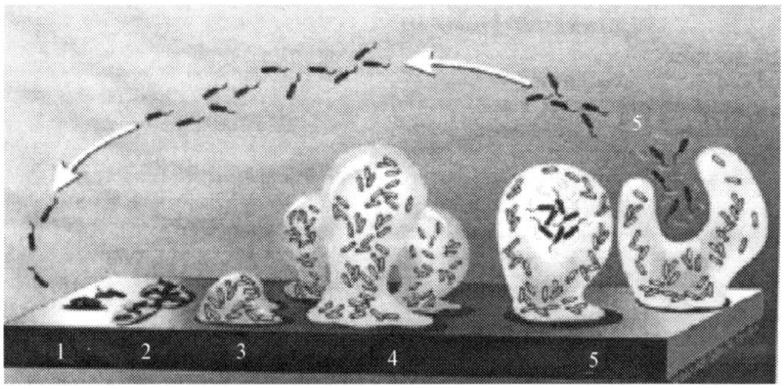

图 9－1 细菌生物膜形成动态过程[39]

1）游离态细菌可逆地吸附到载体表面。这一过程是通过培养液流经载体时的水力或者细菌的运动性克服了细菌细胞和载体表面之间的排斥力，从而使靠近载体表面的游离态细菌主动或者被动吸附到载体表面。

2）细菌从可逆性吸附转变为不可逆吸附。被吸附到载体表面的细菌分泌一类黏性物质（胞外聚合物），在胞外聚合物的协同作用下，细菌由开始的可逆吸附转化成不可逆吸附在载体表面。某些细菌的细胞周围具有特殊的附着物，如菌毛、鞭毛等，这些特殊的结构也可以和载体表面相互作用，使游离态细菌更好的固着在载体上。

3）形成了早期的生物膜结构。游离态细菌持续吸附的过程，同时已经吸附到载体上的菌群生长繁殖，形成早期的生物膜。

4）形成成熟生物膜阶段。在此阶段，胞外聚合物起着两个方面的作用，一是被吸附的菌群继续形成生物膜结构，二是吸收培养液中的营养物质用于维持整个生物膜内菌群的生长繁殖。成熟的生物结构较为复杂，膜内分布着利于营养物质进入和代谢产物排出的通道和孔动，组成生物膜内菌群的生理特性和新陈代谢方式也不同于膜外游离态细菌。

5）成熟生物膜的脱落阶段。生物膜内的菌群脱离载体表面，进入培养液中重新成为游离态细菌。

在本试验过程中，采用吸附法对耐冷嗜酸硫杆菌在陶粒上进行固定化培养，从而提高细菌氧化吸附尾液中 Fe^{2+}速率。

（3）陶粒载体研究进展

挂膜载体影响细菌的生长繁殖和固定化效果以及老化生物膜的脱落，进而影响细菌连续氧化吸附尾液中 Fe^{2+}的速率，所以挂膜载体的选择至关重要，为了提高氧化 Fe^{2+}速率和降低工业化生产成本，本试验采用陶粒作为细菌的挂膜载体。

陶粒是指在回转窑中经发泡生产的一种轻骨料。形状根据使用要求而定，一般为球型颗粒状，表面粗糙而坚硬，内部结构复杂多空隙，具有密度小、热导率低、强度高等特点。与以往研究中采用的弹性尼龙等有机挂膜载体相比，陶粒比表面积大，细菌固着效果好；生物亲和性好，微生物生长繁殖快，蜕化生物膜容易更新；在酸法地浸铀矿山吸附尾液中稳定性强，耐酸、耐氧化，不易生物降解；充氧效率高；质量轻、机械强度大，使用寿命较长；价格便宜，易运输和储存。

陶粒根据材质不同，主要分为铝矾土陶粒、黏土陶粒、页岩陶粒、垃圾陶粒、煤矸石陶粒、生物污泥陶粒、粉煤灰陶粒、河底泥陶粒。铝矾土陶粒主要是以铝矾土、煤等多种原料，经机器破碎、细碎、粉磨、制粒以及高温烧结等多道工序制作而成，具有耐高温、高压、强度高、导流能力强以及耐腐蚀等特点，主要用于石油开采行业，是中低强度支撑剂的替代品，对提高石油天然气产量具有良好效果[40-41]。黏土陶粒是一种以黏土为主要材料，经多道工序加工制粒，在窑内烧制而成，粒径主要为 5 mm 以上的轻粗集料，主要用作工程施工填料[42]。页岩陶粒指将页岩经破碎、筛分、烧胀而成的一类陶粒，主要用于生产轻集料混凝土小型空心砌块轻集料混凝土小型空心砌块和轻质隔墙板，也有可以用作污水处理填料[43-44]。垃圾陶粒是将城市生活及工业垃圾处理后，经造粒、烧制等多道工序生产出烧结陶粒，或将垃圾烧渣料加入水泥后造粒，自然养护，生产免烧垃圾陶粒。垃圾陶粒具有原料充足、成本低、能耗少、质轻高强度等优点。根据应用需要，垃圾陶粒可制成建筑用墙板、砌块、砖等新型墙体材料，也可用作保温隔热、楼板、轻质混凝土、水处理净化等，应用前景广阔[45-46]。煤矸石陶粒是指将符合烧胀要求的煤矸石经破碎、预热、烧胀、冷却、分级、包装等工序加工而成的一种陶粒。该陶粒产品质量不仅符合国家标准，而且部分技术指标超过国家标准，该种陶粒具有创新性、先进性、属环保类产品[47-49]。生物污泥陶粒是以生物污泥为主要原料，经烘干、磨碎、成球、烧结而成的陶粒，用生物污泥代替部分黏土来烧制陶粒既节省黏土，又保护耕地，具有一定的环保作用[50-51]。河底泥陶粒是一种利用河底泥替代黏土，经挖泥、干燥、生料成球、预热、焙烧、冷却制成的陶粒。利用河底泥制造陶粒，不仅可以减少与农业用地争土，而且还为河底泥找到了一条合理利用途径，避免河底泥的二次污染环境问题，达到了废弃物资源化的目的[52-55]。

本试验结合新疆酸法地浸铀矿山吸附尾液 pH 以及现场生产工艺条件，经过多次载体选择试验，最终选用耐酸性好、比表面积大、强度高的铝矾土陶粒作为细菌挂膜载体。

（4）生物反应器研究进展

生物反应器是利用生物催化剂、微生物固定化进行生物技术生产的反应装置，它是实现生物技术工业化生产的重要设备。生物反应器用于工业、生活污水的处理已有 100 多年的历史，于 20 世纪 50 年代应用到对有机废气的处理中[56]。目前，已广泛应用于环境工程领域的生物反应器，按照生物反应器内微生物群落的生长状态可以分为附着生长型和悬浮生长型[57]，随着陶粒烧制工艺以及细菌固定化技术的发展，微生物填料研究与开发取得一定进步，附着生长型生物反应器的优势逐渐显现。而生物陶粒填料作为生物反应器的一种微生物固定化载体，用于三相生物流化床、曝气生物滤床等颗粒填料生物反应器，可以更经济、高效地实现对污染物质降解以及去除，已成为近年来该专业领域研究热点之一[58-60]。

生物反应器按形状、工作原理大致分为管式反应器、釜式反应器、固体颗粒床层反应器、喷射反应器等。管式反应器是形状呈管状、长径比较大的连续操作反应器。该类反应器长度不一，如丙烯二聚反应器管长以公里计。反应器的结构一般为单管，可以是多管并联；也可以是空管，如常用的管式裂解炉。也有在管内填充颗粒状催化剂的填充管，即进行多相催化反应，如列管式固定床反应器，物料的流动可近似地视为平推流[61]。釜式反应器通常称反应釜或搅拌反应器。其高度一般与其直径相等或稍高，约为直径的 2～3 倍。釜内更具工艺需要，设有搅拌装置和挡板，并根据不同使用情况可以在釜内安装利于降温的换热器，以维持釜内所需的反应温度，也可将换热器安装在釜外，通过流体的强制循环进行换热[62-63]。固体颗粒床层反应器指在反应器内装填一定量颗粒状固体催化剂或者固体反应物，形成具有一定高度的堆积床层，当液相或者气相物料通过颗粒间隙流经静止固定床层时，从而在反应器内实现非均相反应过程。这类反应器的基本特点是充填在反应器内的固体颗粒固定不动，不同于固体物料在设备内发生运动的移动床和流化床，所以，又称填充床反应器。固定床反应器广泛用于气—固相反应和液—固相反应过程[64-65]。喷射反应器是指利用高速流动（如气相、液相等）相去卷吸其他相，使各相充分接触，产生剧烈的搅拌，从而达到充分混匀的效果来完成相关反应。喷射反应器使反应物在反应器内达到充分混匀，该过程有利于加强传质与传热，加快物料反应速率，改善温度和浓度分布，达到抑制相关副反应，进而提高生化反应的选择性。该类型反应器广泛应用于化学化工、生物化学、工业废水、废气处理等领域[66]。

本试验在借鉴已有生物反应器结构设计的基础上，充分结合铀水冶生产实际，研制了新型移动床生物反应器，有效解决了生物陶粒板结问题。

9.1.2 研究背景

铀作为国内满足核电燃料和巩固国防的重要战略资源，铀有着不同于其他金属矿物的特殊地位。国内对铀矿资源的需求较为强劲，从发布的“能源发展‘十三五’规划”可知，目前，国内在建核电站规模居全球第一，并提出力争在 2020 年前，运行核电总装机容量达到 5 800 万千瓦的目标。充足的铀矿供应量是实现这一目标和核工业可持续发展的基本保障。另外，据国际原子能机构资料报道，截止 2015 年，全世界铀矿勘探与开发的总支出约为 29 亿美元，相比之前涨幅较大，其中约 38%的费用支出用于国际市场的勘探和开发。全世界正在运行的 437 座核反应堆每年大约消耗 26 600 t 铀，可以预计未来国际上对铀资源的需求仍将不断上升[67-68]。然而，在过去多年时间里，国际天然铀价一直低位徘徊，虽然近年来，天然铀价格有回暖之势，但在日本福岛核事故发生后，价格再次深陷低谷，现在价格一直维持在 20～40 美元/磅。在此价格背景下，国内铀矿在开采过程中改进生产方式降低生产成本已迫在眉睫。

在酸法地浸采铀工艺中，不仅需要化学溶浸剂将铀矿石中的易溶 U^{6+}从矿层进入液相溶解出来，而且还需要加入氧化剂将矿石中的 U^{4+}氧化为水溶性的 U^{6+}[69]。常用的氧化剂主要有氧气、H_2O_2、硝酸盐、Fe^{3+}等。氧气具有选择性好、氧化效率高、不污染环境等特点，但需要加压系统将氧气注入矿层，可能在注液孔周围引起气堵[70]；H_2O_2 具有氧化能力强、速率快、使用方便等优点，并且产物为水，不污染环境，但 H_2O_2 易挥发、利用率低、价格昂贵[71]；硝酸盐溶解性好、价廉易得，但长时间使用易在矿层中积聚，对地下水造成污染[72]。相较于以上三种氧化剂，Fe^{3+}是酸法地浸采铀中重要的天然氧化剂，含铀矿层在 Fe^{3+}的氧化作用下，矿层中铀的溶解速率与 Fe^{3+}向 Fe^{2+}转化速率呈相应正相关指数函数关系，为了加快铀的浸出速率，需要提高溶浸液中 Fe^{3+}的浓度[73]。然而，Fe^{2+}在无化学氧化剂和细菌的酸性环境中，化学性质较为稳定，尤其在吸附尾液（pH 1.4～1.9）中很难被氧化。为了更好地利用吸附尾液中 Fe^{2+}，以往主要通过在配液池中添加 H_2O_2 氧化 Fe^{2+}，这必然增加天然铀的生产成本。

为降低铀矿生产成本，国内学者通过在酸法地浸铀矿山采用嗜酸氧化亚铁硫杆菌作氧化剂把 Fe^{2+}转化为 Fe^{3+}，取得一定进展[74-75]，但该技术仍停留在实验室或现场小规模试验阶段。制约其工业应用的因数较多，一是常用的中温菌（嗜酸氧化亚铁硫杆菌、嗜酸氧化硫硫杆菌、嗜铁钩端螺旋菌、喜温嗜酸硫杆菌）最适生长温度在 25～35 ℃[76]，而国内酸法地浸铀矿山主要集中在伊犁河谷一带，该地区水冶车间吸附尾液的温度常年保持在 10～20 ℃，导致中温菌在吸附尾液中生长活性较差。二是以往研究中多采用弹性尼龙等有机材料作为细菌固定化载体[77]，该载体比表面积低、吸附性能差，从而出现细菌固定化效果差、菌群生长缓慢、氧化 Fe^{2+}速率低等问题。三是生物反应器多为反应池[78]，而生物反应池占地面积大、空气利用率低、投资成本高。

基于上述问题，本试验以细菌在酸法地浸铀矿山作氧化剂规模化应用为目的，在中核天山铀业有限公司某酸法地浸矿山水冶车间进行试验研究。首次采用耐冷嗜酸硫杆菌（Acidithiobacillus ferrivorans 简称 A.ferrivorans）作氧化剂，以耐酸性强、比表面积大、直径为 3～5 mm 的生物陶粒作为该菌挂膜载体，在生物反应器内对细菌进行固定化培养，从而达到快速连续氧化吸附尾液中 Fe^{2+}，为 A.ferrivorans 菌作氧化剂的工业应用提供试验依据，使地浸采铀技术得到进一步的发展。

9.2　耐冷嗜酸硫杆菌生长特性及耐酸驯化

9.2.1　引言

生长和繁殖是耐冷嗜酸硫杆菌同培养液、吸附尾液环境相互作用的结果。培养过程中，环境的变化会对细菌生长繁殖产生较大影响，影响细菌生长的主要因素有营养物质、温度、pH 等。本章根据现场吸附尾液实际情况，研究不同接种量、温度、初始亚铁浓度、pH、异亮氨酸浓度对该菌生长特性的影响。

9.2.2　实验材料与方法

（1）材料和仪器

耐冷嗜酸硫杆菌（Acidithiobacillus ferrorans 简称 A.ferrorans）和嗜酸氧化亚铁硫杆菌（Acidithiobacillus ferrooxidans 简称 A.ferrooxidans）来自南华大学铀矿冶生物技术实验室；$(NH_4)_2SO_4$、K_2HPO_4、KCl、$MgSO_4$、$Ca(NO_3)_2$ 分析纯试剂、分析纯磷酸、浓硫酸购自天津市科密欧化学试剂有限公司；异亮氨酸购自合肥博美生物科技有限责任公司；吸附塔尾液取自新疆天山铀业某厂水冶车间；IS－RDD3 台式恒温振荡器购自美国精骐有限公司。

（2）细菌氧化 Fe^{2+}活性的表征

A.ferrivorans 和 A.ferrooxidans 在生长和繁殖过程中，作为电子传递链上的各种细胞色素都具有特定的氧化还原电位，随着 Fe^{3+}浓度的升高，培养液的氧化性随之增强，并且细菌以氧化 Fe^{2+}成 Fe^{3+}作为主要代谢途径，即细菌氧化 Fe^{2+}的速率与细菌的生长速率存在正相关关系[79]。所以细菌的活性通过测定培养液的氧化还原电位以及 Fe^{2+}的氧化速率来表征。

（3）试验分析方法

本试验采用 pH 计（PHS－3C）测定培养液的 pH、氧化还原电位（简称 Eh）值，使用之前须标定，准确测定。用重铬酸钾滴定法测定培养液的 Fe^{2+}浓度，详细分析步骤如下：

1）试剂

（a）0.05 mol·L^{-1} 重铬酸钾标准溶液；（b）硫磷混合酸：量取 150 mL 浓磷酸、150 mL 浓硫酸加到 700 mL 去离子水中，冷却备用；（c）0.5%二苯胺磺酸钠指示剂。

2）操作步骤

用移液枪取 2 mL 试液置于 250 mL 锥形瓶中，加入 10 mL 硫磷混酸，摇匀后加去离子水至 100 mL，再加 2～3 滴 0.5%二苯胺磺酸钠指示剂，再用 0.05 mol·L^{-1} 重铬酸钾标准溶液滴定至紫红色，准确读数再计算，操作过程准确迅速，以免时间过长亚铁离子被氧化，结果偏低。

（4）培养基成分与菌种活化

每次条件试验前，需对菌种进行活化培养，以保证菌种活性。本研究所用的 9 K 培养基成分见表 9－1，用 2 mol·L^{-1} 的硫酸溶液调节 pH 2.0，取两个 250 mL 锥形瓶，分别加入 90 mL 培养基以及 10 mL 的 A.ferrorans 和 A.ferrooxidans（即按 10%的体积分数接种），测定初始 Eh，调节摇床温度 25 ℃、转速 170 r·min^{-1} 培养至 Eh 500 mV 左右，即可用于条件试验的接种细菌。

表 9－1　细菌 9 K 培养基成分（g·L^{-1}）

试剂	$(NH_4)_2SO_4$	K_2HPO_4	KCl	$MgSO_4$	$Ca(NO_3)_2$
含量	3	0.5	0.1	0.5	0.01

（5）接种量对 A.ferrorans 氧化 Fe^{2+}速率的影响

取 6 个 250 mL 锥形瓶，按 5%、10%、20%、30%、40%、50%接种比例分别加入耐冷嗜酸硫杆菌菌液 7.5 mL、15 mL、30 mL、45 mL、60 mL、75 mL，再依次加入培养基（Fe^{2+} 1 g·L^{-1}）142.5 mL、135 mL、120 mL、105 mL、90 mL、75 mL。测定初始 Eh 及 Fe^{2+}浓度，调节恒温振荡器温度为 25 ℃、转速 170 r·min^{-1} 培养，每隔 6 h 测定试验数据，直至 Fe^{2+}氧化完成。

（6）初始 Fe^{2+}浓度对 A.ferrorans 生长活性的影响

取 3 个 250 mL 锥形瓶，分别加入初始 Fe^{2+}浓度为 0.3 g·L^{-1}、0.4 g·L^{-1}、0.5 g·L^{-1} 的培养基 135 mL 以及 15 mL A.ferrorans 菌液，测定初始 Eh 及 Fe^{2+}浓度，调节恒温振荡器温度为 25 ℃、转速 170 r·min^{-1} 培养，每隔 6 h 测定试验数据，直至 Fe^{2+}全部氧化。

（7）A.ferrorans 与 A.ferrooxidans 在不同温度条件下氧化 Fe^{2+}速率

取两个 250 mL 锥形瓶，分别加入 135 mL 培养基（Fe^{2+} 1 g·L^{-1}），15 mL 的 A.ferrorans 和 A.ferrooxidans。测定初始 Eh、及 Fe^{2+}浓度，调节恒温振荡器温度为 5 ℃、转速 170 r·min^{-1} 培养，每隔 24 h 测定实验数据，其余温度条件按相同方法依次进行。

（8）异亮氨酸浓度对 A.ferrorans 生长活性的影响

取 250 mL 锥形瓶 5 个，分别加入 90 mL 培养基和 10 mL 低温菌，再按 0.5 g·L^{-1}、1 g·L^{-1}、3 g·L^{-1}、5 g·L^{-1} 比例分别加入异亮氨酸，测定不同样品的起始 Eh、pH，调节恒温振荡器温度为 25 ℃，转速为 170 r·min^{-1} 进行培养。每隔 8 h 测定一次不同样品的 Eh、pH，直至

Fe^{2+}全部被氧化。

（9）A.ferrorans 耐酸驯化

量取 300 mL 吸附尾液至锥形瓶中，加入 1.5 g 浓硫酸和 1.5 g $FeSO_4 \cdot 7H_2O$，搅拌至溶解，再加入 300 mL A.ferrorans 菌液。测定初始 Eh、pH，置于水浴恒温振荡器中，调节温度 25 ℃、转速 160 $r \cdot min^{-1}$，开始培养，每隔 12 h 测定 Eh、pH。当培养液 Eh 达到 550 mV 左右时，量取此培养液 300 mL 作为接种菌液，按上述方法进行第二、三、四、五次耐酸驯化，其余浓度条件按相同方法进行。

9.2.3　结果与讨论

（1）接种量对 A.ferrorans 氧化 Fe^{2+}速率的影响

在氧化 Fe^{2+}的过程中，细菌从个体再到群体生长和繁殖，是单个细菌之间在培养基中共同作用的结果，接种量的多少直接影响培养液中的细菌起始基数，从而影响群体的生长繁殖以及氧化 Fe^{2+}速率。从图 9－2（a）可知，接种量对细菌迟缓期影响较小，不同培养液中的细菌大约都在 30 h 左右细菌开始进入对数生长期，即同一菌液在相同的接种环境中，细菌的初始接种量对新环境的适应时间影响较小，迟缓期大致相同。从图 9－2（b）看出，当接种量从 5%提高至 50%时，培养液中氧化速率大约增加 2 倍左右，说明接种量在 5%～50%时，细菌氧化 Fe^{2+}的整体速率与接种量成正相关，提高接种量有利于缩短氧化 Fe^{2+}时间和扩大培养。当接种量在 30%～50%时，细菌氧化速率大致相同，从代谢产物对细菌活性影响[80]以及生产成本来考虑，再结合到地浸现场实际情况，该菌的接种量控制在 10%左右为宜。

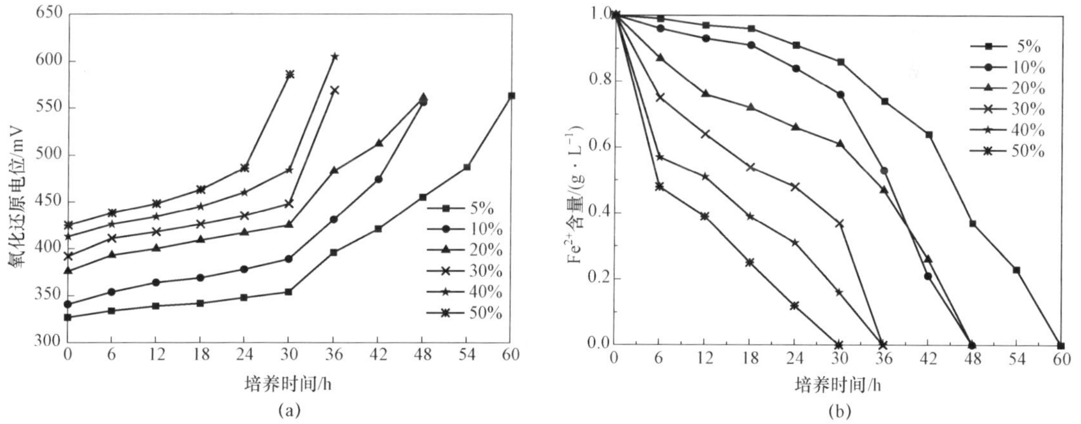

图 9－2　接种量对 A.ferrorans 氧化 Fe^{2+}速率的影响

（a）培养液 Eh 的变化；（b）培养液 Fe^{2+}含量的变化

（2）初始 Fe^{2+}浓度对 A.ferrorans 生长活性的影响

从亚铁到高铁状态的氧化，对于 A.ferrorans 来说是一种产能反应，通过利用这些能量来维持细菌自身的生长繁殖，kevin 等[81]对 A.ferrorans 的 16S rRNA 基因组序列进行了分析，得出 A.ferrorans 与 A.ferrooxidans 的 DNA 染色体的 G＋C 只有 4%不同，所以 A.ferrorans 类似于 A.ferrooxidans，即 A.ferrorans 在产能过程中需要 Fe^{2+}将电子传递给分子氧，在传递过程中细胞质内有质子消耗，从而驱动 ATP 的合成来维持细菌的活性[82-83]，培养液中初始 Fe^{2+}是细菌整个生长繁殖过程中重要的营养物质。初始 Fe^{2+}浓度对 A.ferrorans 生长活性的影响试验结果见图 9-3。

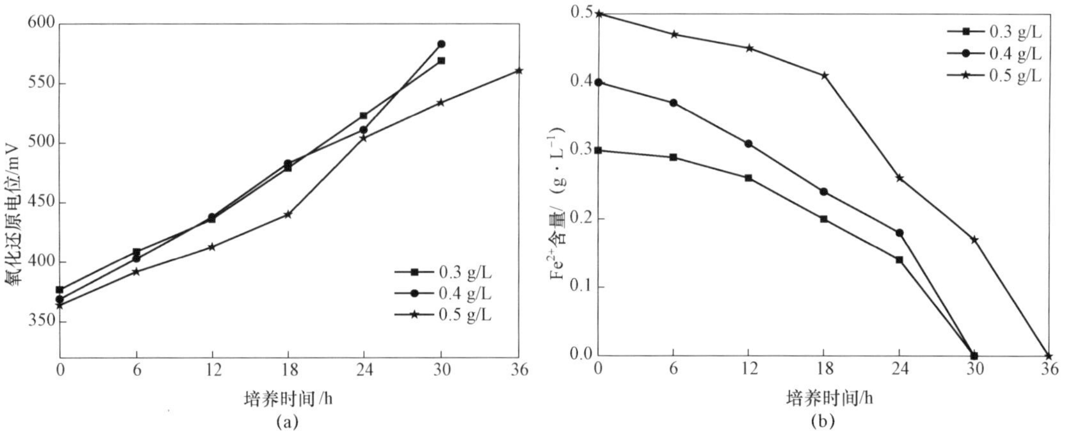

图 9-3　初始 Fe^{2+}浓度对 A.ferrorans 生长活性的影响

（a）培养液 Eh 的变化；（b）培养液 Fe^{2+}含量的变化

从图 9-3 中可以看出，不同初始 Fe^{2+}量对 A.ferrorans 生长活性影响较小，当 Fe^{2+}含量为 0.3 $g \cdot L^{-1}$ 和 0.4 $g \cdot L^{-1}$ 时，细菌氧化 Fe^{2+}速率大致相当，约为 0.012 $g \cdot L^{-1} \cdot h^{-1}$ 左右，并且电位上升幅度也几乎一致，Fe^{2+}含量为 0.5 $g \cdot L^{-1}$ 时，氧化时间较长，细菌氧化速率约为 0.014 $g \cdot L^{-1} \cdot h^{-1}$ 左右，表明当初始 Fe^{2+}量在 0.3～0.5 $g \cdot L^{-1}$ 时，对细菌的生长活性影响不大。从而得出细菌完全可以在 Fe^{2+}含量为 0.3～0.5 $g \cdot L^{-1}$ 的吸附塔尾液中生长和繁殖并且保持应有的活性。

（3）A.ferrorans 与 A.ferrooxidans 在不同温度条件下氧化 Fe^{2+}速率

一般细菌都是在一定温度区间内生长和繁殖，温度是影响 A.ferrorans 与 A.ferrooxidans 能否快速氧化 Fe^{2+}最为明显的环境因素之一。温度的变化对两种细菌的活性都会产生重要影响，使细菌的氧化速率明显改变。A.ferrorans 与 A.ferrooxidans 在不同温度条件下氧化 Fe^{2+}速率试验结果见图 9-4。

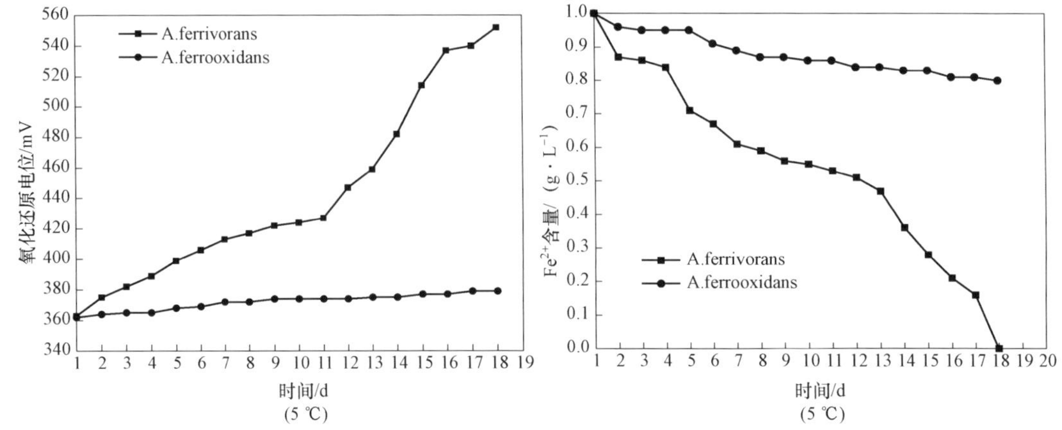

图 9-4　A.ferrorans 与 A.ferrooxidans 在不同温度条件下氧化 Fe^{2+}速率的对比

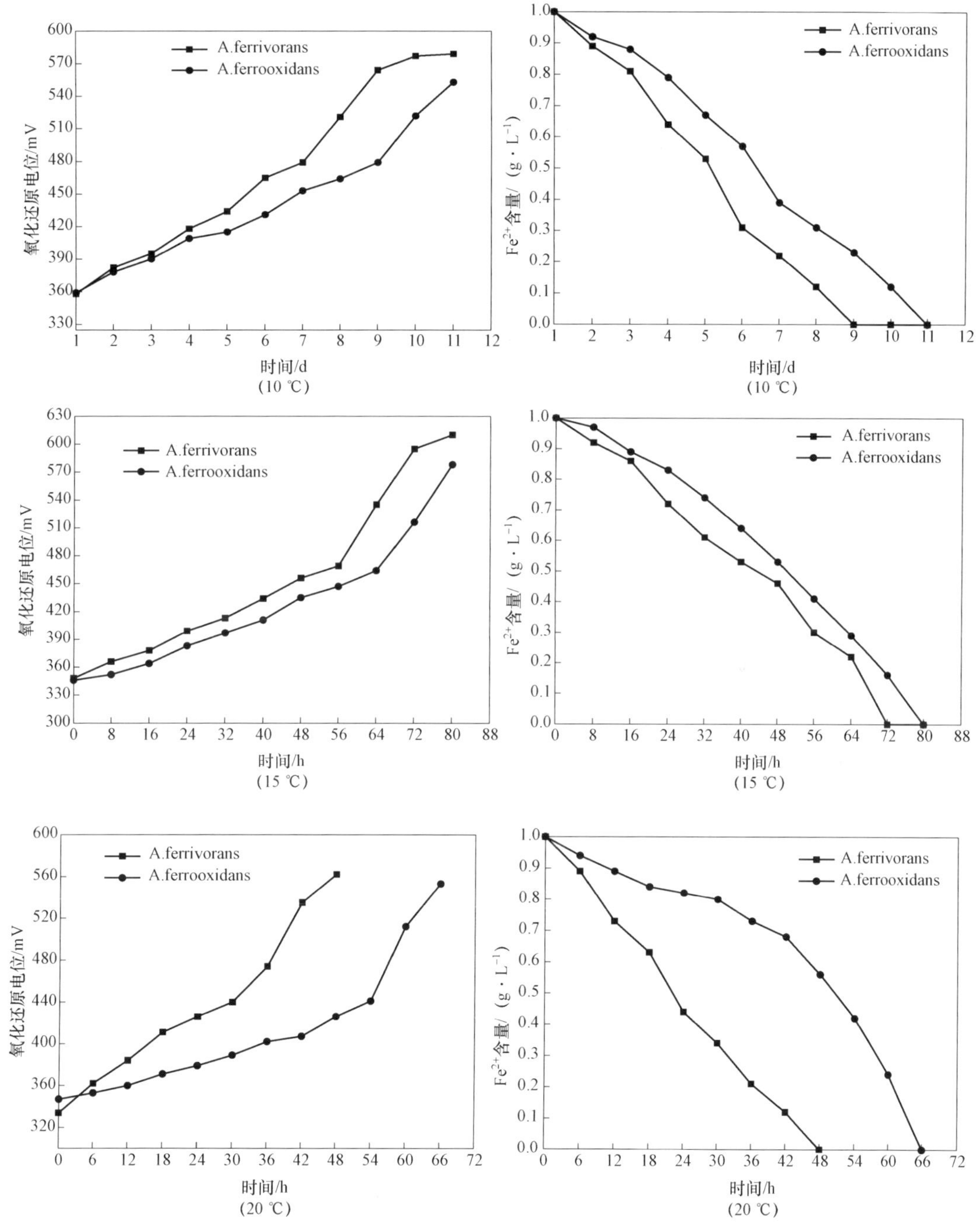

图 9-4　A.ferrorans 与 A.ferrooxidans 在不同温度条件下氧化 Fe^{2+}速率的对比（续）

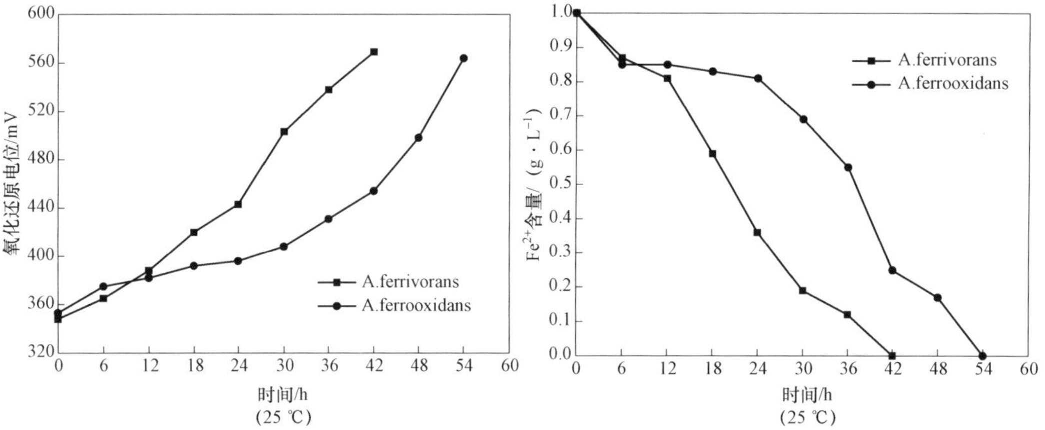

图 9-4 A.ferrorans 与 A.ferrooxidans 在不同温度条件下氧化 Fe^{2+}速率的对比（续）

从图 9-4 可以看出，随着温度条件从 5 ℃升高至 25 ℃，A.ferrooxidans 的氧化速率从 0 增加至 0.018 $g·L^{-1}·h^{-1}$，而 A.ferrorans 从 0.002 4 $g·L^{-1}·h^{-1}$ 增加至 0.024 $g·L^{-1}·h^{-1}$，在不同温度条件下，A.ferrorans 氧化 Fe^{2+}的速率明显高于 A.ferrooxidans，说明培养液温度的增加，细菌的细胞质膜流动性就随之变大，这就有利于营养物质进入胞内和代谢产物排除胞外，使细菌的生长繁殖加快，从而促使细菌氧化速率增加。在不同的温度条件下，A.ferrorans 的电位上升幅度以及 Fe^{2+}的减少量均高于 A.ferrooxidans，说明 A.ferrorans 的氧化速率明显高于 A.ferrooxidans，尤其是当温度为 5 ℃，由于 A.ferrooxidans 的细胞膜呈晶格排列，营养物质的运输受阻，酶促反应停止，导致细菌停止生长，而 A.ferrorans 能继续生长并且保持较好的氧化性，这主要是因为该菌自身具有的耐冷基因以及脂肪酸合成中的特有基因族利于低温环境中生长[84-85]，A.ferrorans 特有 TCS 功能涉及耐冷调控。上述 A.ferrorans 与 A.ferrooxidans 在生长繁殖过程中所发生的一系列化学反应绝大多数都是在特定酶催化作用下完成的，而每一种酶都有最适的酶促反应温度，温度的变化影响酶促反应率，进而影响菌体的活性，所以根据本试验研究的初步结果以及结合北方酸法地浸铀矿山所处的气候条件，A.ferrorans 更适合用作浸铀的目标菌种。

（4）异亮氨酸浓度对 A.ferrorans 生长活性的影响

在氧化 Fe^{2+}过程中，营养物质的消耗以及培养液中代谢产物的积聚是影响耐冷嗜酸硫杆菌生长活性的主要因素，营养物质供给不足会导致细菌生长繁殖所需要的能量、碳源、氮源、无机盐等成分不足。维持细菌生长繁殖的大多数活性物质的化学本质是蛋白质，而作为蛋白质的前体物质，氨基酸在细菌氧化 Fe^{2+}的整个过程中消耗量很大。因此，氨基酸的补加情况决定细菌在氧化 Fe^{2+}时特定物质的表达以及细菌活性表现。本试验通过直接添加不同比例异亮氨酸，研究异亮氨酸对细菌生长活性的影响，以期提高细菌氧化 Fe^{2+}的速率，进而缩短细菌的扩大培养时间以及加强固定化效果。异亮氨酸浓度对 A.ferrorans 生长活性的影响试验结果见图 9-5。

从图 9-5 中可知，不同异亮氨酸浓度的培养液初始氧化还原电位不同，大致表现为异亮氨酸浓度越大，初始氧化还原电位越小。当异亮氨酸浓度为 1 $g·L^{-1}$ 时，培养液氧化还原电位上升速率高于空白样和其他浓度条件，当异亮氨酸浓度增加，相应的细菌活性逐渐降低，这有可能是培养液中营养浓度过大，抑制了细菌的生长，降低了细菌氧化 Fe^{2+}的速率。当温度为 25 ℃时，在培养液中额外补加异亮氨酸对细菌生长活性影响较小，而异亮氨酸对细菌在其他温度、pH 条件以及细菌固定化培养中的生长活性的影响还需要进一步详细研究。

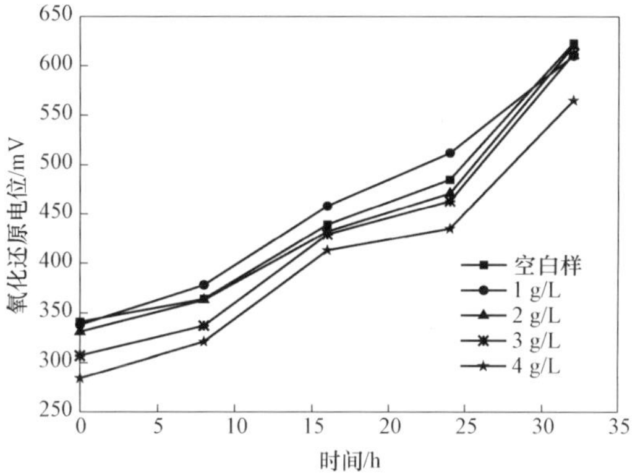

图 9－5　异亮氨酸浓度对 A.ferrorans 生长活性的影响

（5）A.ferrorans 耐酸驯化

在细菌生长和繁殖过程中，机体内发生的化学反应大多数是酶促反应，而酶促反应都是在最适的 pH 范围内进行，在此范围内只要条件适合，酶促反应率达到最高，细菌生长活性最好，所以培养液中 pH 的变化是影响细菌活性的重要因素之一。A.ferrorans 在不同酸度条件下的耐酸驯化试验结果见图 9－6。

从图 9－6 中可以看出，在第一次耐酸驯化时，A.ferrorans 在不同酸度条件下的缓慢生长期都较长，酸度条件在 5 $g\cdot L^{-1}$、10 $g\cdot L^{-1}$、15 $g\cdot L^{-1}$ 时，依次为 72 h、84 h、96 h 左右，随着驯化次数不断增加，A.ferrorans 的缓慢生长期明显缩短，对数生长期提前，直到第五次时，细菌已无明显的缓慢生长期，pH 主要通过影响细胞质膜的透性 、膜结构的稳

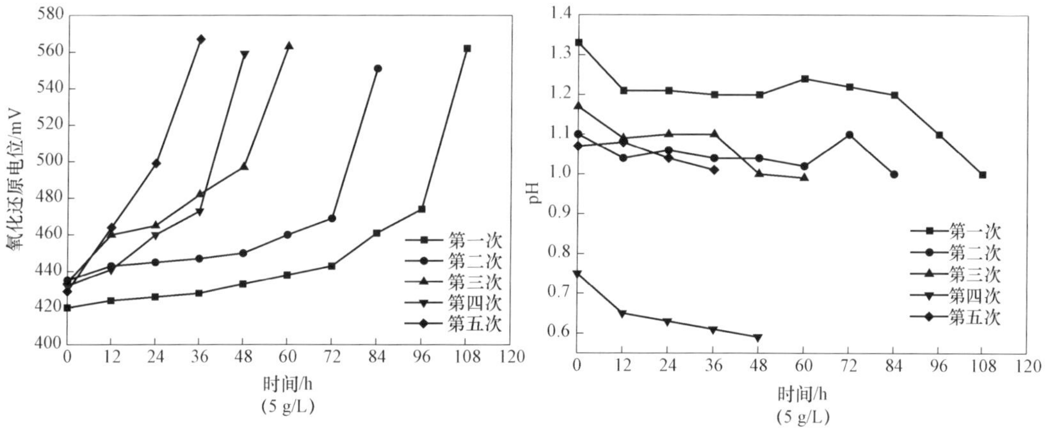

图 9－6　A.ferrorans 菌耐酸驯化

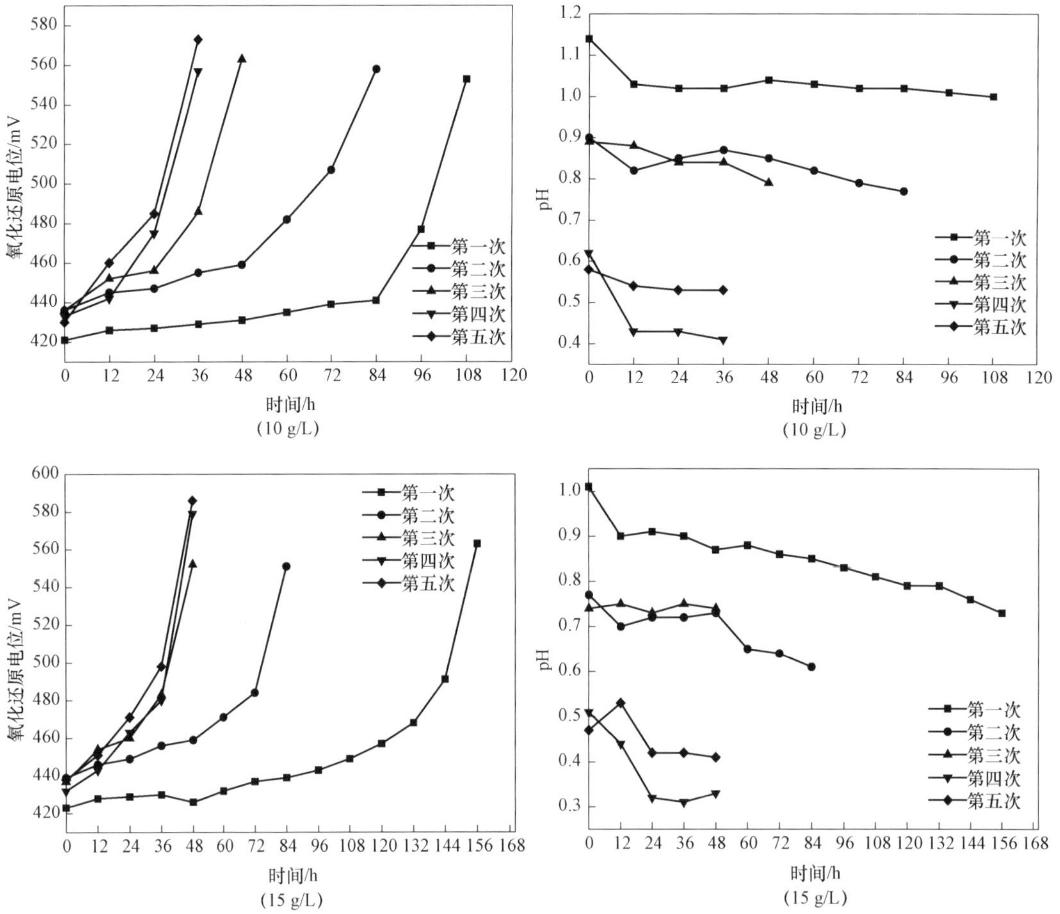

图 9－6　A.ferrorans 菌耐酸驯化（续）

定性来影响细菌对营养物质的吸收，当 A.ferrorans 从低酸环境接种到高酸的培养液中，需要足够的调整时间适应新的酸度环境，但是随着驯化次数的增加，细菌在高酸培养液中形成了越来越完善的代谢调节机制，使细胞内复杂的生物化学反应能高度有序进行并且对酸度条件的改善作出快速反应，从而自动调节酶促反应的最适 pH，使细菌本身能在适当的高酸环境中又好又快的生长和繁殖，以至于培养液中 pH 0.31 时，A.ferrorans 仍能保持较好的氧化性。从图 9－6 也可知，不同耐酸条件的驯化过程中，pH 大多由高到低变化，如硫酸浓度为 15 $g \cdot L^{-1}$ 时，pH 由 1.01 下降到 0.31，这表明，培养液中 Fe^{2+} 氧化为 Fe^{3+}，对细菌来说虽是产能反应，但是氧化中的能量只有少部分被利用，因此培养液中会积聚大量的 Fe^{3+}，而 Fe^{3+} 在培养液中发生连续的水解反应，导致 pH 降低。从耐酸试验结果表明，A.ferrorans 完全满足现场生产工艺要求。

9.2.4 小结

（1）不同接种量对 A.ferrorans 的缓慢生长期影响较小，大致都在 30 h 左右，当细菌的接种量在 30%～50%时，氧化 Fe^{2+} 的速率大致相同。因此，综合考虑时间和经济成本以及现场生产工艺要求，A.ferrorans 的接种量最好控制在 10%左右为宜。

（2）当初始 Fe^{2+}浓度为 0.3 $g·L^{-1}$、0.4 $g·L^{-1}$、0.5 $g·L^{-1}$时，氧化 Fe^{2+}的速率依次约为 0.01 $g·L^{-1}·h^{-1}$、0.013 $g·L^{-1}·h^{-1}$、0.014 $g·L^{-1}·h^{-1}$，即 Fe^{2+}含量在 0.3～0.5 $g·L^{-1}$时，对细菌的生长活性影响较小，表明现场吸附塔尾液中 Fe^{2+}含量（0.3～0.5 $g·L^{-1}$）能满足 A.ferrorans 的较快的生长和繁殖。

（3）条件温度在 5～25 ℃时，两种细菌氧化速率都随着条件温度的升高而加快，A.ferrorans 尤为明显并且 A.ferrorans 氧化 Fe^{2+}的速率明显高于 A.ferrooxidans，当温度为 5 ℃时，A.ferrooxidans 已停止生长，而 A.ferrorans 仍能以 0.002 4 $g·L^{-1}·h^{-1}$氧化速率缓慢生长，A.ferrorans 更适应在新疆酸法地浸铀矿山低温的吸附塔尾液中生长和繁殖。

（4）随着耐酸驯化次数的增加，A.ferrorans 的缓慢生长期明显缩短，对数生长期明显提前，耐受酸的能力明显增强，该菌能在 pH 0.31 的高酸培养液中保持较高的氧化速率，能适应现场生产工艺中的高酸环境。

（5）当温度为 25 ℃时，在培养液中额外补加异亮氨酸对细菌生长活性影响较小，而异亮氨酸对细菌在其他温度、pH 条件以及细菌固定化培养中的生长活性的影响需要进一步详细研究。

9.3　细菌挂膜载体的选择

9.3.1　引言

在生物反应器中，载体是菌群生长繁殖的主要场所，其耐酸性能对维持细菌所需的酸性环境至关重要。通过各载体的耐酸测试，选择适合细菌生长繁殖以及符合工艺生产要求的挂膜载体。生物陶粒粒径不同，堆积空隙率不同，可能会影响生物反应器内细菌的挂膜效果以及连续氧化时液体的实际线速率。试验选择两种不同粒径范围的生物陶粒，通过细菌在生物陶粒上固定化培养，研究不同粒径范围生物陶粒的挂膜效果，从而确定现场扩大试验生物陶粒粒径范围。

9.3.2　试验材料与设备

耐冷嗜酸硫杆菌来自于南华大学铀矿冶生物技术实验室；$(NH_4)_2SO_4$、K_2HPO_4、KCl、$MgSO_4$、$Ca(NO_3)_2$ 分析纯试剂、分析纯磷酸、浓硫酸购自天津市科密欧化学试剂有限公司；生物陶粒、瓷沙购自荥阳绿锦活性炭有限公司；IS－RDD3 台式恒温振荡器购自美国精骐有限公司；电子天平（FA1003）购自上海舜宇恒平科学仪器有限公司；pH 计（PHS－3C）购自上海仪电科学仪器股份有限公司；ACC－系列电磁式空压机购自广东日生集团公司；空气流量计购自北京自动化仪表四厂；有机玻璃柱生物反应器（内径 10 cm，高 100 cm）自制。

9.3.3 试验方法

（1）细菌挂膜载体的选择

为验证载体的耐酸性，称取六种不同载体各 1 kg，具体实物见图 9－7，洗净后各加入初始 pH 1.4 的酸性溶液 2 L 浸泡，定时用玻璃棒搅动，每隔 24 h 测定一次浸泡液 pH，连续测定 8 天。

图 9－7　细菌载体实物图

（2）不同粒径范围生物陶粒的挂膜氧化效果试验

称取粒径为 1～3 mm、3～5 mm 生物陶粒各 10 kg，分别加入两个结构相同生物反应器内。再各加 2 L 培养基（pH 1.50、Fe^{2+} 1 $g\cdot L^{-1}$）和 0.4 L A.ferrorans 菌液，测定初始 Eh，调节通气量为 5 $L\cdot min^{-1}$，开始培养，每隔 24 h 测定培养液 Eh 和 Fe^{2+}浓度；待 Fe^{2+}氧化完成时，向反应器中直接加 10 g $FeSO_4\cdot 7H_2O$，当 Fe^{2+}被完全氧化后，再补加 3 次 10 g $FeSO_4\cdot 7H_2O$；为验证细菌固定化效果，在保证反应器中生物陶粒不发生位置移动的前提下，排尽反应器中培养液后，不添加菌液，只加 2 L Fe^{2+}浓度为 1 $g\cdot L^{-1}$、pH 1.5 的 9 K 培养基，测定初始 Eh，再调节通气量为 5 $L\cdot min^{-1}$，培养至 Fe^{2+}全部氧化完成，按此方法重复 2 次。

9.3.4 结果与讨论

（1）细菌挂膜载体的选择

载体是耐冷嗜酸硫杆菌生长繁殖的场所，载体的耐酸性、比表面积、强度等对细菌生长尤为重要。不同挂膜载体的耐酸测试试验结果见图 9－8。

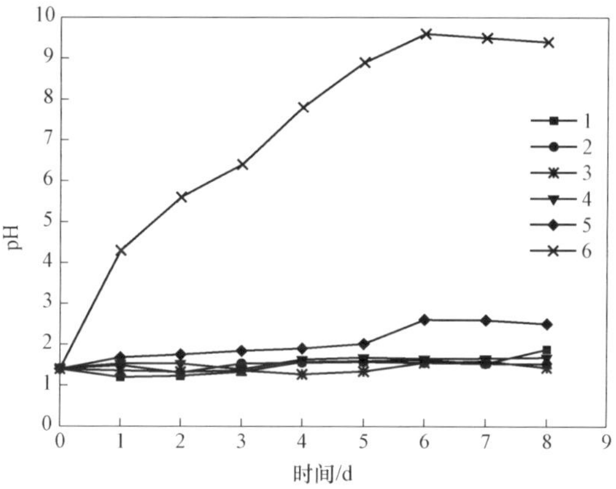

图 9－8　不同挂膜载体的耐酸测试试验

从图 9－8 中可以得出，当各挂膜载体放入初始 pH 1.4 的溶液中浸泡过程中，6 号生物陶粒耐酸性较差，pH 从 1.4 上升到 9.6，而细菌的最佳生长 pH 在 1.5～2.5 之间，并且当溶液中的 pH＞3 时，Fe^{3+}易沉淀生产黄钾铁矾，导致陶粒板结影响生产，即 6 号生物陶粒不适宜用作挂膜载体。1、2、3 号瓷沙耐酸性较强，但从图 9－7 实物图中可以看出，瓷沙表面较为光滑，不利于细菌挂膜生长繁殖，并且瓷沙价格较贵，生产成本较高。浸泡 4、5 号陶粒的溶液中 pH 变化幅度较小，表明两种陶粒耐酸性都较好，但是 5 号陶粒粒径比 4 号陶粒大，形状大小不规则，不利于在生物反应器内排放。根据耐酸测试试验结果和现场生产实际情况，即选择 4 号铝矾土陶粒作为挂膜载体。

（2）不同粒径范围生物陶粒的挂膜氧化效果试验

以往研究表明，挂膜载体颗粒的粒径大小影响细菌的挂膜时间和效果，载体粒径不宜过大[52]。为验证陶粒粒径对 A.ferrorans 挂膜效果的影响，冬季在室内进行了对比试验，测得两个生物反应器温度保持在 10～12 ℃，试验结果见图 9－9 和图 9－10。

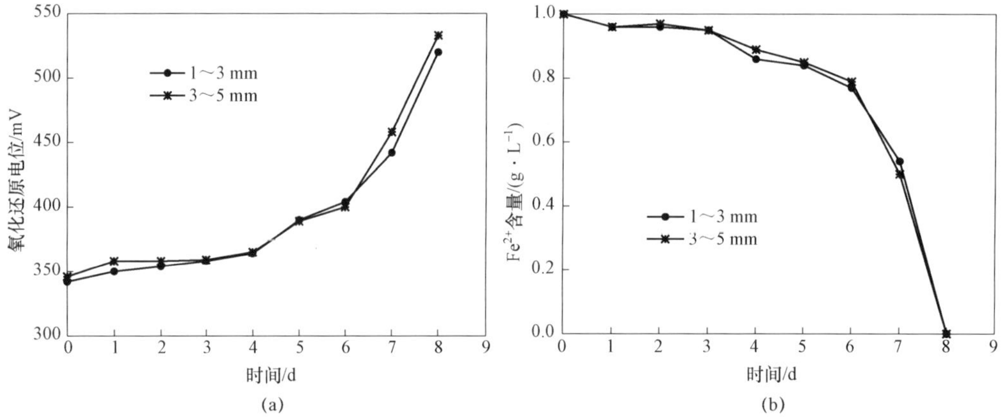

图 9-9　不同粒径范围陶粒第一次挂膜

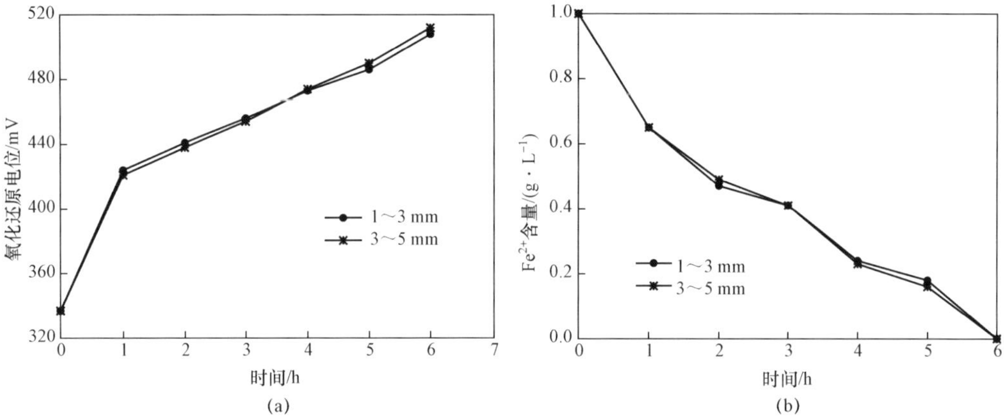

图 9-10　不同粒径范围陶粒第二次挂膜

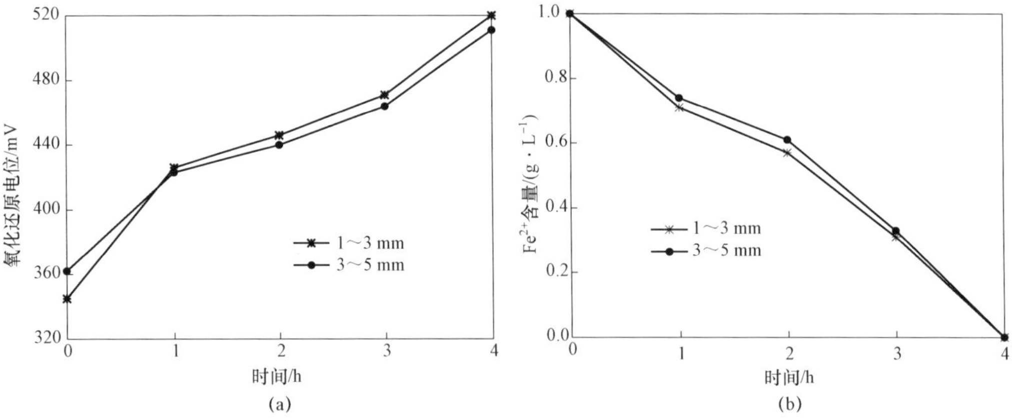

图 9-11　不同粒径范围陶粒第三次挂膜

从图 9-9 可知，由于培养液温度较低，细菌氧化 Fe^{2+}的速率较低。粒径为 3～5 mm 培养液中的氧化还原电位和氧化 Fe^{2+}的速率略高于粒径为 1～3 mm 培养液。当重复补加 3 次 10 g $FeSO_4 \cdot 7H_2O$ 后，排尽反应器内培养液，在没有原始菌液的情况下，重新补加培养基进行第二次挂膜培养。

从图 9－10 可知，在相同生长环境下，细菌第二次挂膜的氧化 Fe^{2+}速率明显高于第一次，表明细菌生物膜已经在陶粒上初步形成。通过图 9－11 可以看出，随着挂膜次数的增加，生物反应内细菌氧化 Fe^{2+}的速率也明显增加，但是两种粒径范围的生物陶粒挂膜效果和大致相当。最后，结合现场生产工艺以及生物反应器结构特点，为了防止陶粒板结和提高反应器内实际线速率，选择粒径为 3～5 mm 的陶粒较为合适。

9.3.5　小结

通过对 6 种不同挂膜载体在 pH 1.4 酸性溶液中进行耐酸测试，最终选择了耐酸性强、表面比较粗糙、利于细菌挂膜的 4 号铝矾土陶粒。并且对不同粒径范围的 4 号铝矾土陶粒进行挂膜培养，结果表明，两种粒径范围的生物陶粒挂膜效果和氧化 Fe^{2+}速率大致相当。最终选择粒径为 3～5 mm 的铝矾土陶粒作为细菌挂膜的目标载体。

9.4　耐冷嗜酸硫杆菌固定化培养及连续氧化 Fe^{2+}试验

9.4.1　引言

耐冷嗜酸硫杆菌的固定化可以将游离态细菌限定在特定的区域内，增加菌群密度，从而有效提高其对 Fe^{2+}以及低价态硫的氧化速率，且能提高细菌的稳定性和机械强度，最终提高工业生产的经济效益。本章通过自制生物反应器，将细菌在陶粒上进行固定化培养，细菌挂膜完成后，验证了固定化细菌与游离细菌氧化 Fe^{2+}速率，并进行了氧化 Fe^{2+}试验。

9.4.2　试验材料

耐冷嗜酸硫杆菌来自于南华大学铀矿冶生物技术实验室；$(NH_4)_2SO_4$、K_2HPO_4、KCl、$MgSO_4$、$Ca(NO_3)_2$ 分析纯试剂、分析纯磷酸、浓硫酸购自天津市科密欧化学试剂有限公司；生物陶粒购自荥阳绿锦活性炭有限公司，如图 9－12 所示；IS－RDD3 台式恒温振荡器购自美国精骐有限公司；电子天平（FA1003）购自上海舜宇恒平科学仪器有限公司；pH 计（PHS－3C）购自上海仪电科学仪器股份有限公司；超声波清洗机（WT－600）购自济宁万通超声仪器设备厂；ACC－系列电磁式空压机购自广东日生集团公司；空气流量计购自北京自动化仪表四厂；Hitachi S－3400N 型扫描电镜购自苏州佐藤精密仪器有限公司。

图 9－12　细菌固定化生物陶粒

9.4.3 试验方法

（1）A.ferrorans 的固定化培养

称取生物陶粒 10 kg，放入 pH 1.5 的溶液中浸泡 12 h，每隔 1 h 测定一次溶液 pH，pH 变化规律如图 9–13 所示，表明生物陶粒的耐酸性能达到工艺要求，再放入功率 1.5 W、频率 26 kHz、水温为 30 ℃的超声波清洗槽内处理 3 h 后加入反应器中，加入 2 L 培养基（pH 1.5、Fe^{2+} 1 g·L^{-1}）和 0.4 L A.ferrorans 菌液，调节通气量为 5 L·min^{-1} 培养，测定初始培养液中 Eh、Fe^{2+}浓度以及培养液温度，每隔 1 h 测定一次试验数据，待 Fe^{2+}氧化完成时，直接补加 10 g $FeSO_4·7H_2O$，重复两次。然后放出反应器中的全部培养液，只加入 2 L 培养基（pH 1.5、Fe^{2+} 1 g·L^{-1}），调节通气量为 5 L·min^{-1} 培养至 Fe^{2+}全部氧化完成，以此方法重 9 次，直到反应器中细菌氧化 Fe^{2+}的速率稳定为止。细菌固定化完成后，取少量生物陶粒，加入浓度 4% 戊二醛固定处理，放入温度为 4 ℃的冰箱内保存，用于扫描电镜分析。

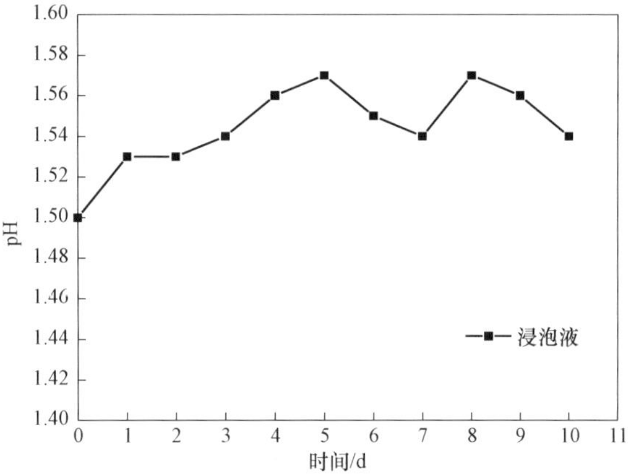

图 9–13　生物陶粒的耐酸浸泡试验

（2）固定化细菌与游离态细菌氧化 Fe^{2+}速率对比试验

细菌固定化培养结束后，放出反应器中的培养液（2 L），将此培养液均分成 2 份备用。放出反应器中的一半陶粒，再加入 1 份备用培养液，记为 A 培养液；另 1 份培养液加入未装填生物陶粒的反应器中，记为 B 培养液，再向 A、B 培养液中分别加 5 g $FeSO_4·7H_2O$，测定初始培养液的 Eh，均在通气量为 5 L·min^{-1} 下培养，每隔 1 h 测定培养 Eh 和 Fe^{2+}浓度，进一步验证细菌在生物陶粒上的固定化效果。

（3）生物反应器连续氧化 Fe^{2+}试验

经多次挂膜，细菌氧化 Fe^{2+}速率稳定后，就可以进行细菌连续氧化 Fe^{2+}试验，培养基的初始 Fe^{2+}含量为 0.5 g·L^{-1}，调节恒流泵流量为 1 L·h^{-1}，采取上进下出模式进行加液连续氧化 Fe^{2+}，调节通气量为 5 L·min^{-1}，每隔 1 h 测定出液电位，连续测定 10 h，再补加 10 g $FeSO_4·7H_2O$ 进行静态培养，待 Fe^{2+}氧化完成后再进行流量为 2 L·h^{-1} 的连续氧化试验，其余流量按相同方法进行。

9.4.4 结果与讨论

（1）A.ferrorans 菌在生物陶粒上的固定化培养

在自然界中，细菌往往并不以游离态存在和生长繁殖，而是会成群的吸附到固体表面，共同分泌以多糖、蛋白和 DNA 为主要成分的黏液到细胞外形成多层有序的群体结构并且能把自己包裹起来的生物膜。生物膜上分布有许多微小孔道，有利于营养物质进入膜内和代谢产物排出膜外，从而维持整个生物膜内细菌群体的生长和繁殖[86]。在适宜的生长环境下，A.ferrorans 菌也有形成生物膜的特点。该试验在室内进行，反应器中培养液温度大致稳定于 19～20 ℃，这有利于避免温度变化过大造成细菌生长活性的影响，试验结果见图 9－14 和图 9－15。

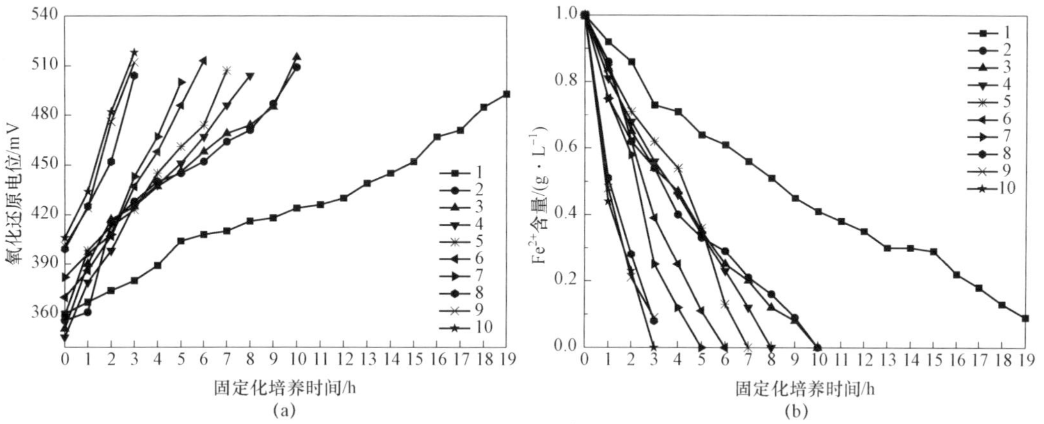

图 9－14　A.ferrorans 菌在生物陶粒上的固定化培养

（a）　　　　　　（b）

图 9－15　生物陶粒表面挂膜前后的 SEM 图像

（a）生物陶粒挂膜前；（b）生物陶粒挂膜后

如图 9－14（b）所示，细菌第一次固定化培养时，反应器中细菌的氧化速率为 0.05 $g \cdot L^{-1} \cdot h^{-1}$，为证实细菌是否形成生物膜以及防止黄铵铁矾生产，从第二次开始，只添加培养基未添加菌液，从图 9－14（b）看出，随着培养基更换次数的增加，反应器内细菌氧化培养液中同等 Fe^{2+}的速率也逐步提高，直到从第 7 次开始稳定在 3 h 左右，表明，在陶粒表面生物膜逐渐生成，膜内细菌的生长和繁殖随之加快，从第七次起，细菌在有限生物膜空间内的生长和繁殖开始趋于平衡，氧化 Fe^{2+}的速率稳定在 0.33 $g \cdot L^{-1} \cdot h^{-1}$ 左右。图 9－15（a）表明，生物陶粒表面比较粗糙并且分布着不规则的纹理状结构和发育良好的空隙，这为 A.ferrorans 的附着提供了充足的场所；从图 9－15（b）可以看出，生物陶粒表面形成了较厚且不均匀的生物膜，生物膜上可见利于细菌代谢产物排除和营养物质进入的微孔[87-88]，这些微孔也为细菌进出生物膜提供了通道。

（2）固定化细菌与游离态细菌氧化 Fe^{2+}的速率对比

固定化细菌与游离态细菌氧化 Fe^{2+}的速率对比试验结果见图 9－16，从图 9－16（a）、（b）中可以看出，A 反应器中培养液的电位上升幅度和细菌氧化 Fe^{2+}速率明显高于 B 反应器，生物陶粒上膜内细菌和游离态细菌共同氧化 Fe^{2+} 的速率是游离态细菌的 3.4 倍，再如图 9－16（c）所示，取自 A 反应器中 1 号样的红棕色明显深于 B 反应器中的 2 号样，即 1 号样中的 Fe^{3+} 明显高于 2 号样，说明生物膜中的细菌与游离态细菌在生理和数量上有明显不同。从试验结果来看，A.ferrivorans 在生物陶粒上的固定化培养有利于加快氧化 Fe^{2+} 的速率，有助于解决以往细菌浸铀过程中氧化速率慢问题。

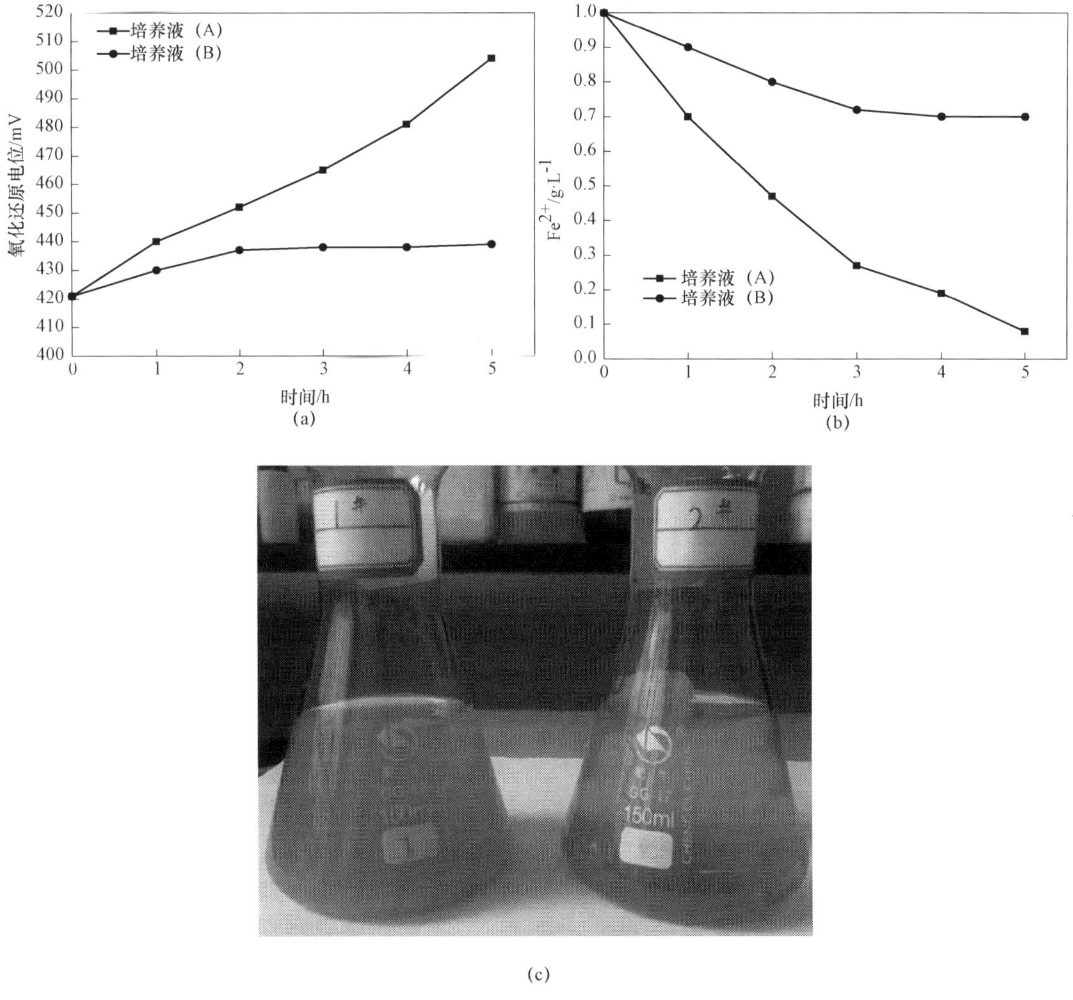

图 9－16　A.ferrivorans 固定化培养后氧化 Fe^{2+} 速率对比试验

（3）生物反应器连续氧化 Fe^{2+} 试验

生物反应器连续氧化 Fe^{2+} 试验结果见图 9－17，从图 9－17 可以看出，经过静态氧化后，培养液的初始电位大致相同，约为 624 mV，当加入初始亚铁浓度 0.5 $g·L^{-1}$，培养基初始电位约为 421 mV 时，不同流量的出液电位在起初 1 h 内都出现明显下降趋势，随后开始缓慢上升。表明在起初 1 h 内，由于反应器内原有培养液被稀释和流失，导致出液电位明显下降，而电位的缓慢上升也再次证明生物膜上细菌和游离态细菌协同氧化与游离态细菌单独氧化同等 Fe^{2+} 的速率对比试验中的结论，即生物反应器内氧化 Fe^{2+} 的主要细菌为膜内细菌，这有利于避免因连续氧化过程中游离态细菌的流失影响氧化 Fe^{2+} 速率。

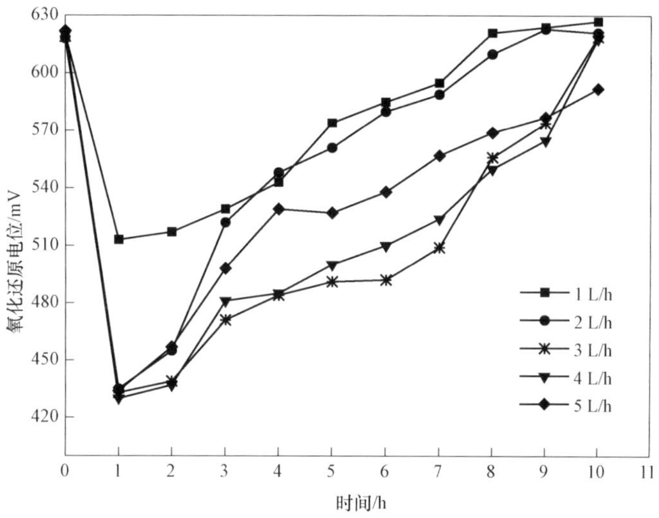

图 9－17　不同流量对细菌氧化 Fe^{2+}的影响

9.4.5　小结

A.ferrorans 在生物陶粒上固定化培养时，随着挂膜次数增加，陶粒表面生物膜的逐渐生成，氧化速率从 0.05 $g\cdot L^{-1}\cdot h^{-1}$ 持续增加并且稳定在 0.33 $g\cdot L^{-1}\cdot h^{-1}$ 左右，生物膜内细菌和游离态细菌协同氧化同等 Fe^{2+}的速率是游离态细菌单独氧化的 3.4 倍左右，由此得出，A.ferrorans 在生物陶粒上的固定化培养，有利于大幅度提高氧化速率，细菌连续氧化 Fe^{2+} 速率达到 0.21 $g\cdot L^{-1}\cdot h^{-1}$。

9.5　耐冷嗜酸硫杆菌快速氧化吸附尾液中 Fe^{2+}现场试验

9.5.1　引言

在以往细菌浸铀工艺中，常用的细菌多为中温菌，而该类细菌难以适应新疆酸法地浸铀矿山低温吸附尾液环境，并且过去用于细菌挂膜的载体主要为弹性尼龙等，反应器多为占地面积大、生产成本高的反应池，最终细菌氧化 Fe^{2+}速率较低，导致该技术未能在实际生产中推广应用。主要针对以往研究中的出现的问题，通过重新改进反应器、更换菌种、筛选载体以及简化工艺流程，在地浸采铀现场水冶车间进行了耐冷嗜酸硫杆菌快速连续氧化地浸采铀吸附尾液中 Fe^{2+}试验。最后，试验得出了高效生物反应器最大流量下最小通气量，验证了细菌在冬季连续吸附尾液中氧化 Fe^{2+}的稳定性。

9.5.2　试验材料和方法

（1）试剂与仪器

A.ferrivorans（南华大学铀矿冶生物技术实验室）；9 K 培养基标准试剂（天津市科密

欧化学试剂有限公司）；吸附尾液（新疆中核天山铀业有限公司某厂水冶车间）；生物陶粒（荥阳绿锦有限公司）；pH 计（上海仪电科学仪器股份有限公司）；IS－RDD3 台式恒温振荡器（美国精骐有限公司）；原子吸收光谱仪（珀金埃尔默股份有限公司 ）；ASAP 2460 孔径分析仪（麦克默瑞提克仪器有限公司）；Hitachi S－3400N（苏州佐藤精密仪器有限公司）。

（2）细菌活性的表征及分析方法

细菌氧化 Fe^{2+}的速率与生长速率存在正相关[92]，即细菌活性采用测定培养液中的氧化还原电位（Eh）变化以及 Fe^{2+}的氧化速率来表征。采用重铬酸钾滴定法测定 Fe^{2+}浓度，用 pH 计测定培养液的 pH、Eh 值。

（3）生物反应器装置及工艺流程

A.ferrivorans 菌作氧化剂工艺流程见图 9－18，生物反应器试验装置如图 9－19（b）所示，采用有机玻璃制成，总体积为 0.29 m^3，生物陶粒装填体积为 0.18 m^3，细菌有效反应体积为 0.2 m^3。反应器采用底部中心曝气，进气量用转子流量计计量，通过气体分散器分散后形成气泡进入反应器内。吸附尾液经转子流量计计量后，由喷淋装置从反应器顶端进入，从底部经滤网流入高位槽，再流入配液池（如图 9－18 所示）。为防止生物陶粒板结，生物陶粒可经阀门 8 排出，再重新从顶部加入。

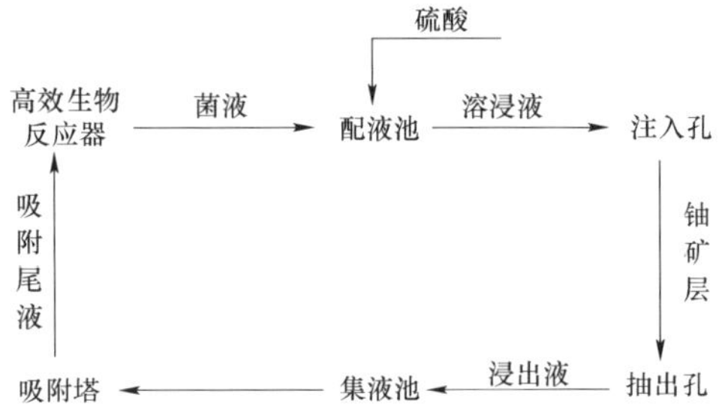

图 9－18　A.ferrivorans 菌作氧化剂工艺流程图

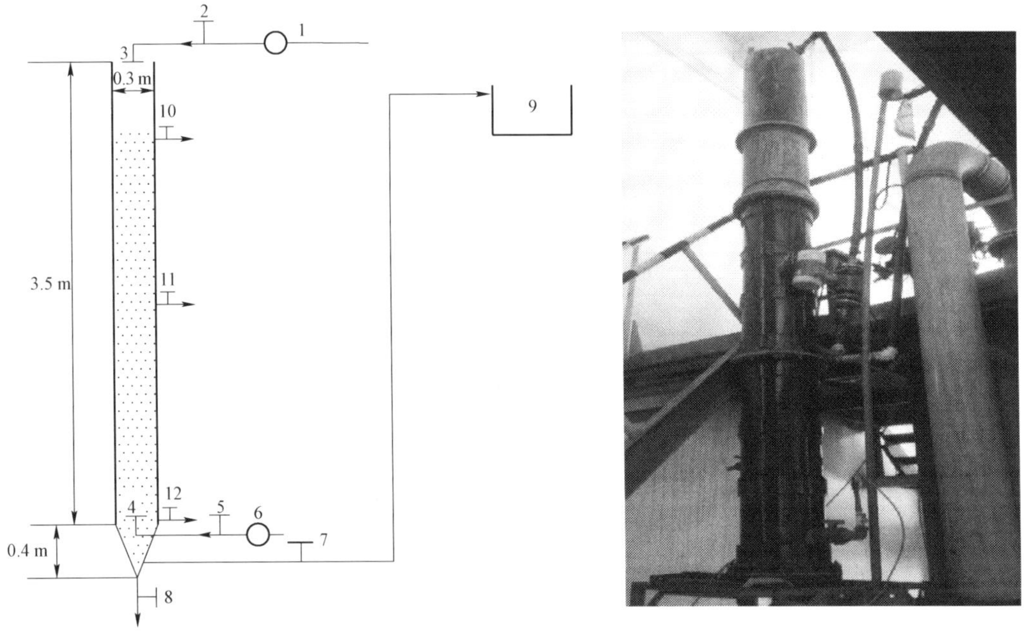

(a)　(b)

图 9－19　高效生物反应器结构简图（a）及实物图（b）

（a）高效生物反应器结构简图；（b）实物图

1—液体流量计；2、5、7、8、10、11、12—PVC 球阀；3—喷淋板；

4—曝气板；6—气体流量计；9—高位槽

（4）生物陶粒物理化学性质

为测试生物陶粒的耐酸性能，采用吸附尾液对其进行淋泡。反应器内加入 200 kg 生物陶粒，调节尾液流量为 100 $L\cdot h^{-1}$、通气量为 30 $L\cdot h^{-1}$ 进行曝气淋泡，每隔 24 h 测定溶液 pH，直至溶液 pH 相对稳定。将生物陶粒样品按标准操作步骤，进行 N_{2-} 吸附脱附（BET）测试，计算其比表面积以及孔径分布。取挂膜前、后的生物陶粒，利用原子吸收光谱仪测定对细菌有生长抑制作用的金属元素变化情况。

（5）细菌活化培养

采用 9 K 培养基（成分见表 9－2）和吸附尾液（成分见表 9－3）作为培养基，调节 9 K 培养基 pH 1.75，取两个 1 L 锥形瓶，各加入 480 mL9 K 培养基（Fe^{2+} 0.32 $g\cdot L^{-1}$）和吸附尾液，再分别加入 120 mL A.ferrivorans 菌液（按 20%的体积分数接种）并测定初始 Eh，调节摇床温度 25 ℃、转速 150 $r\cdot min^{-1}$，每隔 8 h 测定一次培养液的 Eh，当 Eh 达到 550 mV 左右，即可用于扩大培养试验的接种菌液。

表 9－2　9 K 培养基成分（$mg\cdot L^{-1}$）

成分	$(NH_4)_2SO_4$	K_2HPO_4	KCl	$MgSO_4$	$Ca(NO_3)_2$
含量	3 000	500	100	500	10

表 9－3　吸附尾液成分（$mg\cdot L^{-1}$）

成分	SO_4^{2-}	PO_4^{3-}	Cl^-	Fe^{2+}	∑Fe	Ca^{2+}	Mg^{2+}	NH^{4+}	K^+	Na^+
含量	8 450	1.85	250	323	525	635	520	82	28.6	456

（6）A.ferrivorans 固定化培养

向装有生物陶粒的反应器内加入 100 L 吸附尾液和 5 L A.ferrivorans 菌液，调节通气量为 30 $L\cdot h^{-1}$，测定初始培养液中 Eh、pH、Fe^{2+}浓度以及温度，每隔 1 h 测定一次试验数据。待尾液中 Fe^{2+}氧化完成时，补加 200 g $FeSO_4\cdot 7H_2O$，重复两次。然后放出反应器中的全部培养液，重新加入 100 L 吸附尾液，调节通气量为 30 $L\cdot h^{-1}$ 培养至溶液 Eh 达到 550 mV 以上，以此方法重复进行数次，当生物反应器氧化 Fe^{2+}时间稳定以后，取已挂膜完成的陶粒，加入浓度 4%的戊二醛固定处理，放入温度为 4 ℃的冰箱内保存，用作电镜扫描分析，了解陶粒挂膜前后表面形貌的变化。

（7）A.ferrivorans 连续氧化吸附尾液中 Fe^{2+}

为防止初始尾液流量过大对游离态细菌的过分稀释以及对生物膜的破坏，调节尾液初始流量为 100 $L\cdot h^{-1}$、通气量为 30 $L\cdot h^{-1}$，每隔 1 h 测定出液 Fe^{2+}、pH、Eh、温度以及室温，连续测定 10 h 以上。当电位大致稳定后，再按相同方法依次进行流量为 200 $L\cdot h^{-1}$、300 $L\cdot h^{-1}$、400 $L\cdot h^{-1}$、500 $L\cdot h^{-1}$ 试验。达到最大流量后，调节通气量为 40 $L\cdot h^{-1}$、20 $L\cdot h^{-1}$，观察不同通气量对细菌在最大流量下连续氧化 Fe^{2+}的影响。为验证反应器在最大流量和最小通气量下连续氧化 Fe^{2+}的可靠性，调节尾液流量为 500 $L\cdot h^{-1}$、通气量为 20 $L\cdot h^{-1}$，每隔 24 h 测定流出液 Fe^{2+}、pH、Eh、温度以及室温，连续运行 30 天。

（8）冬季温度变化对 A.ferrivorans 连续氧化 Fe^{2+}的影响

调节尾液流量为 350 $L\cdot h^{-1}$、通气量为 20 $L\cdot h^{-1}$，每隔 24 h 测定流出液 Fe^{2+}、pH、Eh、

温度以及室温，连续运行 90 天。

9.5.3 结果与讨论

（1）生物陶粒物理化学性质

生物陶粒的结构决定其性能，性能与其应用紧密相关。在生物反应器中，生物陶粒是A.ferrivorans 菌群生长繁殖的主要场所，其耐酸性能对维持细菌所需的酸性环境至关重要。从图 9－20 生物陶粒淋泡液的 pH 变化曲线可知，在淋泡时，生物陶粒中的碱性物质与吸附尾液中的酸发生中和反应，导致淋泡液的 pH 高于吸附尾液，但淋泡液的 pH 在 1.84～1.86 波动，而该 pH 区间对 A.ferrivorans 菌群的生长繁殖没有影响，表明生物陶粒较强的耐酸性，适合在吸附尾液中用作细菌的挂膜载体。挂膜载体比表面积、孔径、表面粗糙度会影响 A.ferrivorans 的增殖的速率。测试的相关结果见表 9－4 和图 9－20～图 9－22。

表 9－4　生物陶粒比表面积和孔结构参数

样品	BET 比表面积/（$m^2 \cdot g^{-1}$）	t－Plot 孔比表面积/（$m^2 \cdot g^{-1}$）	孔容/（$cm^3 \cdot g^{-1}$）	平均孔径/nm
陶粒	18.28	10.38	0.02	16

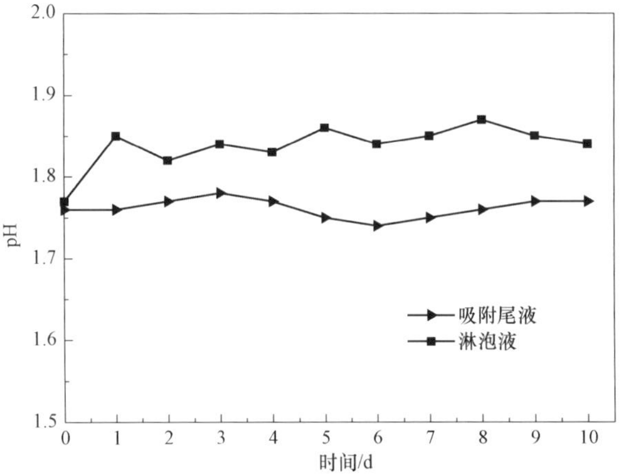

图 9－20　生物陶粒淋泡液的 pH 变化曲线

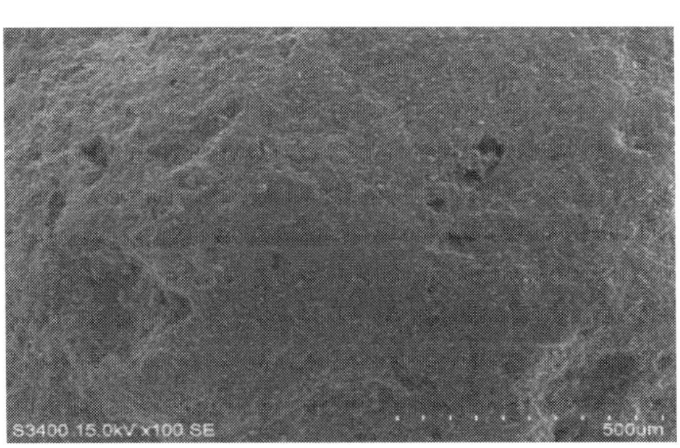

图 9－21　生物陶粒表面挂膜前 SEM 图

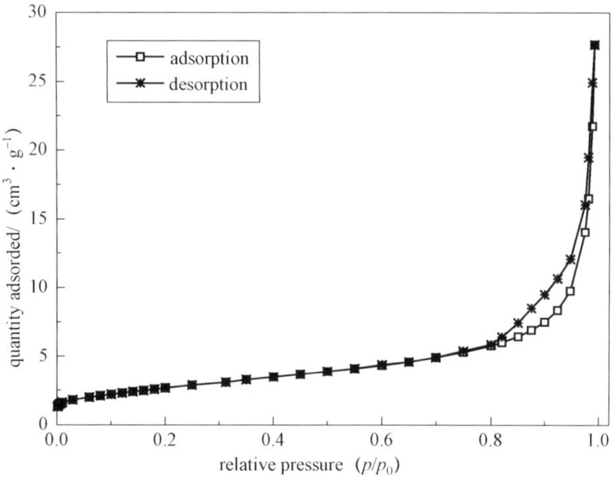

(a)

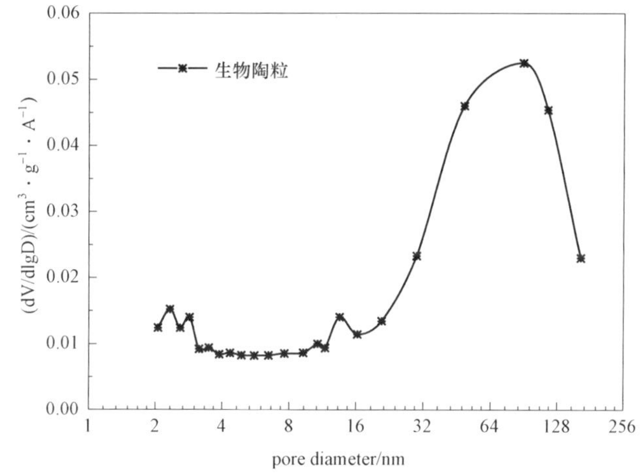

(b)

图 9－22　生物陶粒的 N_2 吸附等温线（a）与 BJH 孔径分布（b）

（a）生物陶粒的 N_2 吸附等温线；（b）生物陶粒 BJH 孔径分布

由表 9－4 和图 9－21 可知，生物陶粒为表面粗糙的多孔材料并且具有较高的孔容和比表面积。另外，如图 9－22（a）所示，在测试压力范围内，N_2 吸附—脱附量均随着相对压力的增加而增大。当相对压力大于 0.6 后，陶粒样品出现明显的 H1 滞后环，根据 IUPAC 分类[89]，该吸附等温线属于第Ⅳ等温线，表明生物陶粒富含中孔。当相对压力超过 0.8 后，N_2 吸附—脱附量随压力的增大呈明显上升趋势，可能是因生物陶粒中大孔或近似球形颗粒聚集造成的[90]，致使脱附曲线明显滞后，这可能与生物陶粒孔径分布范围有关，一般孔径分布范围越宽时，滞后环也相对较宽。但也有可能与生物陶粒本身热力学因素有关，出现滞后环是两者共同作用的结果[91]。

从图 9－22（b）可知，生物陶粒的孔径分布较宽，这为细菌的生长繁殖提供良好的场所。当 A.ferrivorans 在反应器内曝气培养时，生物陶粒表面粗糙的多孔结构，有利于水流的重新分布和减少水流对生物膜的剪切力，促进细菌在陶粒表面的固着繁殖。同时，也利

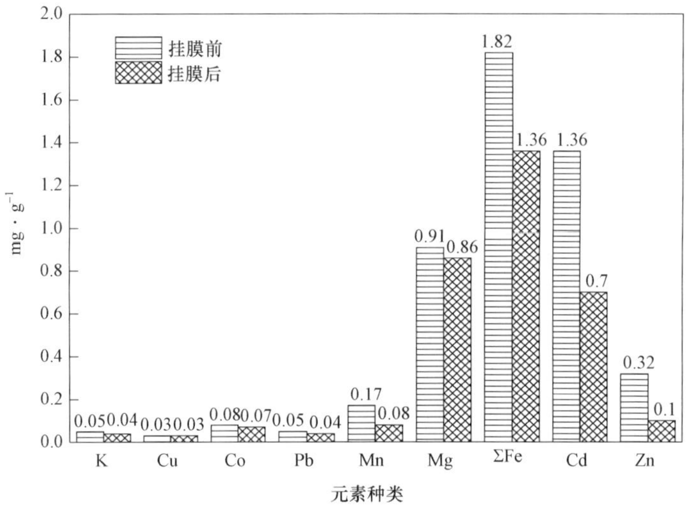

图 9－23　生物陶粒中不同金属元素含量挂膜前后变化

于陶粒表面气泡的生成，增加 A.ferrivorans 与氧气的接触面和接触时间，从而加快细菌氧化 Fe^{2+}的速率。

从图 9－23 生物陶粒中不同金属元素含量挂膜前后的变化表明，生物陶粒中的 ΣFe、K、Cu、Co、Cd、Mn、Mg 溶解量较少。而 Pb^{2+}、Zn^{2+}因细菌的浸出作用[92]，含量变化较大，但浓度低溶解到溶液中的金属对细菌的生长抑制作用可以忽略不计[93]。

（2）A.ferrivorans，在培养基和尾液中的活化培养

培养基是细菌生长繁殖过程中获取营养物质的主要供体，培养基的营养成分是影响 A.ferrivorans 生长活性的主要因数之一。A.ferrivorans 活化培养试验结果见图 9－24。

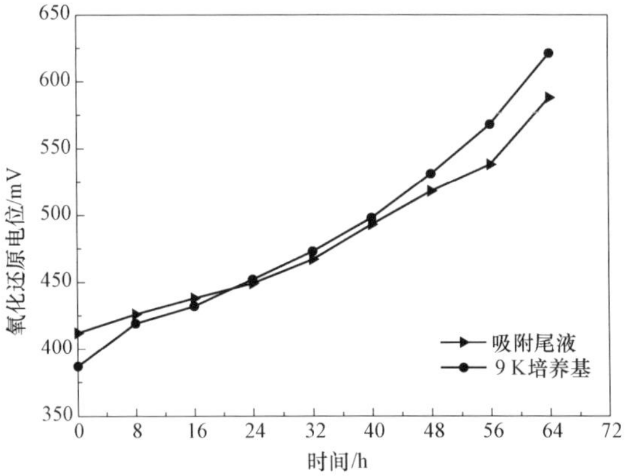

图 9－24　A.ferrivorans 活化时氧化还原电位变化曲线

从图 9－24 可知，因吸附尾液含有少量 Fe^{3+}，导致初始 Eh 高于 9 K 培养基。细菌在不同培养基中的缓慢生长期大致相同，从 40 h 开始，9 K 培养基中的 Eh 上升速率高于吸附尾液，表明 9 K 培养基中细菌的氧化活性优于吸附尾液中的细菌，但在吸附尾液中培养的细菌也具有较好的生长活性。原因在于接种细菌是在 9 K 培养基培养的，当细菌接种到营养成分不同于 9 K 培养基的吸附尾液中时，A.ferrivorans 需要足够的调整时间适应新的

环境，随着培养时间的延长，细菌在吸附尾液中形成了越来越完善的代谢调节机制，使细胞内复杂的生物化学反应能高度有序进行。也有可能是 A.ferrivorans 在不同培养基质中，由于不同能源物质作为电子供体时能调节不同种类的细胞色素 C 参与相关生物化学反应，使 A.ferrivorans 表现出不同的环境适应性[94]，从而使细菌能在吸附尾液保持较好的活性。

（3）A.ferrivorans 固定化培养

生物膜是细菌被自身产生的胞外聚合物包裹，形成附着于载体表面、具有复杂组织结构的群落[20]，A.ferrivorans 也不例外。A.ferrivorans 固定化培养试验结果见图 9–25。

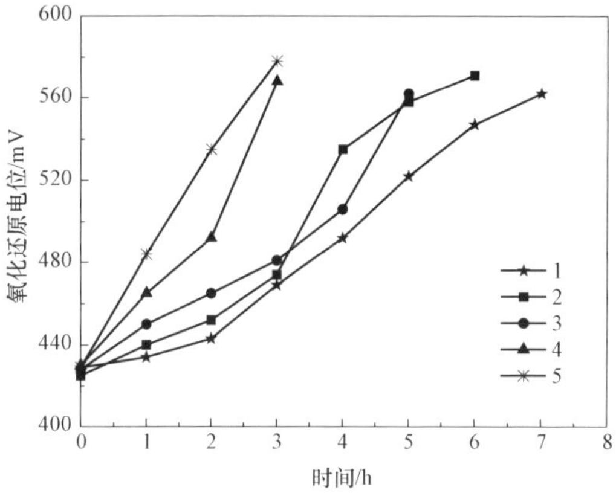

图 9–25　固定化培养溶液 Eh 变化曲线和生物陶粒挂膜后 SEM 图

（a）固定化培养溶液 Eh 变化曲线（1～5 代表挂膜次数）；（b）生物陶粒挂膜后 SEM 图

从图 9–25（a）可知，随着挂膜次数的增加，溶液中 Eh 的变化速率随之加快，即溶液中电位达到 550 mV 时间从第一次挂膜的 5 h 缩短至第 5 次的 2 h 左右。从第 3 次开始，随着尾液更换次数的增加，Eh 的上升速率也随之加快。参比图 9–21 生物陶粒挂膜前 SEM 图，从图 9–25（b）可以看出，经过多次静态挂膜，生物陶粒表面形成了较厚且不均匀的生物膜，生物膜上可见利于细菌代谢产物排除和营养物质进入的微孔，这些微孔也为细菌进出生物膜提供了通道[95]。当细菌氧化 Fe^{2+}速率趋于稳定时，即可进行连续氧化 Fe^{2+}试验。

（4）吸附尾液流量对 A.ferrivorans 连续氧化 Fe^{2+}的影响

在生物反应器内，A.ferrivorans 通过自然附着或菌体间的相互凝聚倾向固定于生物陶粒表面[96]，从而减少了菌体的流失，增强了细菌利用率和耐受性，进而提高细菌连续氧化吸附尾液 Fe^{2+}的速率。A.ferrivorans 的生长区间为 5～30 ℃，吸附尾液流量对 A.ferrivorans 连续氧化 Fe^{2+}的影响试验结果见表 9–5。

表 9–5　不同吸附尾液流量对 A.ferrivorans 连续氧化 Fe^{2+}的影响（通气量为 30 $L \cdot h^{-1}$）

时间	Eh/–mV		Fe^{2+}/（$g \cdot L^{-1}$）		pH		液温/℃	室温/℃	流量/（$L \cdot h^{-1}$）
	进液	出液	进液	出液	进液	出液			
10:00	422	640	0.27	0	1.76	2.04	18	20	100
11:00	426	621	0.27	0	1.75	2.04	19	20	100

续表

时间	Eh/－mV		Fe^{2+}/（$g\cdot L^{-1}$）		pH		液温/℃	室温/℃	流量/（$L\cdot h^{-1}$）
	进液	出液	进液	出液	进液	出液			
12:00	419	532	0.32	0	1.79	1.85	19	20	100
13:00	420	536	0.31	0	1.90	1.90	19	20	100
14:00	419	539	0.31	0	1.88	1.81	19	21	100
15:00	420	545	0.32	0	1.86	1.92	19	22	100
16:00	419	558	0.31	0	1.76	1.81	19	20	100
17:00	420	554	0.33	0	1.78	1.95	19	20	100
18:00	418	560	0.32	0	1.84	1.85	19	20	100
19:00	420	570	0.33	0	1.84	1.90	19	20	100
20:00	419	566	0.32	0	1.76	1.82	19	20	100
10:00	428	570	0.27	0	1.76	2.04	18	20	200
11:00	426	554	0.27	0	1.75	2.04	19	20	200
12:00	419	532	0.32	0	1.79	1.85	19	20	200
13:00	420	536	0.31	0	1.90	1.90	19	20	200
14:00	419	539	0.31	0	1.88	1.81	19	21	200
15:00	420	545	0.32	0	1.86	1.92	19	22	200
16:00	419	558	0.31	0	1.76	1.81	19	20	200
17:00	420	554	0.33	0	1.78	1.95	19	20	200
18:00	418	560	0.32	0	1.84	1.85	19	20	200
19:00	420	570	0.33	0	1.84	1.90	19	20	200
20:00	419	570	0.32	0	1.76	1.82	19	20	200
第二天 10:00	421	579	0.29	0	1.74	1.87	18	19	300
11:00	420	549	0.30	0	1.72	1.86	18	19	300
12:00	421	502	0.31	0	1.73	1.76	18	20	300
13:00	421	513	0.31	0	1.78	1.90	18	19	300
14:00	419	511	0.32	0	1.80	1.80	18	20	300
15:00	420	528	0.33	0	1.72	1.74	18	20	300
16:00	421	528	0.33	0	1.70	1.69	18	19	300
17:00	420	530	0.32	0	1.64	1.68	18	19	300
18:00	421	529	0.30	0	1.69	1.78	18	19	300
19:00	421	538	0.30	0	1.68	1.73	18	19	300
20:00	422	529	0.31	0	1.65	1.70	18	19	300

续表

时间	Eh/－mV		Fe^{2+}/（g·L^{-1}）		pH		液温/℃	室温/℃	流量/（L·h^{-1}）
	进液	出液	进液	出液	进液	出液			
第三天 10:00	421	534	0.31	0	1.75	1.86	18	19	400
11:00	422	508	0.29	0	1.69	1.89	18	19	400
12:00	419	468	0.31	0.06	1.84	1.84	18	20	400
13:00	420	470	0.31	0.04	1.86	1.87	18	19	400
14:00	420	478	0.32	0	1.86	1.87	18	19	400
15:00	422	489	0.30	0	1.85	1.87	18	20	400
16:00	421	491	0.30	0	1.86	1.90	18	19	400
17:00	422	493	0.30	0	1.78	1.80	18	19	400
18:00	420	498	0.31	0	1.74	1.77	18	19	400
19:00	420	510	0.32	0	1.74	1.88	18	19	400
20:00	421	526	0.31	0	1.73	1.81	18	19	400
第四天 10:00	421	522	0.31	0	1.75	1.86	18	19	500
11:00	422	498	0.29	0	1.69	1.89	18	19	500
12:00	419	468	0.31	0	1.84	1.84	18	20	500
13:00	420	470	0.31	0	1.86	1.87	18	19	500
14:00	420	478	0.32	0	1.86	1.87	18	19	500
15:00	422	489	0.30	0	1.85	1.87	18	20	500
16:00	421	491	0.30	0	1.86	1.90	18	19	500
17:00	422	493	0.30	0	1.78	1.80	18	19	500
18:00	420	498	0.31	0	1.74	1.77	18	19	500
19:00	420	500	0.34	0	1.74	1.88	18	19	500
20:00	421	500	0.31	0	1.73	1.81	18	19	500

由表 9－5 可知，由于试验在水冶车间进行，反应器内液温度在 18～19 ℃，与室温相差 1～2 ℃。从 Eh 变化可知，温度的微小变化对细菌的氧化 Fe^{2+}速率影响较小。在不同尾液流量下，出液 pH 均高于尾液，随着流量从 100 L·h^{-1} 增加至 500 L·h^{-1}，两者之间 pH 差值逐渐变小。这可能是在 A.ferrivorans 利用 Fe^{2+}氧化提供电子作为生长繁殖的能量物质的过程中，O_2 能够在有 H^+的情况下作为电子受体被 Fe^{2+}还原成 H_2O，从而导致溶液 pH 升高[97]，随着吸附尾液流量增大，还原成的 H_2O 就被充分稀释，进而 pH 差值逐渐变小。反应器内溶液的 pH 不仅能满足 A.ferrivorans 菌群较快的生长繁殖，而且可以避免因 pH 过高产生大量 Fe^{3+}沉淀造成陶粒的板结[98]。

从表 9－5 还可以得出，吸附尾液 Eh 在 418～422 mV 波动，在某一流量下的 1～3 h

内，由于反应器内游离态细菌和 Fe^{3+}的流失，出液 Eh 值不同程度减小，随着 A.ferrivorans 不断繁殖和菌群的自我调整，Eh 逐渐上升。另外，在忽略空气阻力情况下，当流量为 100 $L\cdot h^{-1}$、200 $L\cdot h^{-1}$、300 $L\cdot h^{-1}$、400 $L\cdot h^{-1}$、500 $L\cdot h^{-1}$时，反应器内的实际线速率依次约为 3.14 $m\cdot h^{-1}$、6.29 $m\cdot h^{-1}$、9.43 $m\cdot h^{-1}$、12.28 $m\cdot h^{-1}$、15.71 $m\cdot h^{-1}$，具体计算如下：

$$V=\frac{F}{\varepsilon A}$$

式中：V、F、ε、A 分别为实际线速率（$m\cdot h^{-1}$）、体积流量（$L\cdot h^{-1}$）、陶粒空隙率（35%）、反应器横截面积（0.09 m^2）。

随着线速率的增大，可能会缩短 A.ferrivorans 菌群与吸附尾液中 Fe^{2+}的接触时间，一部分 Fe^{2+}未经氧化流出反应器，导致出液 Eh 随着流量不断增大而减小，当出液 Eh 减少至 468 mV 时，细菌的氧化效率约为 81%，而出液 Eh 在 480 mV 以上时，氧化效率达到 100%。为保证吸附尾液中 Fe^{2+}完全氧化，对于本生物反应器的最大流量应控制在 500 $L\cdot h^{-1}$为宜，其氧化 Fe^{2+}的速率约为 0.85 $g\cdot L^{-1}\cdot h^{-1}$，该氧化 Fe^{2+}速率是以往研究使用生物反应池以及弹性尼龙作载体的[87-88]的 16 倍左右（见图 9-26），具体计算如下：

$$c=\frac{m\times n}{u}$$

式中：c、m、n、u 分别为细菌氧化 Fe^{2+}速率 $g\cdot L^{-1}\cdot h^{-1}$、吸附尾液 Fe^{2+}浓度（$g\cdot L^{-1}$）、吸附尾液流量（$L\cdot h^{-1}$）、反应器有效反应体积（L）。

（a）生物反应池

图 9-26　生物反应池（a）及弹性尼龙载体（b）

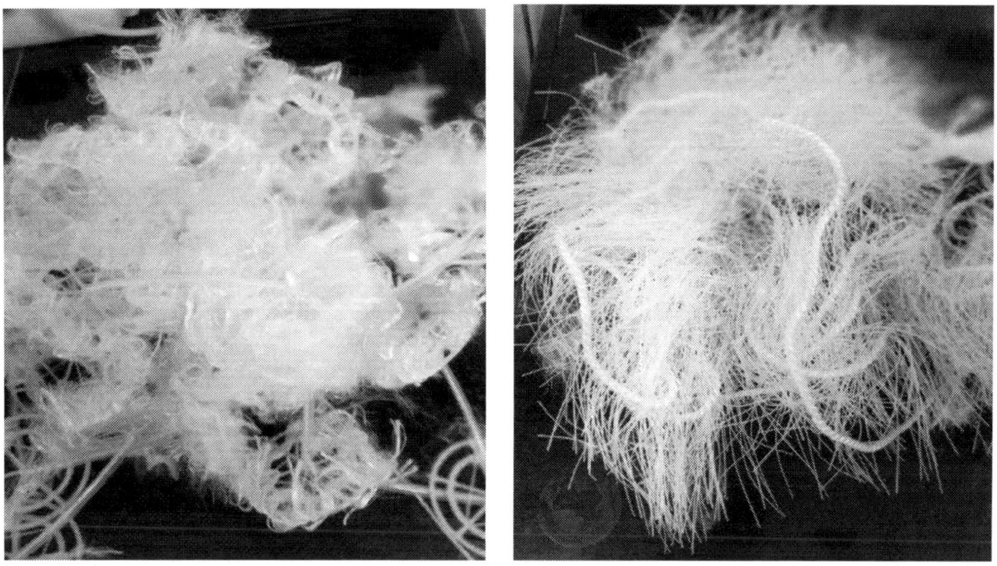

（b）弹性尼龙载体

图 9－26　生物反应池（a）及弹性尼龙载体（b）（续）

（5）通气量对 A.ferrivorans 氧化吸附尾液中 Fe^{2+}的影响

A.ferrivorans 在 Fe^{2+}基质中生长繁殖时，需要有分子态的氧作为细胞呼吸链电子传递系统末端的电子受体，并在呼吸链的电子传递过程中，释放能量供自身生长繁殖。因此，高效的氧传递是保证 A.ferrivorans 连续氧化吸附尾液中 Fe^{2+}的必要条件。如表 9－6 所示，在进液 Eh、pH、液温大致相同的情况下，随着通气量不断调小，出液 Eh 由 521 mV 降至 495 mV。Eh 变化可能是细菌氧化 Fe^{2+}后产生的大部分电子需顺电势梯度传递给最终电子受体 O_2，而通气量的减少导致 O_2 浓度减少影响了电子的传递速率[99]，进而影响细菌的生长活性。

不同通气量对 A.ferrivorans 连续氧化吸附尾液中 Fe^{2+}的影响试验结果见表 9－6 和图 9－27。

表 9－6　不同通气量对 A.ferrivorans 连续氧化吸附尾液中 Fe^{2+}的影响（尾液流量为 500 $L\cdot h^{-1}$）

时间	Eh/－mV		Fe^{2+}/（$g\cdot L^{-1}$）		pH		液温/℃	室温/℃	通气量/（$L\cdot h^{-1}$）
	进液	出液	进液	出液	进液	出液			
10:00	419	506	0.33	0	1.81	1.73	19	20	40
11:00	417	504	0.34	0	1.73	1.69	19	20	40
12:00	417	498	0.33	0	1.71	1.81	19	19	40
13:00	416	501	0.34	0	1.72	1.84	18	19	40
14:00	417	512	0.35	0	1.78	1.72	18	19	40
15:00	416	508	0.34	0	1.77	1.81	18	19	40
16:00	417	520	0.34	0	1.68	1.55	18	19	40
17:00	415	520	0.36	0	1.82	1.84	18	20	40

续表

时间	Eh/－mV		Fe^{2+}/（g·L^{-1}）		pH		液温/℃	室温/℃	通气量/（L·h^{-1}）
	进液	出液	进液	出液	进液	出液			
18:00	413	523	0.36	0	1.75	1.80	19	20	40
19:00	419	518	0.33	0	1.76	1.75	19	19	40
20:00	415	521	0.35	0	1.80	1.82	19	19	40
第二天 10:00	421	520	0.31	0	1.75	1.86	18	19	30
11:00	422	508	0.29	0	1.69	1.89	18	19	30
12:00	419	469	0.33	0.08	1.84	1.84	18	20	30
13:00	420	471	0.31	0.08	1.86	1.87	18	19	30
14:00	420	488	0.32	0	1.86	1.87	18	19	30
15:00	422	489	0.30	0	1.85	1.87	18	20	30
16:00	421	491	0.30	0	1.86	1.90	18	19	30
17:00	422	496	0.30	0	1.78	1.80	18	19	30
18:00	420	498	0.31	0	1.74	1.77	18	19	30
19:00	420	500	0.32	0	1.74	1.88	18	19	30
20:00	421	500	0.31	0	1.73	1.81	18	19	30
第三天 10:00	414	493	0.35	0	1.78	1.80	19	20	20
11:00	416	494	0.34	0	1.84	1.87	19	20	20
12:00	417	495	0.35	0	1.81	1.84	19	20	20
13:00	416	497	0.33	0	1.79	1.87	18	19	20
14:00	419	494	0.33	0	1.74	1.89	18	19	20
15:00	417	496	0.33	0	1.72	1.89	19	19	20
16:00	416	494	0.34	0	1.72	1.81	18	19	20
17:00	419	492	0.32	0	1.74	1.86	18	20	20
18:00	414	493	0.35	0	1.78	1.80	19	20	20
19:00	416	494	0.34	0	1.84	1.87	19	19	20
20:00	417	495	0.35	0	1.81	1.84	19	19	20

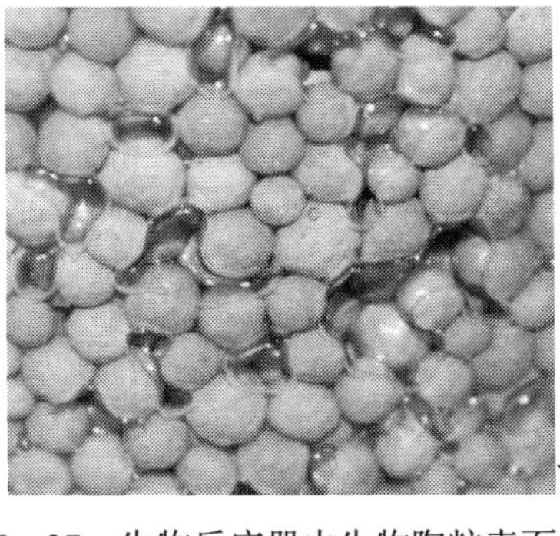

图 9－27　生物反应器内生物陶粒表面气泡

从图 9－27 中可见，由于空气在上升的过程中受到陶粒内孔和粗糙表面剪切力作用，在生物陶粒表面布满了微小气泡。并且随着通气量的增大，气泡表面积和数量也随之增大。气泡数量越多，气泡中的 O_2 量供细菌生长就越多，并且气泡表面积增大有利于扩大细菌与气泡的接触面积，从而加快了菌群的增殖。但是通气量过大产生的剪切力会破坏生物膜的结构以及增大生产成本，所以，当吸附尾液流量为 500 L·h^{-1} 时，通气量为 20 L·h^{-1} 就能保证

A.ferrivorans 氧化效率 Fe^{2+}达到 100 %。

（6）A.ferrivorans 连续氧化吸附尾液中 Fe^{2+}的稳定性

A.ferrivorans 连续氧化吸附尾液中 Fe^{2+}的稳定性，对于今后规模化应用至关重要，试验结果见表 9–7。

表 9–7 A.ferrivorans 连续氧化吸附尾液中 Fe^{2+}的稳定性

时间/d	Eh/–mV		Fe^{2+}/（$g·L^{-1}$）		pH		液温/℃	室温/℃
	进液	出液	进液	出液	进液	出液		
1	421	496	0.31	0	1.75	1.86	18	19
2	422	499	0.29	0	1.69	1.82	18	19
3	419	496	0.31	0	1.84	1.84	18	18
4	420	501	0.31	0	1.86	1.87	18	19
5	420	498	0.32	0	1.86	1.87	18	19
6	422	507	0.30	0	1.85	1.85	18	17
7	421	505	0.30	0	1.86	1.90	18	19
8	422	506	0.30	0	1.78	1.80	18	18
9	420	504	0.31	0	1.74	1.77	18	19
10	420	506	0.32	0	1.74	1.88	18	18
11	421	504	0.31	0	1.73	1.81	18	19
12	419	510	0.33	0	1.81	1.73	19	17
13	417	512	0.34	0	1.73	1.69	19	17
14	417	515	0.33	0	1.71	1.81	19	19
15	416	511	0.34	0	1.72	1.84	18	19
16	417	512	0.35	0	1.78	1.78	18	19
17	416	516	0.34	0	1.77	1.80	18	17
18	417	520	0.34	0	1.68	1.72	18	19
19	415	520	0.36	0	1.82	1.84	18	18
20	413	523	0.36	0	1.75	1.80	19	18
21	419	518	0.33	0	1.76	1.76	19	19
22	415	521	0.35	0	1.80	1.82	19	18
23	419	523	0.33	0	1.81	1.73	19	18
24	417	522	0.34	0	1.73	1.69	19	18
25	417	520	0.33	0	1.71	1.70	19	19
26	420	519	0.30	0	1.81	1.80	18	19
27	419	524	0.30	0	1.73	1.82	18	19
28	421	530	0.31	0	1.71	1.73	18	18
29	419	532	0.32	0	1.72	1.72	18	18
30	418	536	0.34	0	1.78	1.79	18	19

从表 9－7 可知，当通气量为 20 L·h^{-1}、尾液流量为 500 L·h^{-1} 时，连续 30 天测定生物反应器主要参数。表明在液温为 17～19 ℃、吸附尾液 Fe^{2+}含量为 0.29～0.36 g·L^{-1} 条件下，出液 Eh 明显高于进液并且始终保持在 496 mV 以上，能完全氧化吸附尾液中的 Fe^{2+}。另外，随着时间的推移，反应器内细菌生长繁殖速率加快，出液 Eh 保持缓慢的上升趋势。进出液 pH 差值的逐渐变小，进一步验证了生物陶粒较强的耐酸性。生物陶粒以及 A.ferrivorans 连续氧化吸附尾液中 Fe^{2+}的稳定性，为后期工业化应用奠定良好的基础。

（7）冬季温度变化对 A.ferrivorans 连续氧化 Fe^{2+}的影响

当其他条件一定时，温度是决定 A.ferrivorans 生长活性最为重要的因数。温度的变化对生物反应器内固定化菌群的代谢过程产生影响，菌群的生长速率发生改变，从而影响细菌连续氧化 Fe^{2+}速率。在新疆酸法地浸铀矿山，冬季平均气温为－7 ℃，室内流动吸附尾液温度在 4～12 ℃。A.ferrivorans 能否在此低温下继续保持良好的氧化 Fe^{2+}速率，对后期 A.ferrivorans 作氧化剂应用于工业规模化生产至关重要。当吸附尾液流量为 350 L·h^{-1}、通气量 20 L·h^{-1}、Fe^{2+}为 0.28～0.32 g·L^{-1}、pH 为 1.4～1.8 时，进行试验，结果见图 9－28。

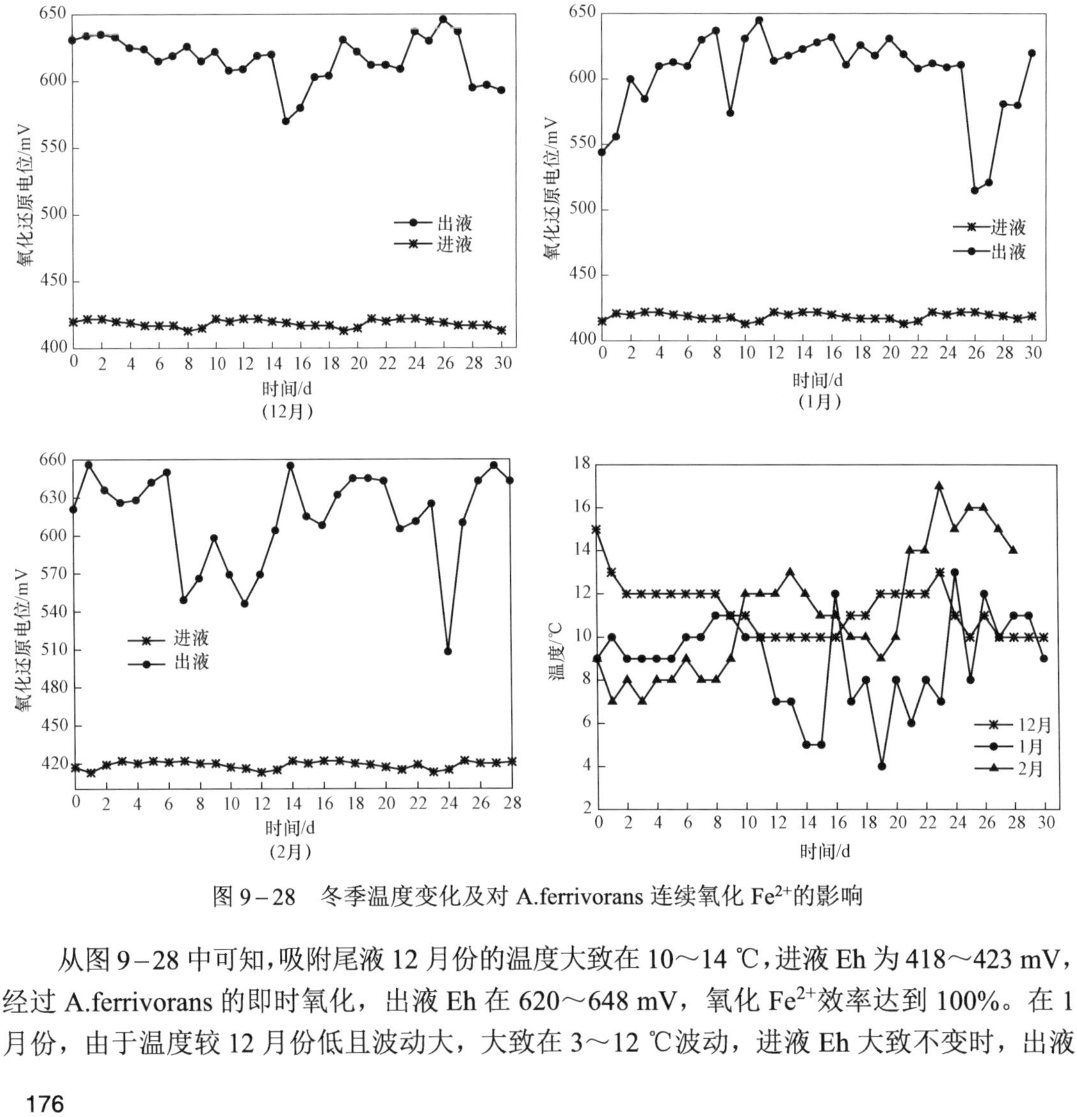

图 9－28　冬季温度变化及对 A.ferrivorans 连续氧化 Fe^{2+}的影响

从图 9－28 中可知，吸附尾液 12 月份的温度大致在 10～14 ℃，进液 Eh 为 418～423 mV，经过 A.ferrivorans 的即时氧化，出液 Eh 在 620～648 mV，氧化 Fe^{2+}效率达到 100%。在 1 月份，由于温度较 12 月份低且波动大，大致在 3～12 ℃波动，进液 Eh 大致不变时，出液

Eh 在 540～624 mV。表明温度降低，影响了细菌酶活性、细胞质膜流动性，导致细菌生长活性小幅降低，氧化 Fe^{2+}速率变慢，从而出液 Eh 降低，在 2 月份也有类似特点。但从图 9－28 中三个月试验数据可知，细菌在整个冬季的生长活性较好，Fe^{2+}氧化效率达到 100%。生物反应器在随后 1 年（至 2018 年 12 月）的试验运行结果表明，生物反应器能保持高效、稳定的运行，为后期工业化应用打下了坚实的基础。

9.5.4 小结

（1）通过对生物陶粒进行 N_2—吸附脱附测试和电镜扫描，得出 BET 比表面积约为 18.28 $m^2 \cdot g^{-1}$，平均孔径约为 16 nm，并且陶粒表面粗糙多孔。与弹性尼龙等有机材料相比，生物陶粒表面粗糙的多孔结构以及在吸附尾液中较强的耐酸性为 A.ferrivorans 菌群提供了良好的生长繁殖条件。

（2）当生物反应器体积为 0.2 m^3，液温 18～19 ℃，在通气量为 20 $L \cdot h^{-1}$、尾液流量为 500 $L \cdot h^{-1}$ 条件下，A.ferrivorans 连续氧化 Fe^{2+}速率达到 0.85 $g \cdot L^{-1} \cdot h^{-1}$，是以往研究中的 16 倍左右。与生物反应池相比，试验所用新型生物反应器具有运行稳定性好、占地面积小、空气利用率高、维护成本低等优点。

（3）在冬季，通过对 A.ferrivorans 连续氧化吸附尾液 Fe^{2+}稳定性进行验证，表明生物反应器能维持高效、稳定的运行。

（4）在后期现场扩大试验中，需要进一步研究生物反应器尺寸变化对操作性能以及细菌生长活性的影响，并对设计方案进行修正，对工艺参数进行优化，为工业应用提供设计依据。

9.6 结 论

针对以往细菌在酸法地浸铀矿山作氧化剂时出现的诸多问题，充分结合新疆酸法地浸吸附尾液温度、pH、Fe^{2+}含量等实际情况，以细菌在酸法地浸铀矿山作氧化剂工业化应用为目的，南华大学在新疆中核天山铀业有限公司某酸法地浸矿山水冶车间开展了较为系统的试验研究。

首先，选取耐冷嗜酸硫杆菌代替以往研究中常用的中温菌（嗜酸氧化亚铁硫杆菌、嗜酸氧化硫硫杆菌、嗜铁钩端螺旋菌、喜温嗜酸硫杆菌），在实验室模拟吸附尾液成分，配制相应培养基研究了该菌在氧化 Fe^{2+}过程中接种量、温度、初始 Fe^{2+}含量等因数对其生长活性的影响，并对该菌进行耐酸驯化，使其在现场高酸溶浸液中保持较高的生长活性。得出该菌不仅能完全适应吸附尾液的环境，而且相较于嗜酸氧化亚铁硫杆菌，该菌在低温环境下的生长活性以及氧化 Fe^{2+}速率明显高于嗜酸氧化亚铁硫杆菌。

其次，对以往研究中占地面积大、空气利用率低的生物反应池进行改进，重新设计加工了具有占地面积小、空气利用率高、挂膜载体可移动等优点的新型移动床生物反应器。针对于以往常用弹性尼龙等有机材料在细菌固定过程中吸附性能差、挂膜时间长，固定化效果差、菌群生长缓慢、氧化 Fe^{2+}速率低等问题，重新筛选了耐酸性强、比表面积大、直径约为 3～5 mm 的生物陶粒作为该菌挂膜载体，进而缩短了细菌的挂膜时间、增强了细菌固定化效果以及大大提高了氧化吸附尾液中 Fe^{2+}速率和稳定性。

最后，用 A.ferrivorans 作氧化剂氧化吸附尾液中 Fe^{2+}（0.30～0.36 $g·L^{-1}$），得到试验研究主要结论如下：

（1）不同接种量对 A.ferrorans 的缓慢生长期影响较小，大致都在 30 h 左右，当细菌的接种量在 30%～50%时，氧化 Fe^{2+}的速率大致相同。因此，综合考虑时间和经济成本以及现场生产工艺要求，A.ferrorans 的接种量最好控制在 10%左右为宜。

（2）当初始 Fe^{2+}浓度为 0.3 $g·L^{-1}$、0.4 $g·L^{-1}$、0.5 $g·L^{-1}$时，氧化 Fe^{2+}的速率依次约为 0.01 $g·L^{-1}·h^{-1}$、0.013 $g·L^{-1}·h^{-1}$、0.014 $g·L^{-1}·h^{-1}$，即 Fe^{2+}含量在 0.3～0.5 $g·L^{-1}$时，对细菌的生长活性影响较小，表明现场吸附尾液中 Fe^{2+}含量（0.3～0.5 $g·L^{-1}$）能满足 A.ferrorans 的较快的生长和繁殖。

（3）条件温度在 5～25 ℃时，两种细菌氧化速率都随着条件温度的升高而加快，A.ferrorans 尤为明显并且 A.ferrorans 氧化 Fe^{2+}的速率明显高于 A.ferrooxidans，当温度为 5 ℃时，A.ferrooxidans 已停止生长，而 A.ferrorans 仍能以 0.002 4 $g·L^{-1}·h^{-1}$氧化速率缓慢生长，A.ferrorans 更适应在新疆酸法地浸铀矿山低温的吸附尾液中生长和繁殖。

（4）随着耐酸驯化次数的增加，A.ferrorans 的缓慢生长期明显缩短，对数生长期明显提前，耐受酸的能力明显增强，该菌能在 pH 0.31 的高酸培养液中保持较高的 Fe^{2+}氧化速率，能适应现场生产工艺中的高酸环境。

（5）A.ferrorans 在生物陶粒上固定化培养时，随着挂膜次数增加，陶粒表面生物膜的逐渐生成，氧化速率从 0.05 $g·L^{-1}·h^{-1}$持续增加并且稳定至 0.33 $g·L^{-1}·h^{-1}$左右，生物膜内细菌和游离态细菌协同氧化同等 Fe^{2+}的速率是游离态细菌单独氧化的 3.4 倍左右，由此得出，A.ferrorans 在生物陶粒上的固定化培养，有利于大幅度提高氧化速率。

（6）通过对生物陶粒进行 N_2－吸附脱附测试和电镜扫描，得出 BET 比表面积约为 18.28 $m^2·g^{-1}$，平均孔径约为 16 nm，并且陶粒表面粗糙多孔。与弹性尼龙等有机材料相比，生物陶粒表面粗糙的多孔结构以及在吸附尾液中较强的耐酸性为 A.ferrivorans 菌群提供了良好的生长繁殖条件。

（7）当生物反应器体积为 0.2 m³，液温 18～19 ℃，在通气量为 20 $L·h^{-1}$、尾液流量为 500 $L·h^{-1}$条件下，A.ferrivorans 连续氧化 Fe^{2+}速率达到 0.85 $g·L^{-1}·h^{-1}$，是以往研究中的 16 倍左右。在通气量为 20 $L·h^{-1}$、尾液流量为 350 $L·h^{-1}$条件下，细菌在整个冬季的生长活性好，氧化效率达到 100%，生物反应器能维持高效、稳定的运行。与生物反应池相比，试验所用新型生物反应器具有运行稳定性好、占地面积小、空气利用率高、维护成本低等优点。

（8）在后期现场扩大试验中，需要进一步研究生物反应器尺寸变化对操作性能以及细菌生长活性的影响，并对设计方案进行修正，对工艺参数进行优化，为工业化应用提供设计依据。

参考文献

[1] 杨显万，庆峰，玉霞. 微生物湿法冶金［M］. 金工业出版社，2003.

［2］胡凯光，王清良. 物反应器及细菌快速氧化 Fe^{2+}工艺研究［J］. 铀矿冶，1997（4）：245－251.
［3］胡凯光，王清良. 381 矿床地浸中细菌代替双氧水试验研究［J］. 铀矿开采，1998（3）：12－23.
［4］王清良，胡凯光，刘迎九，等. 伊宁铀矿 512 矿床地浸中细菌代替过氧化氢初步试验研究［J］. 铀矿冶，1999，18（4）：262－268.
［5］张瑞，刘亚洁，高峰，等. 一株铁氧化细菌的生长特性及其在铀矿浸出中的应用［J］. 铀矿冶，2008，27（4）：194－196.
［6］王清良，刘选明. pH 与温度对氧化亚铁硫杆菌氧化 Fe^{2+}影响的研究［J］. 矿冶工程，2004，24（2）：36－38.
［7］王清良，胡鄂明，余润兰，等. 细菌低温驯化及其浸出砂岩型铀矿试验研究［J］. 矿冶工程，2011，31（6）：6－8.
［8］李聪，曹占洲，丁林，等. 新疆伊犁河谷地区 50a 来气候变化特征分析［J］. 山西农业科学，2012，40（5）：508－514.
［9］辛明秀，马延和. 嗜冷菌和耐冷菌［J］. 微生物学通报，1999，26（2）：155－155.
［10］Hallberg K B，Gonzáleztoril E，Johnson D B. Acidithiobacillus ferrivorans，sp. nov.；facultatively anaerobic，psychrotolerant iron－，and sulfur－oxidizing acidophiles isolated from metal mine－impacted environments［J］. Extremophiles，2010，14（1）：9.
［11］Liljeqvist M，Valdes J，Holmes D S，et al. Draft genome of the psychrotolerant acidophile Acidithiobacillus ferrivorans SS3［J］. Journal of Bacteriology，2011，193（16）：4304－4305.
［12］Amouric A，Brochierarmanet C，Johnson D B，et al. Phylogenetic and genetic variation among Fe（II）－oxidizing acidithiobacilli supports the view that these comprise multiple species with different ferrous iron oxidation pathways［J］. Microbiology，2011，157（Pt 1）：111.
［13］Christel S，Fridlund J，Watkin E L，et al. Acidithiobacillus ferrivorans SS3 presents little RNA transcript response related to cold stress during growth at 8 ℃ suggesting it is a eurypsychrophile［J］. Extremophiles Life Under Extreme Conditions，2016，20（6）：903－913.
［14］González C，Yanquepe M，Cardenas J P，et al. Genetic variability of psychrotolerant Acidithiobacillus ferrivorans revealed by（meta）genomic analysis［J］. Research in Microbiology，2014，165（9）：726－734.
［15］Aytar P，Kay C M，Mutlu M B，et al. Coal Desulfurization with Acidithiobacillus ferrivorans from Balya Acidic Mine Drainage［J］. Energy & Fuels，2013，27（6）：3090－3098.
［16］Ccorahua R，Eca A，Bieberach G G，et al. Oxidation of Copper Sulfide at Low Temperature by Acidithiobacillus ferrivorans PQ33 isolated from Peruvian Mine［C］// General Meeting American Society of Microbiology. 2015.
［17］刘敏瑞，蔺朋武，齐兴娥，等. 基于 16S rRNA 和 RubisCO 基因对嗜酸硫杆菌的系统发育及多样性［J］. 微生物学报，2016，56（4）：664－679.
［18］余水静，彭涛，周丹，等. 嗜酸硫杆菌双组分信号转导系统多样性分析［J］. 中国环境科学，2015（7）：2146－2152.
［19］赵永红，张静，周丹，等. 嗜酸硫杆菌 Acidithiobacillus 抗砷基因多样性分析［J］. 生态环境学报，2013（7）：1141－1147.
［20］莫晓兰，温建康，陈勃伟，等. 耐受高氟环境生长的浸矿菌种的选育［J］. 稀有金属，2015，39

（1）：75－83.
［21］ Tampion J，Tampion M D. Immobilized cells ：principles and applications［M］. Cambridge University Pr，1987.
［22］ 于霞，柴立元，甘雪萍. 细胞固定化技术及其在废水处理中的应用研究［J］. 工业水处理，2001，21（10）：9－12.
［23］ 张长利，王景晶，杨宏. 细胞固定化技术研究进展及其在水处理领域的应用［J］. 水处理技术，2013，39（6）：1－4.
［24］ 郭子杰，卢冬梅. 固定化技术在医药上的研究应用［J］. 今日药学，2007，17（2）：20－23.
［25］ 王克明. 细胞固定化技术在食品工业中的应用［J］. 中国酿造，2006，2006（8）：6－10.
［26］ 张颖，姚盟成，荆玮，等. 产果糖基转移酶的黑曲霉细胞固定化条件优化［J］. 食品科学，2013，34（21）：172－176.
［27］ Naomi S K，Iizuka Y，Yonemoto T. Cultures of Nicotiana tabacum Cells Immobilized in Calcium Alginate Gel Beads Coated with Cell－Free Gel Film［J］. Journal of Chemical Engineering of Japan，2001，34（34）：1431－1438.
［28］ 张长利. 基于细胞固定化技术的生物除锰滤料研究［D］. 北京工业大学，2010.
［29］ 雷乐成. 污水厌氧处理微生物的固定化方法及硬化处理［J］. 水处理技术，1992（1）：49－54.
［30］ Li H B，Jiang H，Wang C Y，et al. Comparison of two types of alginate microcapsules on stability and biocompatibility in vitro and in vivo［J］. Biomedical Materials，2006，1（1）：42－47.
［31］ 郭雪琳，王成端. 固定化微生物技术在废水处理中的应用［J］. 广东化工，2007，34（8）：67－69.
［32］ 张长利，王景晶，杨宏. 细胞固定化技术研究进展及其在水处理领域的应用［J］. 水处理技术，2013，39（6）：1－4.
［33］ Roig M G，Pedraz M A，Sanchez J M. Sorption isotherms and kinetics in the primary biodegradation of anionic surfactants by immobilized bacteria ：I. Pseudomonas，C12B［J］. Journal of Molecular Catalysis B Enzymatic，1998，4（5–6）：253－270.
［34］ 李彦锋，赵光辉，马鹏程，等. 改性载体固定化微生物处理高氨氮废水的研究［J］. 安徽农业科学，2008，36（7）：2877－2879.
［35］ Davey M E，O'Toole G A. Microbial biofilms：from ecology to molecular genetics［J］. Microbiology & Molecular Biology Reviews Mmbr，2000，64（4）：847.
［36］ 张敬，姜斌. 生物膜方法处理重金属离子有机废水研究进展［J］. 化工进展，2003，22（s1）：175－177.
［37］ Dunne W M. Bacterial Adhesion：Seen Any Good Biofilms Lately［J］. Clinical Microbiology Reviews，2002，15（2）：155－166.
［38］ Stoodley P，Sauer K，Davies D G，et al. Biofilms as complex differentiated communities.［J］. Annual Review of Microbiology，2001，56（3）：187.
［39］ 韩晓云. 低温生物膜及其微生物特性的研究［D］. 哈尔滨工业大学，2006.
［40］ 李福洲，张琴琴. 轻烧铝矾土对陶粒支撑剂烧结机理的影响［J］. 武汉理工大学学报，2013，35（7）：32－36.
［41］ 牟军，薛屺，董朋朋，等. 铝矾土空心陶粒支撑剂的制备及性能研究［J］. 人工晶体学报，2017，46（7）：1244－1249.
［42］ 巫昊峰. 绿色陶粒及其透水混凝土研究［D］. 中南大学，2009.

[43] 王佳妮. 自保温空心砌块传热性能研究［D］. 西南科技大学，2016.
[44] 王发洲，张运华，阎国刚，等. 高强页岩陶粒沥青混合料的研究与应用［J］. 武汉理工大学学报，2008，30（9）：9-12.
[45] 池长江，邢虹，俞锡锑. 生产垃圾陶粒和污泥陶粒的方法：CN1109850［P］. 1995.
[46] 黄川，姚雪燕，王里奥，等. 城市垃圾制备陶粒配方及焙烧条件优化分析［J］. 重庆大学学报：自然科学版，2010，33（5）：139-144.
[47] 张慧鹏. 全装配型钢混凝土住宅中轻骨料型钢混凝土柱受力性能分析［D］. 太原理工大学，2008.
[48] 张循海，林蔚，武广富. 煤矸石生产陶粒工艺研究［J］. 齐齐哈尔大学学报（自然科学版），2000，16（4）：64-65.
[49] 张西玲，陈林，向芸，等. 利用煤矸石制备陶粒的配比和烧结制度的试验研究［J］. 硅酸盐通报，2015，34（8）：2371-2375.
[50] 李志君，苏振国，李亮，等. 空心微珠轻质陶粒的制备与性能［J］. 硅酸盐学报，2017，45（3）：384-392.
[51] 翁焕新，章金骏，曹彦圣，等. 污泥陶粒的性能特征与烧制工艺［J］. 浙江大学学报（工学版），2011，45（10）：1877-1883.
[52] 龚希武，邹海江，卢金树. 海底淤泥陶粒烧结工艺的实验研究［C］. 中国工程热物理学会燃烧学，2009 年学术会议. 2010.
[53] 刘贵云，奚旦立. 河道底泥陶粒比表面测定［J］. 环境污染与防治，2003，25（2）：118-120.
[54] 徐振华. 污水厂污泥与河道底泥联合高温烧结制备陶粒的技术研究［D］. 清华大学，2012.
[55] 刘明伟，许国仁，李圭白. Al_2O_3 对污泥和河道底泥制取陶粒的性能影响［J］. 中国给水排水，2013，29（21）：132-134.
[56] S N.Kaul et al.，Fluidized Bed Reactor for Wastewater Treatment .CE W，1990，25（2）：25-42.
[57] Oppelt.E.T.Biological Fluidized Bed Treatment of Water and Wastewater. Ellishorwood Limited Publishers，edited by P. F.Cooper，1981：165.
[58] Parthiban R，Iyer P V，Sekaran G. Anaerobic tapered fluidized bed reactor for starch wastewater treatment and modeling using multilayer perceptron neural network［J］. 2007，19（12）：1416-1423.
[59] Hirata A，Takemoto T，Ogawa K，et al. Evaluation of kinetic parameters of biochemical reaction in three-phase fluidized bed biofilm reactor for wastewater treatment［J］. Biochemical Engineering Journal，2000，5（2）：165-171.
[60] 李春华，张洪林. 生物流化床法处理废水的研究与应用进展［J］. 环境技术，2002，20（4）：27-32.
[61] 吴杨. 列管式固定床反应器内部流场模拟［D］. 天津大学，2010.
[62] 邓楠. 全混流反应器反应失控危险性分析［D］. 东北大学，2006.
[63] 门红伟. 基于 CFD 模拟技术的化学反应失控危险性研究［D］. 东北大学，2008.
[64] 上官中华. FeS 反应器处理电镀废水的试验研究［D］. 西安科技大学，2010.
[65] 姜振明. 流化床干燥器运行过程中影响流化的因素［J］. 中国石油和化工标准与质量，2011，31（11）：55-56.
[66] 袁少明. 气液喷射式磺化反应器的开发［D］. 中国日用化学工业研究院，2003.
[67] 王飞飞，刘池洋，邱欣卫，等. 世界砂岩型铀矿探明资源的分布及特征［J］. 地质学报，2017，91（9）：2021-2046.

[68] 付勇，魏帅超，金若时，等. 我国砂岩型铀矿分带特征研究现状及存在问题 [J]. 地质学报，2016，90（12）：3519－3544.

[69] 周义朋，沈照理，史维浚，等. 地浸采铀工艺分类方法的探讨 [J]. 有色金属（冶炼部分），2015（1）：37－41.

[70] 苏学斌，刘乃忠，沈红伟，等. 新疆某铀矿空气预氧化矿层地浸采铀现场试验 [J]. 金属矿山，2006（12）：33－36.

[71] 王清良，黄爱武，杨金辉，等. 过氧化氢的氧化特性及其在不同介质中的分解行为研究 [J]. 矿冶，2005，14（1）：59－61.

[72] 史文革，蔡萍莉. 硝酸盐作酸法地浸采铀氧化剂的分解机理探讨 [J]. 南华大学学报（自然科学版），2010，24（3）：40－43.

[73] 周义朋，吉宏斌，孙占学，等. 酸性含 Fe^{3+} 溶液作用下铀的溶解迁移特征 [J]. 地质学报，2016，90（12）：3554－3562.

[74] 杨维涨，伍云辉. 512 矿床微生物浸铀试验菌液培养技术研究 [C]. 全国铀矿大基地建设学术研讨会论文集（下）. 2012.

[75] 王清良，邱冠周，余润兰，等. 地浸采铀溶液中共存离子对氧化亚铁硫杆菌活性的影响 [J]. 中国矿业，2015（6）：116－119.

[76] 朱宏飞，李辉，刘东奇. 三种浸矿细菌协同作用的回顾及展望 [J]. 微生物学通报，2016，43（12）：2730－2737.

[77] 王清良，胡鄂明，李锦鹏，等. 地浸采铀细菌浸出试验研究 [J]. 矿冶工程，2010，30（4）：5－8.

[78] 陈川，孙占学，李江. 浸铀菌群挂膜连续培养工艺研究 [J]. 有色金属（矿山部分），2014，66（3）：6－8.

[79] 邱冠周. 氧化亚铁硫杆菌生产过程铁的行为 [J]. 中南工业大学学报，1998（3）：226－228.

[80] 范伟平，方苹，张俊，等. 氧化亚铁硫杆菌能量代谢产物之间反应促进硫化矿细菌浸出 [J]. 化工学报，2004，55（2）：242－246.

[81] Hallberg K B，Gonzáleztoril E，Johnson D B. Acidithiobacillus ferrivorans，sp. nov.；facultatively anaerobic，psychrotolerant iron－，and sulfur－oxidizing acidophiles isolated from metal mine－impacted environments [J]. Extremophiles，2009，14（1）：9－19.

[82] 戴艳霞，刘宏伟，廖立琴，等. 硫酸铁对嗜酸氧化亚铁硫杆菌铁代谢基因表达的影响 [J]. 现代生物医学进展，2009，9（21）：4010－4014.

[83] 刘元东. 嗜酸氧化亚铁硫杆菌浸矿过程铁硫代谢体系的研究 [R]. 中南大学，2008.

[84] Zou K，Guo X，Liang Y L，et al. Physiological and Genetic Characteristics of Psychrotolerant Acidophile Acidithiobacillus ferrivorans ZB－1 and DX－1[J]. Advanced Materials Research，2015，1130：71－74.

[85] Christel S，Fridlund J，Watkin E L，et al. Acidithiobacillus ferrivorans SS3 presents little RNA transcript response related to cold stress during growth at 8 ℃ suggesting it is a eurypsychrophile [J]. Extremophiles，2016，20（6）：903.

[86] Vlamakis H，Chai Y，Beauregard P，et al. Sticking together：building a biofilm the Bacillus subtilis way [J]. Nature Reviews Microbiology，2013，11（3）：157－68.

[87] Breitenbücher K，Siegl M，Knüpfer A，et al. Open－pore sintered glass as a high－efficiency support medium in bioreactors：new results and long－term experiences achieved in high－rate anaerobic

digestion [J]. Water Science & Technology，1990，22：25－32.

[88] 丁文川，曾晓岚，王永芳，等. 生物炭载体的表面特征和挂膜性能研究 [J]. 中国环境科学，2011，31（9）：1451－1455.

[89] IUPAC manual of symbols and terminology [J]. Pure Appl. Chem，1972，31：578－638.

[90] Kondou S，Ishikawa T. Adsorption Science [M]. Beijing：Chemical Industry Press，2005.

[91] Xin Qin，Luo Mengfei. Modern Catalytic ResearchMethods [M]. Beijing：Science Press，2009：214－244.

[92] 叶茂友，严苹方，孙水裕，等. 氧化亚铁硫杆菌生物浸出铅锌硫化矿尾矿及浸出过程中重金属形态分析研究 [J]. 环境科学学报，2016，36（11）：4102－4111.

[93] 许晓芳，林海，董颖博，等. 阳离子对嗜酸氧化亚铁硫杆菌氧化活性的影响 [J]. 稀有金属，2016，40（5）：478－484.

[94] 张成桂，夏金兰，邱冠周. 嗜酸氧化亚铁硫杆菌亚铁氧化系统研究进展 [J]. 中国有色金属学报，2006，16（7）：1239－1249.

[95] Vlamakis H，Chai Y，Bbeauregard P，et al. Sticking together：building a biofilm the Bacillus subtilis way [J]. NatureReviews Microbiology，2013，11（3）：157.

[96] Breitenbucher K，Siegi M，Knupfer A，et al. Open－pore sintered glass as a high－efficiency support medium in bioreactors：new results and long－term experiences achieved in high－rate anaerobic digestion [J]. Water Science & Technology，1990，22：25－32.

[97] Chen C Y，Kao C M，Chen S C，et al. Application of immobilized cells to the treatment of cyanide wastewater [J]. Water Science & Technology A Journal of the International Association on Water Pollution Research，2007，56（7）：99.

[98] Elbehti A，Brassur G，Lemeslemeunier D. First evidence for existence of an uphill electron transfer through the bc（1）and NADH－Q oxidoreductase complexes of the acidophilic obligate chemolithotrophic ferrous ion－oxidizing bacterium Thiobacillus ferrooxidans [J]. Journal of Bacteriology，2000，182（12）：3602－6.

[99] 韩洁，马喜平. 铁离子稳定剂的实验室评价 [J]. 化学工程与装备，2010（9）：18－20.